固体本构理论基础及应用

姚 尧等 著

科 学 出 版 社

北 京

内 容 简 介

本书介绍了固体材料本构构建的理论基础，同时结合作者多年研究成果总结常用工程材料不同工况下的本构模型实例。通过对不同类型材料(如金属、聚合物、复合材料等)的本构行为进行系统研究和总结，为工程实践提供更全面和准确的材料力学性能预测与分析方法。此外，重点探讨了固体材料在极端条件下的本构行为，如高温、高应变速率等工况下的力学响应规律，并结合实际案例对极端条件下的本构模型进行验证和分析，以期为相关领域的工程设计与科研提供可靠的参考依据。

本书可供力学、土木工程、材料科学与工程及机械工程等专业的高年级本科生、研究生学习参考，也可作为相关领域科研人员和工程技术人员的参考书。

图书在版编目（CIP）数据

固体本构理论基础及应用 / 姚尧等著. —北京：科学出版社，2024.6
ISBN 978-7-03-078210-6

Ⅰ. ①固… Ⅱ. ①姚… Ⅲ. ①固体-本构关系-研究 Ⅳ. ①O481

中国国家版本馆 CIP 数据核字（2024）第 054707 号

责任编辑：杨 丹 / 责任校对：崔向琳
责任印制：吴兆东 / 封面设计：陈 敬

科学出版社 出版
北京东黄城根北街 16 号
邮政编码：100717
http://www.sciencep.com

天津市新科印刷有限公司印刷
科学出版社发行 各地新华书店经销

*

2024 年 6 月第 一 版 开本：720×1000 1/16
2024 年 9 月第二次印刷 印张：16
字数：318 000

定价：198.00 元

（如有印装质量问题，我社负责调换）

作 者 简 介

姚尧，教授，美国西北大学理论与应用力学博士。长期从事极端荷载下材料力学性能及工程结构防灾研究。主要研究方向包括多物理场下材料与结构本构理论、疲劳及损伤等。入选国家海外高层次引进人才，德国洪堡资深学者。在国内外知名期刊发表学术论文200余篇，出版专著5部，入选全球前2%顶尖科学家。担任国内外学术会议主席及作大会邀请报告30余次。任国内外多个期刊副主编、编委。

《固体本构理论基础及应用》作者名单

负 责 人：姚　尧

其他作者：（按本书参与度排序）

房　虎　西北工业大学

王莹莹　西北工业大学

雷鸣奇　西北工业大学

何　许　南京理工大学

曾　涛　西安建筑科技大学

郭红村　西安建筑科技大学

党士琛　西安建筑科技大学

刘　璐　南京邮电大学

宫　贺　常州工学院

前　言

固体力学主要探讨固体介质在外力、温度和形变作用下的特性表现，研究内容涉及弹性和塑性问题，既有线性问题，又有非线性问题。本构模型是材料固体力学研究的一个重要领域。在工程设计中，本构模型可以用来预测结构材料的性能和响应，并指导结构设计。例如，在材料科学中，通过建立与实际材料性质符合的本构模型，可以更好地理解材料的变形、损伤和破坏行为，并为材料的设计和改良提供基础支撑。在封装结构加工中，本构模型可以用来预测材料的变形行为，指导加工过程的优化，提高产品的质量和结构可靠性。在土木工程领域，本构模型可以用来预测岩石和混凝土等材料的力学行为，指导工程建设和维护。

本构模型通过建立材料内部的应力-应变关系预测和分析材料在外部力作用下的行为。它可以定量地描述材料的应力-应变关系，并进行复杂的力学分析和设计。常见的本构模型包括线弹性模型、非线弹性模型和塑性模型等。在工程实践中，选择合适的本构模型可以帮助工程师预测材料的响应、设计结构的安全性和可靠性，并进行优化设计。

本书在连续介质力学的基础上，结合损伤理论、细观力学基础介绍固体本构模型的建模方法、基本概念和基本理论。全书共 11 章，第 1～5 章为基础篇，第 6～11 章为应用篇。基础篇以张量分析为切入点，结合连续介质力学基础知识，由宏观弹塑性理论逐步引入损伤力学模型，讨论细观尺度本构的研究基础。应用篇介绍本构模型的数值实现方法以及针对混凝土、岩石、金属材料等开发的不同类型本构模型，最后结合机器学习人工智能算法，为本构理论的研究提供新的思路。

本书由姚尧教授结合多年研究成果撰写而成。其中，姚尧教授负责全书统稿工作，西安建筑科技大学副教授曾涛、博士后郭红村、博士研究生党士琛，西北工业大学博士研究生房虎、王莹莹、雷鸣奇，南京理工大学讲师何许，南京邮电大学讲师刘璐，常州工学院讲师宫贺等参与各章节撰写与勘误，并提供相关工作支持。在本书应用篇中，第 7 章参考房虎、王凯敏、尉雪梅等的硕士学位论文内容，第 8 章参考曾涛的博士学位论文内容，第 9 章参考何许的博士学位论文内容，第 10 章参考宫贺的博士学位论文内容。本书的顺利出版，离不开课题组成员的辛苦付出，在此向他们致以诚挚的谢意。

限于作者水平，书中难免有不足之处，欢迎广大读者批评指正！

前　言

目　　录

应　用　篇

基 础 篇

第1章 张量分析

张量分析在连续介质力学体系中具有十分重要的意义。自然界中各种物理量都可以纳入张量框架来统一描述，即只有把它们作为张量来描述时，才能清楚地揭示这些物理量与具体坐标系无关的不变性本质，并揭示联系各种物理量间相互关系的物理定律的不变性本质，这就是张量的物理意义和基本价值。本章从连续介质力学和物理学应用的角度介绍张量知识，从三维坐标空间出发，说明坐标变换规律，引出张量定义，并以矢量代数和矢量分析为基础逐步深入地介绍张量分析的基础理论和方法。读者应掌握高等数学中矢量代数和矢量分析的有关知识。

1.1 基本概念

1.1.1 矢量与张量

在物理及力学中，经常出现一些重要的物理量，其在本质上不依赖于坐标系的选取方式。

矢量是数学、物理学和工程科学等多个自然科学中的基本概念，指同时具有大小和方向的几何对象，常以箭头符号标示。直观上，矢量通常表示为一个带箭头的线段。线段的长度可以表示矢量的大小，而矢量的方向也就是箭头所指的方向。物理学中的位移、速度、力、动量、磁矩、电流密度等，都是矢量。与矢量概念相对的是只有大小而没有方向的标量。

在数学中，矢量也常称为向量，即有方向的量，并采用更为抽象的矢量空间(也称为线性空间)来定义，而定义物理意义上具有大小和方向的向量概念则需要引进范数和内积的欧几里得空间。矢量对标量求导结果为矢量，而标量对标量求导结果仍为标量。

向量可以由它的坐标分量来描述并进行计算，这时候需要选定适当的坐标系来进行讨论。同一个向量在不同的坐标系下具有不同的坐标分量，但由于它们描述的是同一向量，在不同的坐标系下向量坐标分量必须满足和坐标变换相匹配的变换规律。这个变换规律就是这个客观存在的向量独立于坐标系选取方式的反映。因此，向量可由其在给定坐标系下的坐标分量连同坐标系变换时其坐标分量的变换规律来刻画。在这个概念的基础上进行延伸，就可以得到张量的概念。

张量是学习和研究物理学必不可少的数学工具。对物理学作定量研究，必须采用坐标系，然而物理量在不同坐标系中的分量值是不同的，必须知道这些分量在坐标变换时的变换规律[1-3]。描述自然规律的物理定律和定理在坐标变换时，左右两边必须进行同样的变换，才能保证这些定律和定理在任意坐标系中都成立。

从物理学理解，张量的分量相当于观测值，而张量本身相当于物理量。对于一个物理量，可以由不同的参考系来观测，观测值一般随参考系变化而变化。不变的是用于描述各种观测值之间关系的公式(物理规律、方程)以及方程的形式。描述一个物理量，知道一个参考系中的观测值后需要知道所有参考系中的观测值，也就是变换规律。分量按变换规律变换，要使物理方程的形式保持不变。

1.1.2 矢量运算

矢量是有大小和方向的物理量，其方向通常用箭头表示。在数学上，矢量可以进行各种运算，如加法、减法、点积、叉积等。

矢量加法：两个矢量的长度和方向相加得到一个新的矢量。例如：

$$\overrightarrow{AB}+\overrightarrow{BC}=\overrightarrow{AC} \tag{1.1}$$

式中，$\overrightarrow{AB}$、$\overrightarrow{BC}$、$\overrightarrow{AC}$都是矢量，分别表示从点A到点B、从点B到点C、从点A到点C的位移。将$\overrightarrow{AB}$和$\overrightarrow{BC}$相加，得到$\overrightarrow{AC}$。这个过程可以用三角形法则或平行四边形法则来表示。

矢量减法：一个矢量的长度和方向不变，另一个矢量长度不变但取方向相反，然后进行加法运算。例如：

$$\overrightarrow{AB}-\overrightarrow{AC}=\overrightarrow{CB} \tag{1.2}$$

式中，$\overrightarrow{AB}$、$\overrightarrow{AC}$、$\overrightarrow{CB}$分别表示从点A到点B、从点A到点C、从点C到点B的位移。将$\overrightarrow{AB}$和$(-\overrightarrow{AC})$相加，得到$\overrightarrow{CB}$。

点积：也称为数量积，用于计算两个矢量之间的夹角以及它们之间的投影。例如：

$$\boldsymbol{a}\cdot\boldsymbol{b}=|\boldsymbol{a}||\boldsymbol{b}|\cos\theta=a_x b_x+a_y b_y \tag{1.3}$$

式中，$\boldsymbol{a}$和$\boldsymbol{b}$表示矢量；$|\boldsymbol{a}|$和$|\boldsymbol{b}|$分别表示$\boldsymbol{a}$和$\boldsymbol{b}$的长度；θ表示$\boldsymbol{a}$和$\boldsymbol{b}$之间的夹角；$\boldsymbol{a}\cdot\boldsymbol{b}$的值等于$\boldsymbol{a}$和$\boldsymbol{b}$在同一方向上的分量相乘之和，即$\boldsymbol{a}$和$\boldsymbol{b}$的投影相乘再求和；$a_i$和$b_i$分别表示矢量$\boldsymbol{a}$和$\boldsymbol{b}$在空间直角坐标系对应$i$轴($i=x, y, z$)上的投影，下同。

叉积：也称为向量积，结果为一矢量。用于计算两个矢量之间垂直于它们所在平面的矢量。例如：

$$\boldsymbol{a}\times\boldsymbol{b}=|\boldsymbol{a}||\boldsymbol{b}|\sin\theta\vec{n}=\left(a_y b_z-a_z b_y, a_z b_x-a_x b_z, a_x b_y-a_y b_x\right) \tag{1.4}$$

式中，$\boldsymbol{a}$ 和 $\boldsymbol{b}$ 表示矢量；$|\boldsymbol{a}|$和$|\boldsymbol{b}|$分别表示 $\boldsymbol{a}$ 和 $\boldsymbol{b}$ 的长度；θ 表示 $\boldsymbol{a}$ 和 $\boldsymbol{b}$ 之间的夹角；$\vec{n}$ 表示它们所在平面的法向量；$\boldsymbol{a}\times\boldsymbol{b}$ 的值等于 $\boldsymbol{a}$ 和 $\boldsymbol{b}$ 所在平面上的面积与 $\vec{n}$ 的乘积。

混合积：矢量 $\boldsymbol{a}$、$\boldsymbol{b}$、$\boldsymbol{c}$ 的混合积$(\boldsymbol{a},\ \boldsymbol{b},\ \boldsymbol{c})$为一标量。

$$(\boldsymbol{a},\ \boldsymbol{b},\ \boldsymbol{c})=\boldsymbol{a}\cdot(\boldsymbol{b}\times\boldsymbol{c})=\begin{vmatrix} a_x & a_y & a_z \\ b_x & b_y & b_z \\ c_x & c_y & c_z \end{vmatrix} \tag{1.5}$$

混合积$(\boldsymbol{a}, \boldsymbol{b}, \boldsymbol{c})$各矢量位置可以轮换：

$$\boldsymbol{a}\cdot(\boldsymbol{b}\times\boldsymbol{c})=\boldsymbol{b}\cdot(\boldsymbol{c}\times\boldsymbol{a})=\boldsymbol{c}\cdot(\boldsymbol{a}\times\boldsymbol{b}) \tag{1.6}$$

混合积$(\boldsymbol{a}, \boldsymbol{b}, \boldsymbol{c})$表示由 $\boldsymbol{a}$、$\boldsymbol{b}$、$\boldsymbol{c}$ 构成的平行六面体的体积。

1.1.3　张量的定义

1) 定义

引进坐标系表示具有某种方向性组合的物理量 $\boldsymbol{T}$。设该物理量 $\boldsymbol{T}$ 在不同直角坐标系中可表示为

$$\begin{cases} \boldsymbol{T}=T_{ij\cdots k}\boldsymbol{e}_i\boldsymbol{e}_j\cdots\boldsymbol{e}_k \\ \boldsymbol{T}'=T'_{rs\cdots t}\boldsymbol{e}'_r\boldsymbol{e}'_s\cdots\boldsymbol{e}'_t \end{cases} \tag{1.7}$$

式中，$\boldsymbol{e}_i\boldsymbol{e}_j\cdots\boldsymbol{e}_k$ 为该物理量表示方向性所需的组合基矢，设组合基矢的个数为 n(即有 n 个基矢 $\boldsymbol{e}$ 相乘)。若其坐标分量满足如下坐标转换规律：

$$T_{ij\cdots k}=\beta_{ir'}\beta_{js'}\cdots\beta_{kt'}T'_{rs\cdots t} \tag{1.8}$$

结合式(1.7)有

$$T'_{rs\cdots t}\boldsymbol{e}'_r\boldsymbol{e}'_s\cdots\boldsymbol{e}'_t=\beta_{ir'}\beta_{js'}\cdots\beta_{kt'}T'_{rs\cdots t}\boldsymbol{e}_i\boldsymbol{e}_j\cdots\boldsymbol{e}_k=T_{ij\cdots k}\boldsymbol{e}_i\boldsymbol{e}_j\cdots\boldsymbol{e}_k \tag{1.9}$$

即 $\boldsymbol{T}=\boldsymbol{T}'$，这样的物理量称为张量，而组合基矢的数量 n 称为该张量的阶数。由此可见，张量表示的是具有某种方向组合的物理量，该物理量与坐标系的选择无关[4-7]。

例如，物体的温度等物理量，与方向无关，称为零阶张量，用标量表示。另外一些物理量用矢量表示，如质点的位移、速度、加速度，以及物体受到的作用力等，可以表示为 $\boldsymbol{T}=T_i\boldsymbol{e}_i$，其组合基矢的数量 n=1，即矢量为一阶张量。组合基矢的数量 n=2 时，称为二阶张量，如表示物体质量分布的惯性张量，表示物体某一点处变形的应变张量及与之对应的应力张量等。二阶张量可以表示为 $\boldsymbol{T}=T_{ij}\boldsymbol{e}_i\boldsymbol{e}_j$。张量可以有多种表示方法，如 $\boldsymbol{T}$ 或其他大写的斜粗体。在给定坐标系的情况下，也可以用省略基矢的形式表示，如二阶张量表示为 T_{ij}，表示一组张

量分量的集合，其中 i 和 j 为自由指标。这种表示方法的优点在于，其表示形式为标量，在进行运算时，符合标量运算法则[1,5,7]。有时为清楚起见，二阶张量 $\boldsymbol{T}$ 也可以用一个 3×3 的矩阵表示：

$$\begin{bmatrix} T_{11} & T_{12} & T_{13} \\ T_{21} & T_{22} & T_{23} \\ T_{31} & T_{32} & T_{33} \end{bmatrix} \tag{1.10}$$

形如 T_{12}，表示该张量的一个分量。矢量可以用 T_i 表示，也可用 1×3 的列阵表示：

$$\begin{bmatrix} T_1 \\ T_2 \\ T_3 \end{bmatrix} 或 \begin{bmatrix} T_1 & T_2 & T_3 \end{bmatrix}^{\mathrm{T}} \tag{1.11}$$

2) 张量的客观性

张量不随观察者(或者说参考系)的变化而变化，因而通过张量来描述物理规律，容易满足物理规律的客观性要求，即用张量描述的物理规律在任何参考系中都成立。虽然张量描述的物理量不随参考系而变化，但是当参考系变化，即基矢发生变化时，其分量会相应产生变化。最后结果是基矢与分量组合而成的整体，也就是张量保持不变。也就是说，同一个张量在不同参考系下会呈现出不一样的表示形式[1,5,7]。

因此，可以理解为只要这个张量满足相应的坐标变换规律，就可以认为这个张量具有客观性。例如，标量 a、一阶张量(向量) $\boldsymbol{b}$ 、二阶张量 $\boldsymbol{T}$ 在参考系 $Ox_1x_2x_3$ 下的表示和在参考系 $Ox_1'x_2'x_3'$ 下的表示需要满足以下关系：

$$\boldsymbol{T}' = \boldsymbol{QTQ}^{\mathrm{T}} \tag{1.12}$$

因此，在坐标变换的层面，张量的客观性和张量的参考系无差别性质是等价的。但是，不能理解为只要满足张量的坐标变换规则，这个张量就具有客观性，因为存在一些特殊的张量。例如，变形梯度张量 $\boldsymbol{F}$，从分类上来说它是一个二阶张量，但是它的坐标变换规则不是 $\boldsymbol{F}'= \boldsymbol{QFQ}^{\mathrm{T}}$，而是 $\boldsymbol{F}'= \boldsymbol{QF}$，这是因为 $\boldsymbol{F}$ 是比较特殊的二阶张量，也叫两点张量(two point tensor)，$\boldsymbol{F}$ 的基底 $\boldsymbol{e}_i \otimes \boldsymbol{E}_j$，现在构形下的基底 $\boldsymbol{e}_i$ 随时间变化，受旋转张量 $\boldsymbol{Q}$ 的影响；同时初期构形下的基底 $\boldsymbol{E}_j$ 始终不变，不受 $\boldsymbol{Q}$ 的影响。因此，两点张量 $\boldsymbol{F}$ 需要满足客观性原则的坐标变换规律和一阶张量一样，为 $\boldsymbol{F}'=\boldsymbol{QF}$。

同时，有的张量具有客观性，但其物质时间微分不具有客观性。例如，柯西应力张量 $\boldsymbol{\sigma}$ 具有客观性($\boldsymbol{\sigma}= \boldsymbol{Q\sigma Q}^{\mathrm{T}}$)，但柯西应力率张量 $\boldsymbol{\sigma}'$ 不具有客观性：

$$\boldsymbol{\sigma}'=\left(\boldsymbol{Q}\boldsymbol{\sigma}\boldsymbol{Q}^{\mathrm{T}}\right)'=\boldsymbol{Q}'\boldsymbol{\sigma}\boldsymbol{Q}^{\mathrm{T}}+\boldsymbol{Q}\boldsymbol{\sigma}'\boldsymbol{Q}^{\mathrm{T}}+\boldsymbol{Q}\boldsymbol{\sigma}(\boldsymbol{Q}^{\mathrm{T}})'\neq\boldsymbol{Q}\boldsymbol{\sigma}'\boldsymbol{Q}^{\mathrm{T}} \tag{1.13}$$

因此，有学者提出了针对柯西应力的客观应力率的张量表达式，使其满足二阶张量应该满足的坐标变换关系[8-10]。在建立本构关系时，需要考虑张量是否具有客观性，一般出现在率形式的本构中，如次弹性(hypo-elasticity)本构。如果张量的物质时间微分不具有客观性，那么用这个张量建立具有客观性的本构关系会有困难。

需要用具有客观性的张量来描述本构关系的，一般存在于速率型(rate form)的本构关系中。因为如果将不具有客观性的张量用于速率型本构关系中，想要写出构架无区别具有客观性的本构关系式就变得非常困难。此外，构建本构模型时，也不是必须要用具有客观性的张量。即使用没有客观性的张量，只要能够满足观测者不变的性质，对于描述物质性质的本构模型来说也是可以的，且十分方便。事实上，有很多本构模型是用无客观性的张量来建立本构关系。一般只需要观测者不变量，如用张量的不变量，或者直接用观测者不变量的张量，而不需要关注这个张量有没有客观性。

例如，格林弹性本构用的就是观测者不变量的张量，形如

$$S=\rho^{0}\frac{\partial\psi^{\mathrm{e}}}{\partial E}=2\rho^{0}\frac{\partial\psi^{\mathrm{e}}}{\partial C} \tag{1.14}$$

式中，S、E、C 都是观测者不变量，也能写成 $S^{*}=\bar{\rho}\dfrac{\partial\psi^{\mathrm{e}}\left(E^{*}\right)}{\partial E}$ 的形式，因为 $S=S'$，所以这是满足物理规律客观性的本构方程。

1.2　特殊张量及坐标变换

1.2.1　求和约定

如下求和：

$$s=a_1x_1+a_2x_2+\cdots+a_nx_n \tag{1.15}$$

可以使用一个求和符号来简化：

$$s=\sum_{i=1}^{n}a_ix_i \tag{1.16}$$

同时可以用任意符号代替 i 作为自由指标，如

$$s=\sum_{j=1}^{n}a_jx_j,\quad s=\sum_{m=1}^{n}a_mx_m,\quad s=\sum_{k=1}^{n}a_kx_k \tag{1.17}$$

无论是等式中的 i，还是 j、m、k，都是一个虚拟指标，因为总和独立于用于

索引的字母。如果采用以下约定，可以进一步简化等式：当索引重复一次时，它是一个虚拟指标，表示与整数 1、2、…、n 的索引求和。该约定称为爱因斯坦求和约定(Einstein's summation convention)，简称求和约定。

使用该约定，等式可以简单地写成

$$s = a_i x_i \text{ 或 } s = a_j x_j \text{ 或 } s = a_m x_m \text{ 等} \tag{1.18}$$

需要强调的是，$a_i b_i x_i$ 或 $a_m b_m x_m$ 之类的表达式不在本约定中定义。也就是说，当使用求和约定时，指标符号不应重复多次。因此，求和形式的表达式：

$$\sum_{i=1}^{n} a_i b_i x_i \tag{1.19}$$

必须保留其总和符号。

为了方便读者理解，后文中将求和式中的 n 取 3：

$$a_i x_i = a_1 x_1 + a_2 x_2 + a_3 x_3, \quad a_{ii} = a_{11} + a_{22} + a_{33} \tag{1.20}$$

求和约定显然可以用于表示两项之和或三项之和等。例如：

$$\alpha = \sum_{i=1}^{3}\sum_{j=1}^{3} a_{ij} x_i x_j \tag{1.21}$$

或

$$\alpha = a_{ij} x_i x_j \tag{1.22}$$

将式(1.22)完全展开即可得到

$$\begin{aligned}\alpha = a_{ij} x_i x_j = & a_{11}x_1x_1 + a_{12}x_1x_2 + a_{13}x_1x_3 + a_{21}x_2x_1 + a_{22}x_2x_2 \\ & + a_{23}x_2x_3 + a_{31}x_3x_1 + a_{32}x_3x_2 + a_{33}x_3x_3\end{aligned} \tag{1.23}$$

类似地，标记符号 $a_{ijk} x_i x_j x_k$ 表示 27 项的三重和，即

$$\sum_{i=1}^{3}\sum_{j=1}^{3}\sum_{k=1}^{3} a_{ijk} x_i x_j x_k = a_{ijk} x_i x_j x_k \tag{1.24}$$

以下方程组：

$$\begin{cases} x_1' = a_{11}x_1 + a_{12}x_2 + a_{13}x_3 \\ x_2' = a_{21}x_1 + a_{22}x_2 + a_{23}x_3 \\ x_3' = a_{31}x_1 + a_{32}x_2 + a_{33}x_3 \end{cases} \tag{1.25}$$

使用求和约定可以简写为

$$\begin{cases} x_1' = a_{1m} x_m \\ x_2' = a_{2m} x_m \\ x_3' = a_{3m} x_m \end{cases} \tag{1.26}$$

进一步简化可以得到

$$x_i' = a_{im} x_m, \quad i = 1,2,3 \tag{1.27}$$

在等式的每项中仅出现一次的指标，如式(1.27)中的指标 i，称为自由指标。一般情况下，自由指标取整数 1、2 或 3。因此，式(1.27)是三个方程的缩写形式，每个方程的右侧都有三项之和。

1.2.2　Kronecker 增量

用 δ_{ij} 表示 Kronecker 增量，定义为

$$\delta_{ij}=\begin{cases}1, & i=j\\0, & i\neq j\end{cases}\tag{1.28}$$

即

$$\delta_{11}=\delta_{22}=\delta_{33}=1,\ \ \delta_{12}=\delta_{13}=\delta_{21}=\delta_{23}=\delta_{31}=\delta_{32}=0\tag{1.29}$$

换言之，Kronecker 增量的矩阵是单位矩阵：

$$\left[\delta_{ij}\right]=\begin{bmatrix}\delta_{11} & \delta_{12} & \delta_{13}\\\delta_{21} & \delta_{22} & \delta_{23}\\\delta_{31} & \delta_{32} & \delta_{33}\end{bmatrix}=\begin{bmatrix}1 & 0 & 0\\0 & 1 & 0\\0 & 0 & 1\end{bmatrix}\tag{1.30}$$

针对指标特点及求和约定，Kronecker 增量有如下性质。

性质一：

$$\delta_{ii}=\delta_{11}+\delta_{22}+\delta_{33}=1+1+1\tag{1.31}$$

即

$$\delta_{ii}=3\tag{1.32}$$

性质二：

$$\delta_{im}a_m=a_i\tag{1.33}$$

性质三：

$$\begin{cases}\delta_{1m}T_{mj}=\delta_{11}T_{1j}+\delta_{12}T_{2j}+\delta_{13}T_{3j}=T_{1j}\\\delta_{2m}T_{mj}=\delta_{21}T_{1j}+\delta_{22}T_{2j}+\delta_{23}T_{3j}=T_{2j}\\\delta_{3m}T_{mj}=\delta_{31}T_{1j}+\delta_{32}T_{2j}+\delta_{33}T_{3j}=T_{3j}\end{cases}\tag{1.34}$$

即

$$\delta_{im}T_{mj}=T_{ij}\tag{1.35}$$

性质四：如果 $\boldsymbol{e}_1$、$\boldsymbol{e}_2$、$\boldsymbol{e}_3$ 是彼此垂直的单位矢量，则有

$$\boldsymbol{e}_i\cdot\boldsymbol{e}_j=\delta_{ij}\tag{1.36}$$

1.2.3　坐标变换

在三维空间中，三条相互正交于原点 O 的直线 x_1、x_2、x_3 构成一个直角坐标系，$\boldsymbol{e}_1$、$\boldsymbol{e}_2$、$\boldsymbol{e}_3$ 分别表示这三条直线的方向，其长度为 1，称为基矢。习惯上采用右手坐标系，如图 1.1 所示。其任意两个基矢的点积为

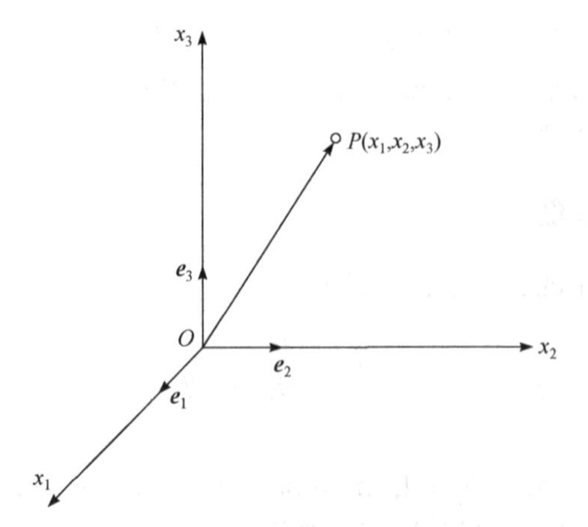

图 1.1　直角坐标系与基矢

$$\boldsymbol{e}_i \cdot \boldsymbol{e}_j = \delta_{ij} = \delta_{ji} = \begin{cases} 1, & i = j \\ 0, & i \neq j \end{cases} \tag{1.37}$$

式中，δ_{ij}为 Kronecher 算符，下标 i、j 可在 1、2、3 中自由选取，称为自由指标。若以矩阵形式表示，则有

$$\left[\delta_{ij}\right] = \begin{bmatrix} 1 & 0 & 0 \\ 0 & 1 & 0 \\ 0 & 0 & 1 \end{bmatrix} \tag{1.38}$$

$$x = x_1\boldsymbol{e}_1 + x_2\boldsymbol{e}_2 + x_3\boldsymbol{e}_3 \tag{1.39}$$

按照爱因斯坦求和约定，式(1.39)可简写为

$$x = x_i\boldsymbol{e}_i \tag{1.40}$$

式中，下标 i 重复出现，称作哑标。在三维欧氏空间中，哑标 i 分别取 1、2、3 进行求和，因此哑标可用 1、2、3 中的任意字母表示。例如：

$$\delta_{ii} = \delta_{11} + \delta_{22} + \delta_{33} = 3 \tag{1.41}$$

设另有一组交于原点 O 的右手直角坐标系 $Ox_1'x_2'x_3'$，其基矢为$\boldsymbol{e}_1'$、$\boldsymbol{e}_2'$、$\boldsymbol{e}_3'$。两组直角坐标系基矢 $\boldsymbol{e}_i$ 与 $\boldsymbol{e}_j'$ 的点积为两直线方向的方向余弦：

$$\beta_{ij'} = \boldsymbol{e}_i \cdot \boldsymbol{e}_j' = \cos\left(x_i,\ x_j'\right) 或 \beta_{i'j} = \boldsymbol{e}_i' \cdot \boldsymbol{e}_j = \cos\left(x_i',\ x_j\right) \tag{1.42}$$

用矩阵表示为

$$\left[\beta_{ij'}\right]=\begin{bmatrix}\cos(x_1,\ x'_1) & \cos(x_1,\ x'_2) & \cos(x_1,\ x'_3)\\ \cos(x_2,\ x'_1) & \cos(x_2,\ x'_2) & \cos(x_2,\ x'_3)\\ \cos(x_3,\ x'_1) & \cos(x_3,\ x'_2) & \cos(x_3,\ x'_3)\end{bmatrix} \tag{1.43}$$

式中，$[\beta_{i'j}]$为$[\beta_{ij'}]$的转置矩阵，即$[\beta_{i'j}]=[\beta_{ij'}]^{\mathrm{T}}$，或$\beta_{i'j}=\beta_{j'i}$。$[\beta_{ij'}]\,[\beta_{j'k}]=[\delta_{ik}]$，表明$[\beta_{ij'}]$为正交矩阵，即$[\beta_{i'j}]=[\beta_{ij'}]^{-1}$。

因此，两组基矢间满足转换关系：

$$\boldsymbol{e}_i=\beta_{ij'}\boldsymbol{e}'_j \text{或} \boldsymbol{e}'_i=\beta_{i'j}\boldsymbol{e}_j \tag{1.44}$$

P 点位置也可用矢径 $\boldsymbol{x}'$表示，$\boldsymbol{x}'=\boldsymbol{x}$，由式(1.44)，有

$$x_i\boldsymbol{e}_i=x'_j\boldsymbol{e}'_j=x'_j\beta_{j'i}\boldsymbol{e}_i=\beta_{ij'}x'_j\boldsymbol{e}_i \tag{1.45}$$

比较式(1.45)两边有

$$x_i=\beta_{ij'}x'_j \text{或} x'_i=\beta_{i'j}x_j \tag{1.46}$$

式(1.46)即两组坐标系之间的坐标变换关系。$[\beta_{i'j}]$或$[\beta_{ij'}]$称为坐标变换矩阵。

1.2.4 置换符号

由 ε_{ijk} 表示的置换符号定义如下：

$$\varepsilon_{ijk}=\begin{Bmatrix}1\\-1\\0\end{Bmatrix}, \quad \text{根据}i\text{、}j\text{、}k\text{遍历1、2、3的顺序} \tag{1.47}$$

即

$$\begin{cases}\varepsilon_{123}=\varepsilon_{231}=\varepsilon_{312}=1\\ \varepsilon_{213}=\varepsilon_{321}=\varepsilon_{132}=-1\\ \varepsilon_{111}=\varepsilon_{112}=\varepsilon_{222}=\cdots=0\end{cases} \tag{1.48}$$

可以将其记作

$$\varepsilon_{ijk}=\varepsilon_{jki}=\varepsilon_{kij}=-\varepsilon_{jik}=-\varepsilon_{kji}-\varepsilon_{ikj} \tag{1.49}$$

由矢量混合积可知：$(\boldsymbol{a},\ \boldsymbol{b},\ \boldsymbol{c})$表示由 $\boldsymbol{a}$、$\boldsymbol{b}$、$\boldsymbol{c}$ 构成的平行六面体的体积，因此置换符号可以由直角坐标系基矢的混合积表示：

$$\boldsymbol{e}_{ijk}=\left(\boldsymbol{e}_i,\ \boldsymbol{e}_j,\ \boldsymbol{e}_k\right) \tag{1.50}$$

如果$\{\boldsymbol{e}_1,\ \boldsymbol{e}_2,\ \boldsymbol{e}_3\}$是遵循右手定则的一组矢量，则有

$$\boldsymbol{e}_1\times\boldsymbol{e}_2=\boldsymbol{e}_3,\ \boldsymbol{e}_2\times\boldsymbol{e}_1=-\boldsymbol{e}_3,\ \boldsymbol{e}_2\times\boldsymbol{e}_3=\boldsymbol{e}_1,\ \boldsymbol{e}_3\times\boldsymbol{e}_2=-\boldsymbol{e}_1 \tag{1.51}$$

也可以简写为

$$\boldsymbol{e}_i \times \boldsymbol{e}_j = \varepsilon_{ijk}\boldsymbol{e}_k = \varepsilon_{jki}\boldsymbol{e}_k = \varepsilon_{kij}\boldsymbol{e}_k \tag{1.52}$$

现给定两矢量：

$$\boldsymbol{a} = a_i\boldsymbol{e}_i \tag{1.53}$$

$$\boldsymbol{b} = b_i\boldsymbol{e}_i \tag{1.54}$$

由于矢量叉积的结果是不同方向的，因此可以得到

$$\boldsymbol{a}\times\boldsymbol{b} = (a_i\boldsymbol{e}_i)\times(b_j\boldsymbol{e}_j) = a_ib_j(\boldsymbol{e}_i\times\boldsymbol{e}_j) = a_ib_j\varepsilon_{ijk}\boldsymbol{e}_k \tag{1.55}$$

1.3　张量的运算

1.3.1　基本运算

1) 张量的相加

对于两个同阶的张量相加，其对应的分量相加，基矢不变，得到的仍是同阶张量：

$$\boldsymbol{A}+\boldsymbol{B}=\boldsymbol{T} \tag{1.56}$$

对于二阶张量与四阶张量的相加，其分量形式如下：

$$\begin{cases} A_{ij}+B_{ij}=T_{ij} \\ A_{ijkl}+B_{ijkl}=T_{ijkl} \end{cases} \tag{1.57}$$

2) 张量的并积

两个张量 $\boldsymbol{A}$、$\boldsymbol{B}$ 的并积，是两个张量的基矢并列，其对应的分量相乘，得到一个阶数等于 $\boldsymbol{A}$ 与 $\boldsymbol{B}$ 阶数之和的高阶张量。

例如，m 阶张量 $\boldsymbol{A}$ 与 n 阶张量 $\boldsymbol{B}$ 的并积

$$\boldsymbol{AB}=\boldsymbol{T} \tag{1.58}$$

式中，$\boldsymbol{T}$ 即为 $m+n$ 阶张量。

性质一：若 $\boldsymbol{A}$、$\boldsymbol{B}$ 分别为二阶张量，那么 $\boldsymbol{T}$ 为四阶张量，即有

$$A_{ij}B_{kl}\boldsymbol{e}_i\boldsymbol{e}_j\boldsymbol{e}_k\boldsymbol{e}_l = T_{ijkl}\boldsymbol{e}_i\boldsymbol{e}_j\boldsymbol{e}_k\boldsymbol{e}_l \tag{1.59}$$

$$\Rightarrow A_{ij}B_{kl}=T_{ijkl}$$

性质二：标量 k 并乘二阶张量 $\boldsymbol{B}$，得到的张量 $\boldsymbol{T}$ 仍为二阶张量：

$$k\boldsymbol{B}=\boldsymbol{T} \tag{1.60}$$

$$\Rightarrow kB_{ij}=T_{ij}$$

3) 张量的点积

两个张量的点积，是先将两个张量并乘，然后对两个张量任意指定的基矢进行点积。若未事先指明，则对两个张量靠得最近的两个基矢进行点积，同时点积后的张量基矢缩减两个。

例如，m 阶张量 $\boldsymbol{A}$ 与 n 阶张量 $\boldsymbol{B}$ 点积：

$$\boldsymbol{A}\cdot\boldsymbol{B}=\boldsymbol{T} \tag{1.61}$$

式中，$\boldsymbol{T}$ 是 $m+n-2$ 阶张量。设 $\boldsymbol{A}$ 与 $\boldsymbol{B}$ 均为二阶张量，则 $\boldsymbol{A}\cdot\boldsymbol{B}=\boldsymbol{T}$ 也为二阶张量：

$$\boldsymbol{A}\cdot\boldsymbol{B}=\left(A_{ij}\boldsymbol{e}_i\boldsymbol{e}_j\right)\cdot\left(B_{kl}\boldsymbol{e}_k\boldsymbol{e}_l\right)=A_{ij}\delta_{jk}B_{kl}\boldsymbol{e}_i\boldsymbol{e}_l=A_{ik}B_{kl}\boldsymbol{e}_i\boldsymbol{e}_l=T_{il}\boldsymbol{e}_i\boldsymbol{e}_l=\boldsymbol{T}$$

即

$$A_{ik}B_{kl}=T_{il} \tag{1.62}$$

双点积是两个张量并乘后，对其基矢依顺序点积两次。例如，$\boldsymbol{A}$ 与 $\boldsymbol{B}$ 均为二阶张量，则 $\boldsymbol{AB}=k$ 为零阶张量(即为标量)：

$$\boldsymbol{A}:\boldsymbol{B}=\left(A_{ij}e_ie_j\right):\left(B_{kl}e_ke_l\right)=A_{ij}\delta_{ik}\delta_{jl}B_{kl}=A_{kj}B_{kj}=k \tag{1.63}$$

矢量 $\boldsymbol{U}$ 与 $\boldsymbol{V}$ 的点积为

$$\boldsymbol{U}\cdot\boldsymbol{V}=\left(U_ie_i\right)\cdot\left(V_je_j\right)=U_iV_i=k \tag{1.64}$$

标量 k 的几何意义：$k=|\boldsymbol{U}||\boldsymbol{V}|\cos\theta$。其中，$\theta$为矢量 $\boldsymbol{U}$ 与 $\boldsymbol{V}$ 之间的夹角，$|\boldsymbol{U}|$和$|\boldsymbol{V}|$分别为两个矢量的绝对值。当 $\boldsymbol{V}$ 为单位矢量，k 表示矢量 $\boldsymbol{U}$ 在 $\boldsymbol{V}$ 方向上的投影；当 $\boldsymbol{U}$ 和 $\boldsymbol{V}$ 为非零矢量，且 $\boldsymbol{U}\cdot\boldsymbol{V}=0$，则 $\boldsymbol{U}$ 与 $\boldsymbol{V}$ 正交，反之亦然。

4) 张量的缩并

在张量的并矢记法中，如对其中的某两个基矢进行点积，则原来的张量将降低两阶，这一过程称为张量的缩并，如

$$\boldsymbol{a}\cdot\boldsymbol{bcd}=(\boldsymbol{a}\cdot\boldsymbol{b})\boldsymbol{cd} \tag{1.65}$$

$$\boldsymbol{ab}\cdot\boldsymbol{cd}=\boldsymbol{a}(\boldsymbol{b}\cdot\boldsymbol{c})\boldsymbol{d} \tag{1.66}$$

$$\boldsymbol{abc}\cdot\boldsymbol{d}=\boldsymbol{ab}(\boldsymbol{c}\cdot\boldsymbol{d}) \tag{1.67}$$

等多种形式。以上各式右端括号内的点积是一个数，所以它们降为二阶并矢。二阶并矢缩并后成为一个数，数可视为零阶并矢。

5) 张量的商法则

若一物理量 $\boldsymbol{T}$ 与任意张量 $\boldsymbol{B}$ 点积，得到张量 $\boldsymbol{A}$，则该物理量 $\boldsymbol{T}$ 必为张量，张量 $\boldsymbol{T}$ 称为张量 $\boldsymbol{A}$ 相对于张量 $\boldsymbol{B}$ 的商。例如，若一物理量 $\boldsymbol{T}$ 与任意矢量 $\boldsymbol{V}$ 点积，得到的是 $n-1$ 阶张量 $\boldsymbol{A}$，则该物理量 $\boldsymbol{T}$ 必定是 n 阶张量。

同理，若一物理量 $\boldsymbol{T}$ 与任意二阶张量 $\boldsymbol{B}$ 双点积，得到的是 $n-2$ 阶张量 $\boldsymbol{A}$，则该物理量 $\boldsymbol{T}$ 必定是 n 阶张量。

6) 张量的转置

二阶张量 $\boldsymbol{T}=T_{ij}\boldsymbol{e}_i\boldsymbol{e}_j$ 的转置 $\boldsymbol{T}^{\mathrm{T}}$ 定义为

$$\boldsymbol{T}^{\mathrm{T}}=T_{ij}\boldsymbol{e}_i\boldsymbol{e}_j \tag{1.68}$$

性质一：

$$\left(\boldsymbol{T}^{\mathrm{T}}\right)^{\mathrm{T}}=\boldsymbol{T} \tag{1.69}$$

性质二： 若 $\boldsymbol{T}^{\mathrm{T}}=\boldsymbol{T}$，或 $T_{ij}=T_{ji}$，则称 $\boldsymbol{T}$ 为对称张量。

性质三： 设 $\boldsymbol{A}$ 与 $\boldsymbol{B}$ 为二阶张量，$\boldsymbol{U}$ 为矢量，则有

$$(\boldsymbol{A}\cdot\boldsymbol{B})^{\mathrm{T}}=\boldsymbol{B}^{\mathrm{T}}\cdot\boldsymbol{A}^{\mathrm{T}} \tag{1.70}$$

$$\boldsymbol{A}\cdot\boldsymbol{U}=\boldsymbol{U}\cdot\boldsymbol{A}^{\mathrm{T}} \tag{1.71}$$

1.3.2　各向同性张量

若张量的每一分量在不同坐标系下均保持不变，则称该张量为各向同性张量。

性质一： 标量为零阶张量，与坐标的选择无关，因此任意标量均为各向同性张量。任意标量 k 与单位张量 $\boldsymbol{\delta}$ 的乘积，为各向同性张量。

以 δ_{ij} 为坐标分量的二阶张量 $\boldsymbol{\delta}=\delta_{ij}\boldsymbol{e}_i\boldsymbol{e}_j$ 称为单位张量。在不同坐标系下，$\boldsymbol{\delta}'=\delta'_{ij}\boldsymbol{e}'_i\boldsymbol{e}'_j$，而 $\delta'_{ij}=\boldsymbol{e}'_i\cdot\boldsymbol{e}'_j=\delta_{ij}$。因此，任意标量 k 与单位张量 $\boldsymbol{\delta}$ 的乘积，为各向同性张量。

性质二： 矢量为一阶张量，无各向同性张量。

性质三： 二阶各向同性张量一定可以表示为 $k\boldsymbol{\delta}$ 或 $k\delta_{ij}$ 的形式。

证明：设 $\boldsymbol{T}$ 为二阶各向同性张量，则有

$$T_{ij}=\beta_{ir'}\beta_{js'}T'_{rs}=T'_{ij} \tag{1.72}$$

令坐标系绕 x_3 轴转动 90°，坐标转换矩阵式为

$$\left[\beta_{ij'}\right]=\begin{bmatrix}0 & -1 & 0\\ 1 & 0 & 0\\ 0 & 0 & 1\end{bmatrix} \tag{1.73}$$

代入式(1.72)，有 $T_{11}=T'_{22}=T'_{11}$，$T_{22}=T'_{11}=T'_{22}$，所以 $T_{11}=T_{22}$。令坐标系绕 x_2 轴转动 90°，可得 $T_{11}=T_{33}$，令 $T_{11}=T_{22}=T_{33}=k$；同理，令坐标系绕 x_3 轴转动 180°，有 $T_{13}=-T'_{13}=T'_{13}$，所以 $T_{13}=0$；类似地，当 $i\neq j$ 时，$T_{ij}=0$，即 $T_{ij}=k\delta_{ij}$。

以置换符号 e_{ijl} 为坐标分量的三阶张量 $\boldsymbol{\epsilon}=e_{ijl}\boldsymbol{e}_i\boldsymbol{e}_j\boldsymbol{e}_l$，称为转换张量。

性质四： 三阶各向同性张量一定可以表示为 $k\boldsymbol{\epsilon}$ 或 ke_{ijl} 的形式，其中 k 为任意

标量。

四阶各向同性张量有三种基本形式

$$\boldsymbol{I}^{(0)}=\delta_{ij}\delta_{kl}\boldsymbol{e}_i\boldsymbol{e}_j\boldsymbol{e}_k\boldsymbol{e}_l,\ \boldsymbol{I}^{(1)}=\delta_{ik}\delta_{jl}\boldsymbol{e}_i\boldsymbol{e}_j\boldsymbol{e}_k\boldsymbol{e}_l,\ \boldsymbol{I}^{(2)}=\delta_{il}\delta_{jk}\boldsymbol{e}_i\boldsymbol{e}_j\boldsymbol{e}_k\boldsymbol{e}_l \tag{1.74}$$

四阶各向同性张量 $\boldsymbol{I}^{(i)}$一定可以表示为 $a\,\boldsymbol{I}^{(0)}+b\,\boldsymbol{I}^{(1)}+c\,\boldsymbol{I}^{(2)}$的形式，或

$$I_{ijkl}^{(i)}=a\delta_{ij}\delta_{kl}+b\delta_{ik}\delta_{jl}+c\delta_{il}\delta_{jk} \tag{1.75}$$

式中，a、b、c 为任意标量。

1.3.3 张量的微积分运算

1) 张量的函数

在代数学中，矩阵可以作为某些函数的元。例如，n 阶方阵的 k 次幂，即该矩阵自身相乘 k–1 次，仍是一个 n 阶方阵：

$$\begin{gathered}[\boldsymbol{T}]^2=[\boldsymbol{T}][\boldsymbol{T}]\\ \vdots\end{gathered} \tag{1.76}$$

$$[\boldsymbol{T}]^k=\underbrace{[\boldsymbol{T}][\boldsymbol{T}]\cdots[\boldsymbol{T}]}_{k个[\boldsymbol{T}]} \tag{1.77}$$

构造矩阵 $\boldsymbol{T}$ 的 k 次多项式，仍是一个 n 阶方阵，记作 $\boldsymbol{H}$，定义矩阵 $\boldsymbol{H}$ 是矩阵 $\boldsymbol{T}$ 的函数：

$$[\boldsymbol{H}]=f\left([\boldsymbol{T}]\right)=c_0[1]+c_1[\boldsymbol{T}]+c_2[\boldsymbol{T}]^2+\cdots+c_k[\boldsymbol{T}]^k \tag{1.78}$$

同时定义二阶张量 $\boldsymbol{H}$ 是以二阶张量 $\boldsymbol{T}$ 为自变量的函数：

$$\boldsymbol{H}=f\left(\boldsymbol{T}\right)=c_0\boldsymbol{G}+c_1\boldsymbol{T}+c_2\boldsymbol{T}^2+\cdots+c_k\boldsymbol{T}^k \tag{1.79}$$

式(1.79)实际上反映了矩阵 $\boldsymbol{H}$ 与矩阵 $\boldsymbol{T}$ 各元素之间有函数关系，分量式：

$$H_{ij}=c_0\delta_{ij}+c_1T_{ij}+c_2T_{il}T_{li}+\cdots+c_kT_{il_1}T_{l_1l_2}\cdots T_{l_{k-1}j} \tag{1.80}$$

上面所列举的函数形式是多项式。一般，若一个张量 $\boldsymbol{H}$(矢量、张量)依赖于 n 个张量 $\boldsymbol{T}_1$，$\boldsymbol{T}_2$，…，$\boldsymbol{T}_n$(矢量、张量)而变化，即当 $\boldsymbol{T}_1$，$\boldsymbol{T}_2$，…，$\boldsymbol{T}_n$给定时，$\boldsymbol{H}$ 可以对应确定，则称 $\boldsymbol{H}$ 是张量 $\boldsymbol{T}_1$，$\boldsymbol{T}_2$，…，$\boldsymbol{T}_n$ 的张量函数，记作 $\boldsymbol{H}$ 是张量 $\boldsymbol{T}_1$，$\boldsymbol{T}_2$，…，$\boldsymbol{T}_n$ 的张量函数。

2) 张量的微分与导数

以下的研究方法适用于三维空间中任意阶(n 阶)张量场函数，即

$$\boldsymbol{T}=\boldsymbol{T}\left(\boldsymbol{r}\right) \tag{1.81}$$

其并矢表达式为

$$\boldsymbol{T}(\boldsymbol{r})=\boldsymbol{T}_{ij\cdots kl}\boldsymbol{e}_i\boldsymbol{e}_j\cdots\boldsymbol{e}_k\boldsymbol{e}_l \tag{1.82}$$

式中，无论分量或是基矢都是矢径 $\boldsymbol{r}$ 的函数。为研究其随点变化的规律，需研究 n 阶张量 $\boldsymbol{T}$ 对矢径 $\boldsymbol{r}$ 的导数。在以下研究中，均假定场函数 $\boldsymbol{T}$ 对坐标 x^l 的偏导数存在且连续。

张量场函数 $\boldsymbol{T}(\boldsymbol{r})$对于 $\boldsymbol{r}$ 的增量 $\boldsymbol{u}$ 的有限微分为

$$\boldsymbol{T}'(\boldsymbol{r};\boldsymbol{u})=\lim_{h\to 0}\frac{1}{\boldsymbol{h}}\left[\boldsymbol{T}(\boldsymbol{r}+\boldsymbol{h}\boldsymbol{u})-\boldsymbol{T}(\boldsymbol{r})\right] \tag{1.83}$$

可以证明，有限微分对于矢径的增量 $\boldsymbol{u}$ 是线性的，故记作

$$\boldsymbol{T}'(\boldsymbol{r};\boldsymbol{u})=\boldsymbol{T}'(\boldsymbol{r})\cdot\boldsymbol{u} \tag{1.84}$$

式中，$\boldsymbol{T}'(\boldsymbol{r})=\mathrm{d}\boldsymbol{T}/\mathrm{d}\boldsymbol{r}$ 称为 n 阶张量场函数 $\boldsymbol{T}(\boldsymbol{r})$对矢径 $\boldsymbol{r}$ 的导数，根据张量的商法则，它是 $n+1$ 阶张量。

应注意到，本章所阐述的张量场函数，自变量是矢径 $\boldsymbol{r}$，$\boldsymbol{r}$ 是曲线坐标 $x^l(l=1, 2, 3)$的函数：

$$\boldsymbol{r}=\boldsymbol{r}(\boldsymbol{x}^l) \tag{1.85}$$

从而张量场函数(张量的分量与基矢)也是坐标的函数，但是坐标 x^l 并非矢径 $\boldsymbol{r}$ 的分量。

在任一曲线坐标系 $\boldsymbol{r}$ 中，矢径 $\boldsymbol{r}$ 的增量 $\boldsymbol{u}$ 在该点处的基矢可以分解为

$$\boldsymbol{u}=\boldsymbol{u}_i\boldsymbol{e}_i \tag{1.86}$$

为了进一步求得该坐标系中场函数对矢径的导数 $\boldsymbol{T}(\boldsymbol{r})$的各个分量，先研究当增量为基矢 $\boldsymbol{e}_i$ 时，场函数 $\boldsymbol{T}(\boldsymbol{r})$的有限微分：

$$\boldsymbol{T}'(\boldsymbol{r};\boldsymbol{u})=\lim_{h\to 0}\frac{1}{\boldsymbol{h}}\left[\boldsymbol{T}(\boldsymbol{r}+\boldsymbol{h}\boldsymbol{u})-\boldsymbol{T}(\boldsymbol{r})\right] \tag{1.87}$$

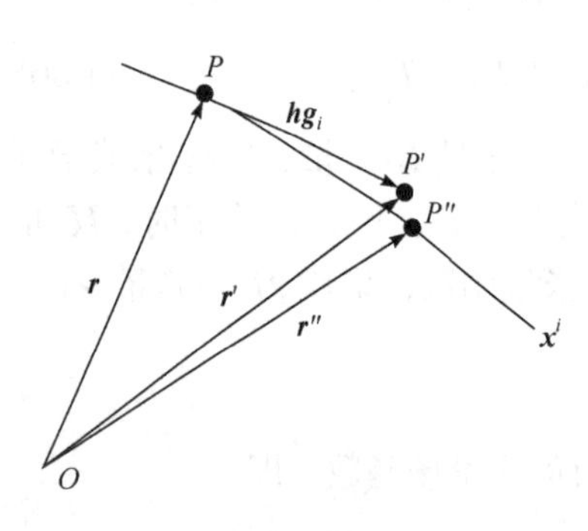

图 1.2　张量场函数定义域中矢径的变化

张量场函数定义域中矢径的变化如图 1.2 所示，矢径 $\boldsymbol{r}$ 增量 $\boldsymbol{h}\boldsymbol{g}_i$，相当于定义场函数的点由 P(矢径 $\boldsymbol{r}$)移至坐标线 x^i 在该处切线上的点 P'(矢径 $\boldsymbol{r}'$)：

$$\boldsymbol{r}'=\boldsymbol{r}+\boldsymbol{h}\boldsymbol{g}_i \tag{1.88}$$

它所对应的场函数 $\boldsymbol{T}(\boldsymbol{r})$实际上通过式(1.85)成为坐标 $\boldsymbol{r}^l(l=1, 2, 3)$的复合函数：

$$\boldsymbol{T}=\boldsymbol{T}(\boldsymbol{r}(\boldsymbol{x}^l)) \tag{1.89}$$

类比多元函数偏导数的定义，有

$$\frac{\partial \boldsymbol{T}}{\partial \boldsymbol{x}^i}=\lim_{h\to 0}\frac{1}{\boldsymbol{h}}\left[\boldsymbol{T}\left(\boldsymbol{r}\left(\boldsymbol{x}^l+\boldsymbol{h}\boldsymbol{\delta}_i^l\right)-\boldsymbol{T}\left(\boldsymbol{r}\left(\boldsymbol{x}^l\right)\right)\right)\right],\quad i=1,2,3 \tag{1.90}$$

式中，l 既非自由指标，也非哑指标，仅表示 $\boldsymbol{T}$ 是 x_1、x_2、x_3 的函数；i 是对其求偏导数的确定坐标的指标，i=1，2，3 分别对应三个式子。矢径 $\boldsymbol{r}(x^l)$变化至 $\boldsymbol{r}''=\boldsymbol{r}(\boldsymbol{x}^l+\boldsymbol{h}\boldsymbol{\delta}_i^l)$，相当于图中定义函数的点由 P 沿坐标线 x^i 移至 P''点。对比式(1.87)与式(1.90)，注意到 P''点处的矢径可以展开成 Taylor 级数：

$$\boldsymbol{r}\left(\boldsymbol{x}^l+\boldsymbol{h}\boldsymbol{\delta}_i^l\right)=\boldsymbol{r}\left(\boldsymbol{x}^l\right)+\frac{\partial \boldsymbol{r}}{\partial \boldsymbol{x}^i}\boldsymbol{h}+\boldsymbol{o}\left(\boldsymbol{h}\right)=\boldsymbol{r}\left(\boldsymbol{x}^l\right)+\boldsymbol{h}\boldsymbol{g}_i+\boldsymbol{o}\left(\boldsymbol{h}\right) \tag{1.91}$$

故矢径 $\boldsymbol{r}$ 与 $\boldsymbol{r}''$的差别只是一个高阶无穷小量，因而该两点处函数值的差别也是一个高阶无穷小量，则式(1.87)与式(1.90)的右端极限必相等，即

$$\boldsymbol{T}'\left(\boldsymbol{r};\boldsymbol{g}_i\right)=\frac{\partial \boldsymbol{T}}{\partial \boldsymbol{x}^i} \tag{1.92}$$

根据有限微分对于增量为线性的性质及式(1.86)、式(1.92)，可知

$$\boldsymbol{T}'\left(\boldsymbol{r};\boldsymbol{u}\right)=\boldsymbol{T}'\left(\boldsymbol{r};\boldsymbol{u}^i\boldsymbol{g}_i\right)=\boldsymbol{u}^i\frac{\partial \boldsymbol{T}}{\partial \boldsymbol{x}^i}=\left(\frac{\partial \boldsymbol{T}}{\partial \boldsymbol{x}^i}\boldsymbol{g}^i\right)\boldsymbol{u} \tag{1.93}$$

对比式(1.93)与式(1.84)，由于增量是任意给的，故

$$\boldsymbol{T}'\left(\boldsymbol{r}\right)=\frac{\mathrm{d}\boldsymbol{T}}{\mathrm{d}\boldsymbol{r}}=\frac{\partial \boldsymbol{T}}{\partial \boldsymbol{x}^i}\boldsymbol{g}^i \tag{1.94}$$

由有限微分与导数的定义式，可知

$$\boldsymbol{T}\left(\boldsymbol{r}+\boldsymbol{h}\boldsymbol{u}\right)-\boldsymbol{T}\left(\boldsymbol{r}\right)=\boldsymbol{T}'\left(\boldsymbol{r}\right)+\boldsymbol{h}\boldsymbol{u}+\boldsymbol{o}\left(\boldsymbol{h}\right) \tag{1.95}$$

令

$$\mathrm{d}\boldsymbol{r}=\mathrm{d}\boldsymbol{u} \tag{1.96}$$

则式(1.95)的主部称为张量场函数的微分，记作 d$\boldsymbol{T}$，它与导数间满足

$$\mathrm{d}\boldsymbol{T}=\boldsymbol{T}\left(\boldsymbol{r}\right)\cdot\mathrm{d}\boldsymbol{r} \tag{1.97}$$

1.3.4 梯度、散度与旋度

1) 梯度

(1) 标量函数的梯度。

设 $f(\boldsymbol{r})$为矢径 $\boldsymbol{r}$ 的标量函数，则 $f(\boldsymbol{r})$的微分：

$$\mathrm{d}f=f\left(\boldsymbol{r}+\mathrm{d}\boldsymbol{r}\right)-f\left(\boldsymbol{r}\right)=\frac{\partial f}{\partial \boldsymbol{r}}\cdot\mathrm{d}\boldsymbol{r} \tag{1.98}$$

根据张量的商法则，$\partial f/\partial \boldsymbol{r}$ 为一矢量，可表示为

$$\frac{\partial f}{\partial \boldsymbol{r}}=\frac{\partial f}{\partial r_i}\boldsymbol{e}_i \tag{1.99}$$

称为函数$f(\boldsymbol{r})$的梯度，通常用∇f或 grad f表示。∇为一矢量算符：

$$\nabla=\frac{\partial}{\partial r_i}\boldsymbol{e}_i \tag{1.100}$$

令$f_{,i}=\partial f/\partial \boldsymbol{r}$，其中下标$i$表示对坐标分量$r_i$求偏导，因此有

$$\nabla f=f_{,i}\boldsymbol{e}_i \tag{1.101}$$

$$\mathrm{d}f=\nabla f\cdot \mathrm{d}\boldsymbol{x}=\left(f_{,i}\boldsymbol{e}_i\right)\cdot\left(\mathrm{d}\boldsymbol{x}_j\boldsymbol{e}_j\right)=f_{,i}\mathrm{d}x_i \tag{1.102}$$

标量函数$f(\boldsymbol{r})$的梯度∇f的几何意义：$f(\boldsymbol{r})=C$，在三维空间中表示一曲面，称为等势面，$f(\boldsymbol{r})$称为势函数，常数C取不同的值，代表不同的等势面。考虑等势面上$\boldsymbol{r}$处邻域一点$\boldsymbol{r}+\mathrm{d}\boldsymbol{r}$，显然有$f(\boldsymbol{r})=C$，$f(\boldsymbol{r}+\mathrm{d}\boldsymbol{r})=C$，两式相减得

$$\mathrm{d}f=f(\boldsymbol{r}+\mathrm{d}\boldsymbol{r})-f(\boldsymbol{r})=\nabla f\cdot \mathrm{d}\boldsymbol{r}=0 \tag{1.103}$$

式(1.103)表明∇f与$\mathrm{d}\boldsymbol{r}$正交，即标量势函数$f(\boldsymbol{r})$的梯度∇f，其方向与等势面的切面正交，指向等势面扩大的方向，该方向是势函数$f(\boldsymbol{r})$变化最快的方向。

设$f(\boldsymbol{T})$是二阶张量$\boldsymbol{T}$的标量函数，则函数$f(\boldsymbol{T})$的微分：

$$\mathrm{d}f=f(\boldsymbol{T}+\mathrm{d}\boldsymbol{T})-f(\boldsymbol{T})=\frac{\partial f}{\partial \boldsymbol{T}}:\mathrm{d}\boldsymbol{T} \tag{1.104}$$

由张量的商法则，$\dfrac{\partial f}{\partial \boldsymbol{T}}$为二阶张量，可表示为

$$\frac{\partial f}{\partial \boldsymbol{T}}=\frac{\partial f}{\partial T_{ij}}\boldsymbol{e}_i\boldsymbol{e}_j \tag{1.105}$$

$$\mathrm{d}f=\frac{\partial f}{\partial \boldsymbol{T}}:\mathrm{d}\boldsymbol{T}=\frac{\partial f}{\partial T_{ij}}\mathrm{d}T_{ij} \tag{1.106}$$

在由二阶张量T_{ij}的 9 个分量张成的九维欧氏空间中，$f(\boldsymbol{T})=C$代表一个等势面，标量势函数$f(\boldsymbol{T})$的梯度$\partial f/\partial \boldsymbol{T}$方向与该等势面的“切面”正交，是势函数$f(\boldsymbol{T})$变化最快的方向。

(2) 矢量函数的梯度。

设$\boldsymbol{V}(\boldsymbol{r})$是矢径$\boldsymbol{r}$的矢量函数，则函数$\boldsymbol{V}(\boldsymbol{r})$的微分可记作

$$\mathrm{d}\boldsymbol{V}=\boldsymbol{V}(\boldsymbol{r}+\mathrm{d}\boldsymbol{r})-\boldsymbol{V}(\boldsymbol{r})=\frac{\partial \boldsymbol{V}}{\partial \boldsymbol{r}}\cdot \mathrm{d}\boldsymbol{r} \tag{1.107}$$

由张量的商法则，$\partial V/\partial \boldsymbol{r}$为二阶张量，称为矢量函数$\boldsymbol{V}(\boldsymbol{r})$的梯度，可用$\nabla V$表示，$\nabla$仍为矢量算符：

$$\nabla \boldsymbol{V}=\frac{\partial \boldsymbol{V}}{\partial \boldsymbol{r}}=\frac{\partial \boldsymbol{V}}{\partial r_j}\boldsymbol{e}_j=\frac{\partial V_i}{\partial r_j}\boldsymbol{e}_i\boldsymbol{e}_j=V_{ij}\boldsymbol{e}_i\boldsymbol{e}_j \tag{1.108}$$

$$\mathrm{d}\boldsymbol{V}=\nabla \boldsymbol{V}\cdot \mathrm{d}x=V_{ij}x_j\boldsymbol{e}_i \tag{1.109}$$

(3) 张量函数的梯度。

矢量函数梯度的定义，可以推广到张量函数梯度。设 $\boldsymbol{T}(\boldsymbol{r})$是矢径 $\boldsymbol{r}$ 的 n 阶张量函数，则 $\boldsymbol{T}(\boldsymbol{r})$的梯度 ∇T 为 n+1 阶张量。

$$\nabla \boldsymbol{T}=\frac{\partial \boldsymbol{T}}{\partial \boldsymbol{r}}=\frac{\partial \boldsymbol{T}}{\partial r_j}\boldsymbol{e}_j \tag{1.110}$$

函数 $\boldsymbol{T}(\boldsymbol{r})$的微分：

$$\mathrm{d}\boldsymbol{T}=\boldsymbol{T}(r+\mathrm{d}\boldsymbol{r})-\boldsymbol{T}(\boldsymbol{r})=\frac{\partial \boldsymbol{T}}{\partial \boldsymbol{r}}\cdot \mathrm{d}\boldsymbol{r} \tag{1.111}$$

2) 散度

例如，标量函数 $f(\boldsymbol{x})$的梯度 ∇f 的散度：

$$\nabla\cdot\nabla f=\nabla^2 f=\frac{\partial \nabla f}{\partial r_j}\cdot \boldsymbol{e}_j=f_{ij}\boldsymbol{e}_i\cdot \boldsymbol{e}_j=f_{ij} \tag{1.112}$$

矢量 $\boldsymbol{V}$ 的散度：

$$\nabla\cdot \boldsymbol{V}=\frac{\partial \boldsymbol{V}}{\partial r_i}\cdot \boldsymbol{e}_j=\frac{\partial V_i}{\partial r_i}\boldsymbol{e}_i\cdot \boldsymbol{e}_j=V_{i,j} \tag{1.113}$$

张量 $\boldsymbol{T}$ 的散度定义为$\nabla\cdot\boldsymbol{T}$：

$$\nabla\cdot \boldsymbol{T}=\frac{\partial \boldsymbol{T}}{\partial r_j}\cdot \boldsymbol{e}_j \tag{1.114}$$

3) 旋度

例如，标量函数 $f(\boldsymbol{r})$的梯度 ∇f 的旋度：

$$\nabla\times\nabla f=\frac{\partial \nabla f}{\partial r_j}\times \boldsymbol{e}_j=f_{ij}\boldsymbol{e}_i\times \boldsymbol{e}_j=f_{ij}\boldsymbol{e}_{ijk}\boldsymbol{e}_k=0 \tag{1.115}$$

矢量 $\boldsymbol{V}$ 的旋度：

$$\nabla\times \boldsymbol{V}=\frac{\partial \boldsymbol{V}}{\partial r_j}\boldsymbol{e}_i\times \boldsymbol{e}_j=V_{ij}\boldsymbol{e}_{ijk}\boldsymbol{e}_k \tag{1.116}$$

张量 $\boldsymbol{T}$ 的旋度定义为$\nabla\times\boldsymbol{T}$ ：

$$\nabla\times \boldsymbol{T}=\frac{\partial \boldsymbol{T}}{\partial r_i}\times \boldsymbol{e}_j \tag{1.117}$$

1.3.5 格林公式和斯托克斯公式

1) 格林公式

格林给出了张量函数的体积分与封闭域的面积分的变换公式。若设三维空间的体域 $\boldsymbol{V}$ 上有 n 阶张量场函数 $\boldsymbol{T}$(n 为任意正整数或零)，d$\boldsymbol{V}$ 为体域上的微单元体积，dS 为微单元表面积，则有

$$\int_V \nabla \cdot \boldsymbol{T} \mathrm{d}\boldsymbol{V} = \int_V \boldsymbol{T} \cdot \boldsymbol{n} \mathrm{d}S \tag{1.118}$$

式中，单位矢量 $\boldsymbol{n}$ 表示 dS 的外法向。例如，$\boldsymbol{T}$ 为二阶张量，则有

$$\int_V T_{ij,\ j} e_i \mathrm{d}V = \int_V T_{ij} n_j e_i \mathrm{d}S \text{ 或} \int_V T_{ij,\ j} n_j \mathrm{d}S = \int_V T_{ij} n_j \mathrm{d}S \tag{1.119}$$

2) 斯托克斯公式

如设开口曲面 a 的封闭边界为曲线 l(图 1.3)，l 的指向与面元 d$\boldsymbol{a}$ 的外法线方向 $\boldsymbol{n}$ 成右手系，则有

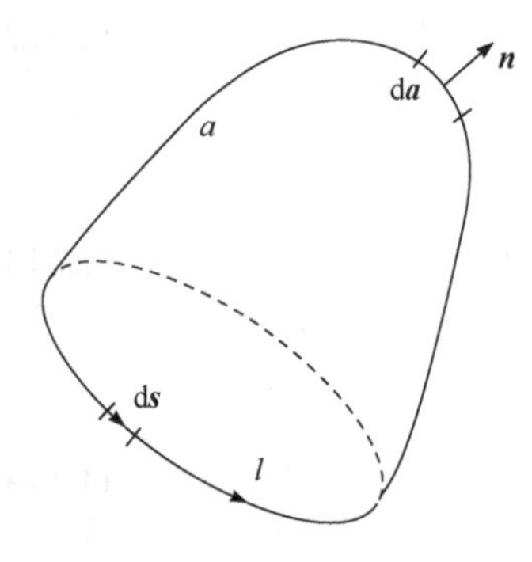

图 1.3　开口曲面 a 和封闭曲线 l

$$\int_a \mathrm{d}\boldsymbol{a} \cdot (\nabla \times \boldsymbol{V}) = \int_l \mathrm{d}\boldsymbol{s} \cdot \boldsymbol{V} \tag{1.120}$$

式(1.120)就是斯托克斯公式。将 $\boldsymbol{V}$ 推广为任意阶的张量 $\boldsymbol{\varphi}$：

$$\begin{cases} \int_a \mathrm{d}\boldsymbol{a} \cdot (\nabla \times \boldsymbol{\varphi}) = \int_l \mathrm{d}\boldsymbol{s} \cdot \boldsymbol{\varphi} \\ \int_a (\boldsymbol{\varphi} \times \nabla) \cdot \mathrm{d}\boldsymbol{a} = -\int_l \boldsymbol{\varphi} \cdot \mathrm{d}\boldsymbol{s} \end{cases} \tag{1.121}$$

1.4 常用的二阶张量

1.4.1 张量的矩阵

任意二阶张量 $\boldsymbol{T}$ 总可以写成下列并矢展开式，这是对于坐标具有不变性的形式：

$$\boldsymbol{T} = T_{ij} \boldsymbol{e}_i \boldsymbol{e}_j \tag{1.122}$$

n 维空间中任一种形式的二阶张量分量均含有 $n \times n$ 个分量，可以按通常表示

矩阵的方法列出，一般第一个指标符号对应于行号，第二个指标符号对应于列号，成为一个方阵。在三维空间中，可以列为 3×3 的矩阵。

$$\boldsymbol{T}=\begin{bmatrix} T_{11} & T_{12} & T_{13} \\ T_{21} & T_{22} & T_{23} \\ T_{31} & T_{32} & T_{33} \end{bmatrix}=\left[T_{ij}\right] \tag{1.123}$$

二阶张量与矩阵虽然有上述对应关系，但它们并非全能一一对应：

(1) 矩阵并非只包括方阵，而二阶张量只能对应方阵；

(2) 在一般坐标系中，转置张量与转置矩阵、对称(或反对称)张量与对称(或反对称)矩阵不能一一对应；

(3) 二阶张量的某些运算不完全能用矩阵的运算与之对应。

1.4.2　张量的不变量

张量的不变量是指其分量的某种组合形式为一标量，该标量在不同坐标系中保持不变。

二阶张量 $\boldsymbol{T}=T_{ij}\boldsymbol{e}_i\boldsymbol{e}_j$ 的分量与基张量均随坐标转换而变换，从而保证了其实体对于坐标的不变性。但对这些随坐标转换而变化的张量分量进行一定的运算，可以得到一些不随坐标转换而变化的标量，这种标量称为张量 $\boldsymbol{T}$ 的标量不变量，简称为张量的不变量。例如：

$$\boldsymbol{G}:\boldsymbol{T}=\delta_{ji}T_{ij}=T_{ii}=\mathrm{tr}\boldsymbol{T}=C_1 \tag{1.124}$$

$$\boldsymbol{T}:\boldsymbol{T}=T_{ij}T_{ji}=\mathrm{tr}\left(\boldsymbol{T}\cdot\boldsymbol{T}\right)=C_2 \tag{1.125}$$

$$\varepsilon_{ijk}\varepsilon_{lmn}T_{ij}T_{jm}T_{kn}=C_3 \tag{1.126}$$

式中，C_1、C_2、C_3 都是标量。通常对于一个二阶张量可以写出多种标量不变量。

在二阶张量的各种不变量中，式(1.127)给出了三个主不变量：

$$\begin{cases} g_1=\boldsymbol{G}:\boldsymbol{T}=\delta_{il}T_{li}=T_{ii} \\ g_2=\dfrac{1}{2}\delta_{il}\delta_{jm}T_{li}T_{mj}=\dfrac{1}{2}\left(T_{ii}T_{ll}-T_{il}T_{li}\right) \\ g_3=\dfrac{1}{3!}\delta_{il}\delta_{jm}\delta_{kn}T_{li}T_{mj}T_{nk}=\dfrac{1}{6}\varepsilon_{ijk}\varepsilon_{lmn}T_{li}T_{mj}T_{nk}=\det\boldsymbol{T} \end{cases} \tag{1.127}$$

分量展开式的形式如下：

$$
\begin{cases}
g_1 = T_{11} + T_{22} + T_{33} \\
g_2 = \begin{vmatrix} T_{11} & T_{12} \\ T_{21} & T_{22} \end{vmatrix} + \begin{vmatrix} T_{22} & T_{23} \\ T_{32} & T_{33} \end{vmatrix} + \begin{vmatrix} T_{33} & T_{31} \\ T_{13} & T_{11} \end{vmatrix} \\
g_3 = \begin{vmatrix} T_{11} & T_{12} & T_{13} \\ T_{21} & T_{22} & T_{23} \\ T_{31} & T_{32} & T_{33} \end{vmatrix}
\end{cases} \tag{1.128}
$$

1.4.3 张量的标准型

三维空间中一个二阶实张量的 9 个分量都是实数，坐标转换时这 9 个分量将发生变化，相当于在矩阵代数学中，通过初等变换将一个矩阵化为标准形与求特征值的问题。求标准形的问题在力学、物理学中有着广泛的应用。例如，对于一个应力(或应变)状态的 9 个应力(或应变)分量通过坐标转换求主应力(或主应变)和主方向；已知一个坐标系中曲面的曲率和扭率求其主曲率；等等。本节对于对称二阶张量与非对称二阶张量分别予以讨论，实对称二阶张量总可以化为对角型标准形且主方向互相正交，但是非对称二阶张量不一定能化为对角型标准形且主方向不正交。

对于一个实对称二阶张量：

$$
\boldsymbol{N} = N_{ij}\,\boldsymbol{g}_i\boldsymbol{g}_j \tag{1.129}
$$

式中，$\boldsymbol{g}$ 是初始坐标系的基矢。同时，必定存在一组正交标准化基 $\boldsymbol{e}_1$、$\boldsymbol{e}_2$、$\boldsymbol{e}_3$，在这组基中，可以将 $\boldsymbol{N}$ 化为对角型标准形：

$$
\boldsymbol{N} = N_1\boldsymbol{e}_1\boldsymbol{e}_1 + N_2\boldsymbol{e}_2\boldsymbol{e}_2 + N_3\boldsymbol{e}_3\boldsymbol{e}_3 \tag{1.130}
$$

其对应的矩阵是对角型的，即

$$
\boldsymbol{N} = \begin{bmatrix} N_1 & 0 & 0 \\ 0 & N_2 & 0 \\ 0 & 0 & N_3 \end{bmatrix} \tag{1.131}
$$

称 N_1、N_2、N_3 为张量 $\boldsymbol{N}$ 的主分量，正交标准化基 $\boldsymbol{e}_1$、$\boldsymbol{e}_2$、$\boldsymbol{e}_3$ 的方向为张量 $\boldsymbol{N}$ 的主轴方向(或主方向)，对应的笛卡儿坐标系称为张量 $\boldsymbol{N}$ 的主坐标系。

1) 实对称二阶张量

设矢量 $\boldsymbol{a}$ 的方向是 $\boldsymbol{N}$ 的一个主方向，则根据主方向的定义，$\boldsymbol{N}$ 将 $\boldsymbol{a}$ 映射为与其自身平行的矢量，并加以放大(或缩小)，设倍数为 λ，按照定义，λ 是 $\boldsymbol{a}$ 所对应的主分量，即

$$
\boldsymbol{N}\cdot\boldsymbol{a} = \lambda\boldsymbol{a} \tag{1.132}
$$

考虑二阶张量的不变量，黄克智等[1]得出了张量 $\boldsymbol{N}$ 的特征方程

$$\Delta(\lambda)=\det\left(\lambda\delta_{ij}-N_{ij}\right)=0 \tag{1.133}$$

以及特征多项式

$$\Delta(\lambda)=\lambda^3-\zeta_1^N\lambda^2+\zeta_2^N\lambda-\zeta_3^N \tag{1.134}$$

$\boldsymbol{N}$ 的特征方程是三次代数方程，有三个根 λ，称为特征根，也就是张量 $\boldsymbol{N}$ 的主分量。当三个特征根为非重根时，分别对应方程组的三组非零解，各自构成不同的矢量方向，称为特征矢量，也就是与主分量相对应的 $\boldsymbol{N}$ 的三个主方向。ζ_i^N 是 $\boldsymbol{N}$ 的 3 个主不变量。

对于实对称二阶张量，其特征值定为实根。当对称二阶张量具有 3 个不等的实根时， 所对应的三个主轴方向 x_1、x_2、x_3 是唯一的且互相正交。同时无论实对称二阶张量的特征方程是否有重根，总可以选择一组笛卡儿坐标系为其主坐标，坐标轴方向为其主方向。

$\boldsymbol{N}$ 可以写成的标准型如下：

$$\boldsymbol{N}=\frac{N_1}{(\boldsymbol{a}_1)^2}\boldsymbol{a}_1\boldsymbol{a}_1+\frac{N_2}{(\boldsymbol{a}_2)^2}\boldsymbol{a}_2\boldsymbol{a}_2+\frac{N_3}{(\boldsymbol{a}_3)^2}\boldsymbol{a}_3\boldsymbol{a}_3 \tag{1.135}$$

2) 非对称二阶张量的标准型

对非对称二阶张量 $\boldsymbol{T}$, 也需讨论通过坐标转换化为某种形式的标准形的问题，以便对其本质有更深入的了解。参照对称二阶张量的方法建立 $\boldsymbol{T}$ 的特征方程，假设存在某个方向的矢量 $\boldsymbol{a}$，任意实二阶张量 $\boldsymbol{T}$ 将 $\boldsymbol{a}$ 映射为平行于其自身的矢量并放大 λ 倍，即

$$\boldsymbol{T}\cdot\boldsymbol{a}=\lambda\boldsymbol{a} \tag{1.136}$$

它的特征方程为

$$\Delta(\lambda)=\lambda^3-\zeta_1^T\lambda^2+\zeta_2^T\lambda-\zeta_3^T=0 \tag{1.137}$$

与实对称二阶张量不同，上述特征方程不一定能找到 3 个实根，对应 3 个主方向，使张量 $\boldsymbol{T}$ 在由这 3 个方向构成的坐标系中化为对角型标准形，ζ_i^T 是二阶张量 $\boldsymbol{T}$ 的 3 个主不变量。因此，可依据特征根的特点进行讨论。

(1) 特征方程无重根。

$$\begin{gathered}\boldsymbol{T}=\lambda_1\boldsymbol{g}_1\boldsymbol{g}_1+\lambda_2\boldsymbol{g}_2\boldsymbol{g}_2+\lambda_3\boldsymbol{g}_3\boldsymbol{g}_3\\ \left[T_{ij}\right]=\begin{bmatrix}\lambda_1&0&0\\0&\lambda_2&0\\0&0&\lambda_3\end{bmatrix}\end{gathered} \tag{1.138}$$

(2) 特征方程具有一个实根与一对共轭复根时(λ_1 和 λ_2 为一对共轭复根)。

$$\boldsymbol{T}=\left(\lambda \boldsymbol{g}_1'+\mu \boldsymbol{g}_2'\right)\boldsymbol{g}_1'+\left(-\mu \boldsymbol{g}_1'+\lambda \boldsymbol{g}_2'\right)\boldsymbol{g}_2'+\lambda_3 \boldsymbol{g}_3' \boldsymbol{g}_3'$$

$$\left[T_{ij}\right]=\begin{bmatrix}\lambda & -\mu & 0\\ \mu & \lambda & 0\\ 0 & 0 & \lambda_3\end{bmatrix} \tag{1.139}$$

(3) 特征方程有二重实根($\lambda_1=\lambda_2$)。

$$\boldsymbol{T}=\lambda_1 \boldsymbol{g}_1 \boldsymbol{g}_1+\lambda_1 \boldsymbol{g}_2 \boldsymbol{g}_2+\lambda_3 \boldsymbol{g}_3 \boldsymbol{g}_3$$

$$\left[T_{ij}\right]=\begin{bmatrix}\lambda_1 & 0 & 0\\ 0 & \lambda_1 & 0\\ 0 & 0 & \lambda_3\end{bmatrix} \tag{1.140}$$

特征矩阵具有 2 次的初等因子$(\lambda-\lambda_1)^2$ 和$(\lambda-\lambda_3)$时，其标准型与具有二重根情况时相同。

(4) 特征方程具有三重实根($\lambda_1=\lambda_2=\lambda_3$)。

情况 1：具有 3 个全为 1 次的初等因子$(\lambda-\lambda_1)$时。

对角型标准型：

$$\boldsymbol{T}=\lambda_1 \boldsymbol{g}_1 \boldsymbol{g}_1+\lambda_1 \boldsymbol{g}_2 \boldsymbol{g}_2+\lambda_1 \boldsymbol{g}_3 \boldsymbol{g}_3=\lambda_1 G$$

$$\left[T_{ij}\right]=\begin{bmatrix}\lambda_1 & 0 & 0\\ 0 & \lambda_1 & 0\\ 0 & 0 & \lambda_1\end{bmatrix} \tag{1.141}$$

情况 2：具有初等因子$(\lambda-\lambda_1)^2$ 和$(\lambda-\lambda_1)$时。

约当型标准型：

$$\boldsymbol{T}=\lambda_1 \boldsymbol{g}_1 \boldsymbol{g}_1+\left(\boldsymbol{g}_1+\lambda_1 \boldsymbol{g}_2\right)\boldsymbol{g}_2+\lambda_1 \boldsymbol{g}_3 \boldsymbol{g}_3$$

$$\left[T_{ij}\right]=\begin{bmatrix}\lambda_1 & 1 & 0\\ 0 & \lambda_1 & 0\\ 0 & 0 & \lambda_1\end{bmatrix} \tag{1.142}$$

情况 3：具有 3 次初等因子$(\lambda-\lambda_1)^3$ 时。

约当型标准型：

$$\boldsymbol{T}=\lambda_1 \boldsymbol{g}_1 \boldsymbol{g}_1+\left(\boldsymbol{g}_1+\lambda_1 \boldsymbol{g}_2\right)\boldsymbol{g}_2+\left(\boldsymbol{g}_2+\lambda_1 \boldsymbol{g}_3\right)\boldsymbol{g}_3$$

$$\left[T_{ij}\right]=\begin{bmatrix}\lambda_1 & 1 & 0\\ 0 & \lambda_1 & 1\\ 0 & 0 & \lambda_1\end{bmatrix} \tag{1.143}$$

1.4.4 二阶张量举例

1) 单位张量

在任何笛卡儿坐标系中单位张量的分量都是 Kronecker 算符，则存在单位张量：

$$\begin{cases} \mathbf{1} = \delta_{ij}\boldsymbol{e}_i\boldsymbol{e}_j = \boldsymbol{e}_1\boldsymbol{e}_1 + \boldsymbol{e}_2\boldsymbol{e}_2 + \boldsymbol{e}_3\boldsymbol{e}_3 \\ \mathbf{1} = \delta_{ij}\boldsymbol{e}'_i\boldsymbol{e}'_j = \boldsymbol{e}'_1\boldsymbol{e}'_1 + \boldsymbol{e}'_2\boldsymbol{e}'_2 + \boldsymbol{e}'_3\boldsymbol{e}'_3 \end{cases} \tag{1.144}$$

性质：若 $\boldsymbol{a}$ 和 $\boldsymbol{T}$ 分别为任意矢量和任意二阶张量，则有

$$\begin{cases} \mathbf{1}\cdot\boldsymbol{a} = \boldsymbol{a},\ \ \boldsymbol{a}\cdot\mathbf{1} = \boldsymbol{a} \\ \mathbf{1}\cdot\boldsymbol{T} = \boldsymbol{T},\ \ \boldsymbol{T}\cdot\mathbf{1} = \boldsymbol{T} \end{cases} \tag{1.145}$$

2) 置换张量

置换张量是以置换符号 e_{ijk} 为分量的三阶张量，记作

$$\boldsymbol{e} = e_{ijk}\boldsymbol{e}_i\boldsymbol{e}_j\boldsymbol{e}_k = e'_{ijk}\boldsymbol{e}'_i\boldsymbol{e}'_j\boldsymbol{e}'_k \tag{1.146}$$

式(1.146)可通过三阶张量的转换关系证明，但需注意，若转换前的坐标系为右手系，转换后也必须为右手系，否则式(1.146)相差一个负号。利用置换张量可将叉积表示为

$$\boldsymbol{c} = \boldsymbol{a}\times\boldsymbol{b} = \boldsymbol{e}:(\boldsymbol{ab}) \tag{1.147}$$

3) 正交张量

设 $\boldsymbol{R}$ 为正交张量，其分量形式为

$$\boldsymbol{R}=R_{ij}\boldsymbol{e}_i\boldsymbol{e}_j \tag{1.148}$$

其对应的矩阵为正交矩阵：

$$\begin{bmatrix} R_{11} & R_{12} & R_{13} \\ R_{21} & R_{22} & R_{23} \\ R_{31} & R_{32} & R_{33} \end{bmatrix} \tag{1.149}$$

性质：

$$\boldsymbol{R}\cdot\boldsymbol{R}^{\mathrm{T}} = \boldsymbol{R}^{\mathrm{T}}\cdot\boldsymbol{R} = \mathbf{1} \tag{1.150}$$

即

$$\boldsymbol{R}^{\mathrm{T}} = \boldsymbol{R}^{-1} \tag{1.151}$$

若 $\boldsymbol{b}=\boldsymbol{R}\cdot\boldsymbol{a}$，其中 $\boldsymbol{a}$、$\boldsymbol{b}$ 为矢量，则可证明$|\boldsymbol{b}|=|\boldsymbol{a}|$，且 $\boldsymbol{a}\cdot\boldsymbol{b}=(\boldsymbol{R}\cdot\boldsymbol{a})-(\boldsymbol{R}\cdot\boldsymbol{b})$。所以正交张量对应的线性变换是保持矢量的长度和内积不变的，这种变换代表一个转动。

4) 逆张量

二阶张量 $\boldsymbol{T}$ 的逆 $\boldsymbol{T}^{-1}$ 可以定义为

$$
\begin{aligned}
&\boldsymbol{T}\cdot\boldsymbol{T}^{-1}=1, \quad T_{ij}T_{jk}^{-1}=\delta_{ik}\\
&\boldsymbol{T}^{-1}\cdot\boldsymbol{T}=1, \quad T_{ij}^{-1}T_{jk}=\delta_{ik}
\end{aligned} \tag{1.152}
$$

并非所有二阶张量都有逆。有逆存在的张量称为可逆张量。

性质：若 $\boldsymbol{A}$、$\boldsymbol{B}$ 均为可逆张量，则

$$
\begin{cases}
(\boldsymbol{A}\cdot\boldsymbol{B})^{-1}=\boldsymbol{B}^{-1}\cdot\boldsymbol{A}^{-1}\\
\left(\boldsymbol{A}^{-1}\right)^{-1}=\boldsymbol{A}
\end{cases} \tag{1.153}
$$

1.5 本 章 小 结

张量是连续介质力学体系中研究介质运动规律及变形机制的主要工具，本章描述了张量的基本概念、运算方式及函数表达，为后续章节连续介质力学相关概念的引入提供基础。

参 考 文 献

[1] 黄克智, 薛明德, 陆明万. 张量分析[M]. 北京：清华大学出版社, 2003.
[2] 黄克智. 非线性连续介质力学[M]. 北京: 清华大学出版社, 北京大学出版社, 1989.
[3] 冯元桢. 连续介质力学导论[M]. 吴云鹏, 译. 重庆: 重庆大学出版社, 1997.
[4] ALLIX O, HILD F. Continuum Damage Mechanics of Materials and Structures[M]. Amsterdam: Elsevier, 2002.
[5] 赵亚溥. 近代连续介质力学[M]. 北京: 科学出版社, 2016.
[6] 王自强. 理性力学基础[M]. 北京: 科学出版社, 2000.
[7] 谢多夫. 连续介质力学(原书第 6 版)[M]. 李植, 译. 北京：高等教育出版社, 2007.
[8] 高五臣. 固体力学基础[M]. 北京: 中国铁道出版社, 1999.
[9] 李永池. 张量初步和近代连续介质力学概论[M].合肥: 中国科技学技术大学出版社, 2012.
[10] MIKHAIL I. Tensor Algebra and Tensor Analysis for Engineers[M]. Leipzig: LE-TEX Jelonek, Schmidt & Vöckler GbR, 2007.

第 2 章　连续介质力学概述

2.1　连续介质力学公理

连续介质力学的研究对象是在时间均匀流逝下三维欧几里得空间中满足牛顿力学的连续系统或物质的行为，也就是连续介质的宏观力学性质。连续介质力学可以分为固体力学、流变学和流体力学。其中，固体力学可分为弹塑性力学和黏弹塑性力学；流体力学可分为非牛顿流体力学和牛顿流体力学。由于生物体多为流变体，所以可将生物力学纳入流变学。力学家冯元桢被誉为“生物力学之父”，对连续介质力学在生物力学中的应用作出了奠基性的贡献。

理性力学，也可称为“数学力学”，是连续介质力学的基础，追求将更加抽象和精密的数学作为必备工具，用更具统一性的观点和缜密的逻辑推理对力学基础问题进行研究，从而更为科学地了解事物规律，更加确切地进行描述和表征。D'Alembert 在其 1743 年出版的著作《动力学》中指出，理性力学必须像几何学一样建立在显然正确的公理之上。理性力学的一个重要任务是建立连续介质力学的公理体系，建立适用于任意连续介质的一般性原理。

公理，即人们在长期生活实践中总结的，不证自明的且经过长期实践检验的基本事实。从学科角度讲，公理通常适用于所有或者多个学科。在演绎和求证的过程中，有些因果关系已是显然成立，不需进一步证明。公理不能被其他公理推导出来，无法证明，也无法否定。因此，公理可以认为是探求其他事物真实的起点。例如，欧几里得的巨著《几何原本》即是用公理化方法写成的，其中的一切定理皆可由公理推绎得到。这种方法后被引入其他知识体系的建立中，作为科学思维、严密推导的范式。

2.2　变形与应变

2.2.1　参考构形和瞬时构形

在连续介质力学中，物质被看作是物质点的集合[1]。这里的物质点是一种理想化的力学模型，并不是物理中的微观粒子，如原子、分子等。这类理想化的“物质点”在宏观上必须足够小，以至于可以将这些物质点视为几何上的一个点，从而建立起连续介质力学的场，并可以采用场论的相关工具。同时，在微观上要足够大，应当包含足够多的微观粒子，避免少数微观粒子的运动导致物质点的各种物理量的显著变化，这样连续介质力学的经典场论才能成立。因此，可以认为连续介质力学中的物质点是一种宏观上足够小，微观上又足够大的物质微团。

物质和物质点在空间中均占据或存在于具体位置上。为了描述在变形和运动过程中物质点位置和物质点之间相对位置的变化，将物质或物质点与其空间位置联系起来，需要建立一个坐标系，从而将物质点与其空间中占据的位置一一对应。这样就能用空间位置点来代替物质点。所有物质点对应的位置点的集合即为物体的构形。从这个角度出发，物质的运动和变形就是构形的运动和变形。如无特别说明，本书均采用笛卡儿直角坐标系。将初始时刻(t=0)的构形称为初始构形，可将该构形作为参考基准，称为参考构形，记为 B。其他任一瞬时 t 的构形则为瞬时构形，当前时刻的瞬时构形也可称为当前构形。参考构形物质点的位置用 X_J(J=1，2，3)表示，当前构形用 x_i(i=1，2，3)表示，则参考构形中点 $\boldsymbol{X}$ 到其在瞬时构形中的位置 $\boldsymbol{x}$ 的关系可以表述为

$$x_i=\psi_i\left(X_1, X_2, X_3, t\right)=\psi_i\left(X_J, t\right), \quad i, J=1, 2, 3 \tag{2.1}$$

或

$$\boldsymbol{x}=\boldsymbol{\psi}\left(\boldsymbol{X}, t\right) \tag{2.2}$$

式中，变形函数 $\boldsymbol{\psi}\left(\boldsymbol{X}, t\right)$ 为矢量函数。式(2.1)和式(2.2)分别为直角坐标系下的分量和矢量表达式。两式即为点运动规律的拉格朗日(Lagrange，L 氏)法。

如果变形函数 $\boldsymbol{\psi}\left(\boldsymbol{X}, t\right)$ 是光滑、连续且一对一的，则式(2.2)存在单值、连续且光滑的反函数：

$$\boldsymbol{X}=\boldsymbol{\psi}^{-1}\left(\boldsymbol{x}, t\right) \tag{2.3}$$

通过给出点在 t 时刻当前构形的位置，由式(2.3)可以追溯该点在初始构形中的位置，这种方法称为欧拉(Euler，E 氏)法。

将式(2.2)对 X_J 求偏导，得到一个二阶张量：

$$\frac{\partial \boldsymbol{x}}{\partial \boldsymbol{X}}=\frac{\partial x_i}{\partial X_J}\boldsymbol{e}_i \otimes \boldsymbol{e}_J=F_{iJ}\boldsymbol{e}_i \otimes \boldsymbol{e}_J=\boldsymbol{F} \tag{2.4}$$

式中，$\boldsymbol{F}$ 称为变形梯度张量，由于是在拉格朗日描述下得到的，故也称作物质变形梯度。$\boldsymbol{F}$ 联系当前构形和参考构形中的两点，因此也被称作“两点张量”，其分量表达式为

$$\boldsymbol{F}=\begin{bmatrix}x_1\\x_2\\x_3\end{bmatrix}\begin{bmatrix}\dfrac{\partial}{\partial X_1} & \dfrac{\partial}{\partial X_2} & \dfrac{\partial}{\partial X_3}\end{bmatrix}=\begin{bmatrix}\dfrac{\partial x_1}{\partial X_1} & \dfrac{\partial x_1}{\partial X_2} & \dfrac{\partial x_1}{\partial X_3}\\ \dfrac{\partial x_2}{\partial X_1} & \dfrac{\partial x_2}{\partial X_2} & \dfrac{\partial x_2}{\partial X_3}\\ \dfrac{\partial x_3}{\partial X_1} & \dfrac{\partial x_3}{\partial X_2} & \dfrac{\partial x_3}{\partial X_3}\end{bmatrix} \tag{2.5}$$

将式(2.3)对 $\boldsymbol{x}$ 求偏导，同样得到一个二阶张量：

$$\frac{\partial \boldsymbol{X}}{\partial \boldsymbol{x}}=\frac{\partial X_J}{\partial x_i}\boldsymbol{e}_J\otimes\boldsymbol{e}_i=F_{Ji}^{-1}\boldsymbol{e}_J\otimes\boldsymbol{e}_i=\boldsymbol{F}^{-1} \tag{2.6}$$

或由式(2.4)可以直接得到

$$\mathrm{d}\boldsymbol{X}=\boldsymbol{F}^{-1}\mathrm{d}\boldsymbol{x} \tag{2.7}$$

显然 $\boldsymbol{F}^{-1}$ 是变形梯度张量的逆；$\boldsymbol{F}$ 称作空间变形梯度，其分量形式为

$$\boldsymbol{F}=\begin{bmatrix}X_1\\X_2\\X_3\end{bmatrix}\begin{bmatrix}\dfrac{\partial}{\partial x_1} & \dfrac{\partial}{\partial x_2} & \dfrac{\partial}{\partial x_3}\end{bmatrix}=\begin{bmatrix}\dfrac{\partial X_1}{\partial x_1} & \dfrac{\partial X_1}{\partial x_2} & \dfrac{\partial X_1}{\partial x_3}\\ \dfrac{\partial X_2}{\partial x_1} & \dfrac{\partial X_2}{\partial x_2} & \dfrac{\partial X_2}{\partial x_3}\\ \dfrac{\partial X_3}{\partial x_1} & \dfrac{\partial X_3}{\partial x_2} & \dfrac{\partial X_3}{\partial x_3}\end{bmatrix} \tag{2.8}$$

由隐函数定理可知，要存在连续光滑的反函数，则变形梯度 $\boldsymbol{F}$ 的行列式需满足：

$$J=\det\boldsymbol{F}=\left|\frac{\partial x_i}{\partial X_J}\right|\neq 0 \tag{2.9}$$

$\boldsymbol{F}$ 的行列式 J 给出的是当前构形和参考构形的体积比，即

$$\frac{\mathrm{d}v}{\mathrm{d}V}=\det\boldsymbol{F}=J \tag{2.10}$$

式中，v 和 V 分别表示当前构形和参考构形中体元的体积。

2.2.2　应变张量

格林变形张量为

$$\boldsymbol{C}=\boldsymbol{F}^{\mathrm{T}}\boldsymbol{F} \tag{2.11}$$

式中，$\boldsymbol{F}^{\mathrm{T}}$ 为变形梯度张量的转置。由式(2.4)得到

$$\mathrm{d}\boldsymbol{x}=\boldsymbol{F}\mathrm{d}\boldsymbol{X}=\mathrm{d}\boldsymbol{X}\boldsymbol{F}^{\mathrm{T}} \tag{2.12}$$

于是，相邻两点间距离的平方差为

$$
\begin{aligned}
|\mathrm{d}\boldsymbol{x}|^2-|\mathrm{d}\boldsymbol{X}|^2&=(\boldsymbol{F}\mathrm{d}\boldsymbol{X})\cdot(\boldsymbol{F}\mathrm{d}\boldsymbol{X})-\mathrm{d}\boldsymbol{X}\cdot\mathrm{d}\boldsymbol{X}=\left(\mathrm{d}\boldsymbol{X}\boldsymbol{F}^{\mathrm{T}}\right)\cdot(\boldsymbol{F}\mathrm{d}\boldsymbol{X})-\mathrm{d}\boldsymbol{X}\cdot\mathrm{d}\boldsymbol{X}\\
&=\mathrm{d}\boldsymbol{X}\cdot\left(\boldsymbol{F}^{\mathrm{T}}\boldsymbol{F}-\boldsymbol{I}\right)\mathrm{d}\boldsymbol{X}=\mathrm{d}\boldsymbol{X}\cdot2\boldsymbol{E}\cdot\mathrm{d}\boldsymbol{X}
\end{aligned}
\tag{2.13}
$$

式中，二阶张量 $\boldsymbol{E}$ 为格林(或拉格朗日)有限应变张量。该张量是对称张量。

$$
\boldsymbol{E}=\frac{1}{2}\left(\boldsymbol{F}^{\mathrm{T}}\boldsymbol{F}-\boldsymbol{I}\right)=\frac{1}{2}(\boldsymbol{C}-\boldsymbol{I})
\tag{2.14}
$$

根据式(2.7)，有

$$
\begin{aligned}
|\mathrm{d}\boldsymbol{x}|^2-|\mathrm{d}\boldsymbol{X}|^2&=\mathrm{d}\boldsymbol{x}\cdot\mathrm{d}\boldsymbol{x}-\left(\boldsymbol{F}^{-1}\mathrm{d}\boldsymbol{X}\right)\cdot\left(\boldsymbol{F}^{-1}\mathrm{d}\boldsymbol{X}\right)=\mathrm{d}\boldsymbol{x}\cdot\mathrm{d}\boldsymbol{x}-\left(\mathrm{d}\boldsymbol{X}\boldsymbol{F}^{-\mathrm{T}}\right)\cdot\left(\boldsymbol{F}^{-1}\mathrm{d}\boldsymbol{X}\right)\\
&=\mathrm{d}\boldsymbol{x}\cdot\left(\boldsymbol{I}-\boldsymbol{F}^{-\mathrm{T}}\boldsymbol{F}^{-1}\right)\mathrm{d}\boldsymbol{x}=\mathrm{d}\boldsymbol{x}\cdot2\boldsymbol{e}\cdot\mathrm{d}\boldsymbol{x}
\end{aligned}
\tag{2.15}
$$

式中，二阶张量 $\boldsymbol{e}$ 为 Almansi(或欧拉)有限应变张量。

$$
\boldsymbol{e}=\frac{1}{2}\left(\boldsymbol{I}-\boldsymbol{F}^{-\mathrm{T}}\boldsymbol{F}^{-1}\right)
\tag{2.16}
$$

格林应变张量和 Almansi 有限应变张量在直角坐标系下可以分别表示为

$$
E_{IJ}=\frac{1}{2}\left(\frac{\partial u_I}{\partial X_J}+\frac{\partial u_J}{\partial X_I}+\frac{\partial u_K}{\partial X_I}\frac{\partial u_K}{\partial X_J}\right)=\frac{1}{2}\left(u_{I,J}+u_{J,I}+u_{K,I}u_{K,J}\right)
\tag{2.17}
$$

$$
e_{ij}=\frac{1}{2}\left(\frac{\partial u_i}{\partial x_j}+\frac{\partial u_j}{\partial x_i}+\frac{\partial u_k}{\partial x_i}\frac{\partial u_k}{\partial x_j}\right)=\frac{1}{2}\left(u_{i,j}+u_{j,i}+u_{k,i}u_{k,j}\right)
\tag{2.18}
$$

通常认为弹性和塑性变形小于 0.1%时为小变形，此时每一位移梯度分量 $\partial u_I/\partial X_J$ 或者 $\partial u_i/\partial X_j$ 都远小于 1，故它们的乘积项可以略去不计，式(2.17)和式(2.18)变为

$$
E_{IJ}=\frac{1}{2}\left(\frac{\partial u_I}{\partial X_J}+\frac{\partial u_J}{\partial X_I}\right)=\frac{1}{2}\left(u_{I,J}+u_{J,I}\right)
\tag{2.19}
$$

$$
e_{ij}=\frac{1}{2}\left(\frac{\partial u_i}{\partial x_j}+\frac{\partial u_j}{\partial x_i}\right)=\frac{1}{2}\left(u_{i,j}+u_{j,i}\right)
\tag{2.20}
$$

如果在小变形下位移本身也是微小量，则物质点的 L 氏坐标和 E 氏坐标差别很小，此时物质位移梯度分量 $\partial u_I/\partial X_J$ 和空间位移梯度分量 $\partial u_i/\partial x_j$ 非常接近。故小变形下格林应变张量和 Almansi 应变张量可以近似认为相等，从而有

$$
E_{ij}\approx e_{ij}\approx\varepsilon_{ij}=\frac{1}{2}\left(u_{i,j}+u_{j,i}\right)
\tag{2.21}
$$

$\boldsymbol{\varepsilon}$ 为柯西(Cauchy)应变张量,是二阶实对称张量，其分量形式为

$$[\varepsilon_{ij}]=\begin{bmatrix}\varepsilon_{11} & \varepsilon_{12} & \varepsilon_{13}\\ \varepsilon_{21} & \varepsilon_{22} & \varepsilon_{23}\\ \varepsilon_{31} & \varepsilon_{32} & \varepsilon_{33}\end{bmatrix} \tag{2.22}$$

2.2.3　主应变和体积应变

在物体内一点处，定然存在三个互相垂直的方向，且在变形后这三个方向仍然保持为互相垂直，即切应变等于零。这三个方向称为主应变方向或应变主轴，简称应变主向。这三个应变主向上的正应变称为主应变。接下来在小变形假设下求解主应变和应变主向。

若物体内任一点应变张量为 $\boldsymbol{\varepsilon}$，则沿单位矢量 $\boldsymbol{n}$ 方向上的正应变为

$$\varepsilon_i^{(n)}=\varepsilon_{ij}n_j \tag{2.23}$$

如果 $\boldsymbol{n}$ 为该点主应变方向之一，主应变为 ε，则该方向上切应变都等于零，故

$$\varepsilon_i^{(n)}=\varepsilon n_i=\varepsilon\delta_{ij}n_j \tag{2.24}$$

令式(2.23)和式(2.24)左边相等，则有

$$\left(\varepsilon_{ij}-\delta_{ij}\varepsilon\right)n_j=0 \tag{2.25}$$

记单位向量 $\boldsymbol{n}$ 为 (l, m, n) ,其中 l、m、n 为该向量与三个坐标轴夹角的余弦，则式(2.25)可写成如下形式：

$$\begin{cases}l(\varepsilon_{11}-\varepsilon)+m\varepsilon_{12}+n\varepsilon_{13}=0\\ l\varepsilon_{21}+n(\varepsilon_{22}-\varepsilon)+n\varepsilon_{23}=0\\ l\varepsilon_{31}+m\varepsilon_{32}+n(\varepsilon_{33}-\varepsilon)=0\end{cases} \tag{2.26}$$

将式(2.26)中方向余弦 l、m、n 视为未知量，若该方程组有非零解，则其对应的系数行列式等于零，即

$$\left|\varepsilon_{ij}-\delta_{ij}\varepsilon\right|=0 \tag{2.27}$$

或者

$$\begin{vmatrix}\varepsilon_{11}-\varepsilon & \varepsilon_{12} & \varepsilon_{13}\\ \varepsilon_{21} & \varepsilon_{22}-\varepsilon & \varepsilon_{23}\\ \varepsilon_{31} & \varepsilon_{32} & \varepsilon_{33}-\varepsilon\end{vmatrix}=0 \tag{2.28}$$

展开上述行列式，得到关于 ε 的三次方程：

$$\left|\varepsilon_{ij}-\delta_{ij}\varepsilon\right|=-\varepsilon^3+I_1\varepsilon^2+I_2\varepsilon+I_3=0 \tag{2.29}$$

式中，系数 I_1、I_2 和 I_3 不随坐标系的变化而变化，分别称为应变的第一不变量、第二不变量和第三不变量。方程(2.29)的三个实根 ε_1、ε_2 和 ε_3 即为三个主应变。它们与应变分量以及主应变的关系为

$$\begin{cases} I_1 = \varepsilon_{ii} = \varepsilon_1 + \varepsilon_2 + \varepsilon_3 = \varepsilon_{11} + \varepsilon_{22} + \varepsilon_{33} \\ I_2 = -\dfrac{1}{2}(\varepsilon_{ii}\varepsilon_{ii} - \varepsilon_{ij}\varepsilon_{ji}) = -(\varepsilon_1\varepsilon_2 + \varepsilon_1\varepsilon_3 + \varepsilon_2\varepsilon_3) \\ \quad = -\begin{vmatrix} \varepsilon_{11} & \varepsilon_{12} \\ \varepsilon_{21} & \varepsilon_{22} \end{vmatrix} - \begin{vmatrix} \varepsilon_{22} & \varepsilon_{23} \\ \varepsilon_{32} & \varepsilon_{33} \end{vmatrix} - \begin{vmatrix} \varepsilon_{11} & \varepsilon_{13} \\ \varepsilon_{31} & \varepsilon_{33} \end{vmatrix} \\ I_3 = e_{ijk}\varepsilon_{i1}\varepsilon_{j2}\varepsilon_{k3} = \varepsilon_1\varepsilon_2\varepsilon_3 = \begin{vmatrix} \varepsilon_{11} & \varepsilon_{12} & \varepsilon_{13} \\ \varepsilon_{21} & \varepsilon_{22} & \varepsilon_{23} \\ \varepsilon_{31} & \varepsilon_{32} & \varepsilon_{33} \end{vmatrix} \end{cases} \tag{2.30}$$

由方程(2.29)得到三个主应变后，再将其分别代入式(2.25)或式(2.26)，可以得到三个主应变各自对应的主应变方向。

若三个主应变各不相等，即 $\varepsilon_1 \neq \varepsilon_2 \neq \varepsilon_3$，则其对应的三个主应变方向两两正交。当其中两个主应变相等，如 $\varepsilon_1 = \varepsilon_2 \neq \varepsilon_3$，此时，与 ε_3 对应的主方向垂直的平面内的任意方向都是 ε_1 和 ε_2 对应的主方向，故此时主方向有无穷多组。当三个主应变都相等时，即 $\varepsilon_1 = \varepsilon_2 = \varepsilon_3$，空间内任意方向都是主应变方向。这种情况对应的变形为均匀的球形膨胀(或收缩)。

接下来探讨第一应变不变量的物理意义。以三个主应变方向为坐标轴方向建立正交坐标系。在物体中取变形前相交的，分别与三条坐标轴平行的边长分别为 $\mathrm{d}X_1$、$\mathrm{d}X_2$、$\mathrm{d}X_3$ 的立方体微元。此时切应变为零，变形后微元仍保持为立方体。变形后各边长为 $(1+\varepsilon_1)\mathrm{d}X_1$、$(1+\varepsilon_2)\mathrm{d}X_2$ 和 $(1+\varepsilon_3)\mathrm{d}X_3$。

采用类似定义线应变的方式，引入体积应变 θ：

$$\theta = \frac{\Delta V}{V_0} = \frac{V_1 - V_0}{V_0} = \frac{(1+\varepsilon_1)(1+\varepsilon_2)(1+\varepsilon_3)\mathrm{d}X_1\mathrm{d}X_2\mathrm{d}X_3 - \mathrm{d}X_1\mathrm{d}X_2\mathrm{d}X_3}{\mathrm{d}X_1\mathrm{d}X_2\mathrm{d}X_3} \tag{2.31}$$

式中，V_0 为微元初始体积；V_1 为变形后的体积；ΔV 为体积变化。在小变形假设下，略去微小量，式(2.31)可以近似为

$$\theta \approx \varepsilon_1 + \varepsilon_2 + \varepsilon_3 = \varepsilon_{11} + \varepsilon_{22} + \varepsilon_{33} = I_1 \tag{2.32}$$

可见小变形情况下，第一应变不变量近似等于体积应变。

柯西应变张量可以分解为应变球张量 $\boldsymbol{\varepsilon}^{\mathrm{m}}$ 和应变偏张量 $\boldsymbol{\varepsilon}'$ 两部分：

$$\boldsymbol{\varepsilon}^{\mathrm{m}} = \frac{1}{3}\mathrm{Tr}(\boldsymbol{\varepsilon})\boldsymbol{I} = \frac{1}{3}\theta\boldsymbol{I} \tag{2.33}$$

$$\boldsymbol{\varepsilon}' = \boldsymbol{\varepsilon} - \boldsymbol{\varepsilon}^{\mathrm{m}} \tag{2.34}$$

显然有

$$\begin{bmatrix} \varepsilon_{11} & \varepsilon_{12} & \varepsilon_{13} \\ \varepsilon_{21} & \varepsilon_{22} & \varepsilon_{23} \\ \varepsilon_{31} & \varepsilon_{32} & \varepsilon_{33} \end{bmatrix} = \frac{1}{3}\begin{bmatrix} \theta & 0 & 0 \\ 0 & \theta & 0 \\ 0 & 0 & \theta \end{bmatrix} + \begin{bmatrix} \varepsilon_{11} - \frac{1}{3}\theta & \varepsilon_{12} & \varepsilon_{13} \\ \varepsilon_{21} & \varepsilon_{22} - \frac{1}{3}\theta & \varepsilon_{23} \\ \varepsilon_{31} & \varepsilon_{32} & \varepsilon_{33} - \frac{1}{3}\theta \end{bmatrix} \tag{2.35}$$

应变球张量表示体积等向膨胀或收缩，应变偏张量与剪切变形相关。显然应变偏张量的第一不变量为零。

2.2.4　应变协调方程

只要给定连续可微的位移函数，便可通过式(2.21)直接求得柯西应变张量。相反地，给定应变张量的各个分量，并不一定能够通过积分式(2.21)得到对应的位移分量。要通过 6 个微分方程得到连续可微的 3 个位移分量，还需要其他的限制条件。从连续介质变形上看，在变形过程中，变形体内各点的应变必须是相互协调的，不应由于不同点或者微元因应变不协调而产生孔隙，或相互重合。为了满足数学和物理上的协调性要求，应变分量必须满足协调方程(相容方程)。

为了易于接受，将式(2.21)各分量与位移的关系写成如下形式：

$$\begin{cases} \varepsilon_{11} = \dfrac{\partial u_1}{\partial X_1} \\ \varepsilon_{22} = \dfrac{\partial u_2}{\partial X_2} \\ \varepsilon_{33} = \dfrac{\partial u_3}{\partial X_3} \\ \varepsilon_{12} = \dfrac{1}{2}\left(\dfrac{\partial u_1}{\partial X_2} + \dfrac{\partial u_2}{\partial X_1}\right) \\ \varepsilon_{23} = \dfrac{1}{2}\left(\dfrac{\partial u_2}{\partial X_3} + \dfrac{\partial u_3}{\partial X_2}\right) \\ \varepsilon_{31} = \dfrac{1}{2}\left(\dfrac{\partial u_3}{\partial X_1} + \dfrac{\partial u_1}{\partial X_3}\right) \end{cases} \tag{2.36}$$

将式(2.36)中前两式分别对 X_2 和 X_1 求二阶导并相加，得到

$$\frac{\partial^2 \varepsilon_{11}}{\partial X_2^2}+\frac{\partial^2 \varepsilon_{22}}{\partial X_1^2}=\frac{\partial^2}{\partial X_1 \partial X_2}\left(\frac{\partial u_1}{\partial X_2}+\frac{\partial u_2}{\partial X_1}\right)=2\frac{\partial^2 \varepsilon_{12}}{\partial X_1 \partial X_2} \tag{2.37}$$

式(2.37)为ε_{11}、ε_{22}和ε_{12}应当满足的协调关系。对式(2.36)中的前三式采用同样的方法，可以得到另外两个与式(2.37)类似的协调关系。将式(2.36)中的后三式依次分别对X_1、X_2和X_3求导，可以得到

$$\frac{\partial}{\partial X_1}\left(-\frac{\partial \varepsilon_{23}}{\partial X_1}+\frac{\partial \varepsilon_{31}}{\partial X_2}+\frac{\partial \varepsilon_{12}}{\partial X_3}\right)=\frac{\partial^2 \varepsilon_{11}}{\partial X_2 \partial X_3} \tag{2.38}$$

式(2.38)表示ε_{11}与三个切应变之间应当满足的协调关系。采用同样的方法可以得到ε_{22}和ε_{33}与切应变之间的协调关系，于是得到如下 6 个协调方程：

$$\begin{cases}
\dfrac{\partial^2 \varepsilon_{11}}{\partial X_2^2}+\dfrac{\partial^2 \varepsilon_{22}}{\partial X_1^2}=2\dfrac{\partial^2 \varepsilon_{12}}{\partial X_1 \partial X_2} \\
\dfrac{\partial^2 \varepsilon_{22}}{\partial X_3^2}+\dfrac{\partial^2 \varepsilon_{33}}{\partial X_2^2}=2\dfrac{\partial^2 \varepsilon_{23}}{\partial X_2 \partial X_3} \\
\dfrac{\partial^2 \varepsilon_{33}}{\partial X_1^2}+\dfrac{\partial^2 \varepsilon_{11}}{\partial X_3^2}=2\dfrac{\partial^2 \varepsilon_{31}}{\partial X_1 \partial X_3} \\
\dfrac{\partial}{\partial X_1}\left(-\dfrac{\partial \varepsilon_{23}}{\partial X_1}+\dfrac{\partial \varepsilon_{31}}{\partial X_2}+\dfrac{\partial \varepsilon_{12}}{\partial X_3}\right)=\dfrac{\partial^2 \varepsilon_{11}}{\partial X_2 \partial X_3} \\
\dfrac{\partial}{\partial X_2}\left(-\dfrac{\partial \varepsilon_{31}}{\partial X_2}+\dfrac{\partial \varepsilon_{12}}{\partial X_3}+\dfrac{\partial \varepsilon_{23}}{\partial X_1}\right)=\dfrac{\partial^2 \varepsilon_{22}}{\partial X_1 \partial X_3} \\
\dfrac{\partial}{\partial X_3}\left(-\dfrac{\partial \varepsilon_{12}}{\partial X_3}+\dfrac{\partial \varepsilon_{23}}{\partial X_1}+\dfrac{\partial \varepsilon_{31}}{\partial X_2}\right)=\dfrac{\partial^2 \varepsilon_{33}}{\partial X_1 \partial X_2}
\end{cases} \tag{2.39}$$

式(2.39)所述协调方程也可以写成如下形式：

$$\varepsilon_{ij,kl}+\varepsilon_{kl,ij}-\varepsilon_{ik,jl}-\varepsilon_{jl,ik}=0 \tag{2.40}$$

式(2.40)中共包含 81 个方程，但由应变张量的对称性等可以证明，独立的方程只有 6 个，即为式(2.39)中的变形协调方程。

2.3 应力分析

2.3.1 柯西应力

应力(stress)一词见于 1856 年 Rankine 发表的论文[2]。柯西于 1822 年提出了被誉为“现代连续介质力学出生证”的应力原理，也被称作“柯西应力原理”。

该原理被认为是理性连续介质力学的基础[3]，为固体和流体的连续介质力学理论奠定了基础[4]。应力原理可表述为"物体内部某点法向为 $\boldsymbol{n}$ 的截面的应力向量与截面形状无关"[5]。

关于应力的定义许多文献已有详尽介绍，这里不再赘述。柯西应力张量为定义在当前构形上的二阶对称张量，常用 $\boldsymbol{\sigma}$ 表示。柯西面力如图 2.1 所示，若物体内某截面单位外法线方向为 $\boldsymbol{n}$，则截面上的面力为

$$\boldsymbol{t}_n = \boldsymbol{\sigma n} \quad 或 \quad t_{n_i} = \sigma_{ij} n_j \tag{2.41}$$

式(2.41)即为柯西应力公式。该面力矢量可以分解为垂直于截面的正应力矢量 $\boldsymbol{\sigma}$ 和平行于截面的切应力矢量 $\boldsymbol{\tau}$：

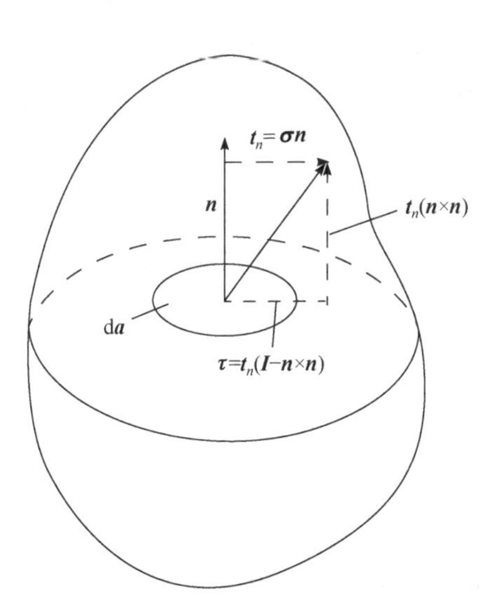

图 2.1　柯西面力示意图

$$\boldsymbol{\sigma} = \boldsymbol{t}_n \cdot \boldsymbol{n} \tag{2.42}$$

$$\boldsymbol{\tau} = \boldsymbol{t}_n - \boldsymbol{\sigma n} = \boldsymbol{t}_n(\boldsymbol{I} - \boldsymbol{n} \times \boldsymbol{n}) \tag{2.43}$$

在物体内一点 P 的领域内取立方体微元，建立如图 2.2 所示的直角坐标系。记各坐标轴正向单位向量为 $\boldsymbol{e}_1$、$\boldsymbol{e}_2$、$\boldsymbol{e}_3$。$\boldsymbol{n}$ 取为这三个单位方向向量，该微元每个面上的面力可向三个坐标轴方向分解，得到分别与三个坐标轴平行的一个正应力和两个切应力，每个应力分量的值为 $\sigma_i = \boldsymbol{t}_n \boldsymbol{e}_i$。将面力矢量 $\boldsymbol{t}_n$ 的下标定义为该

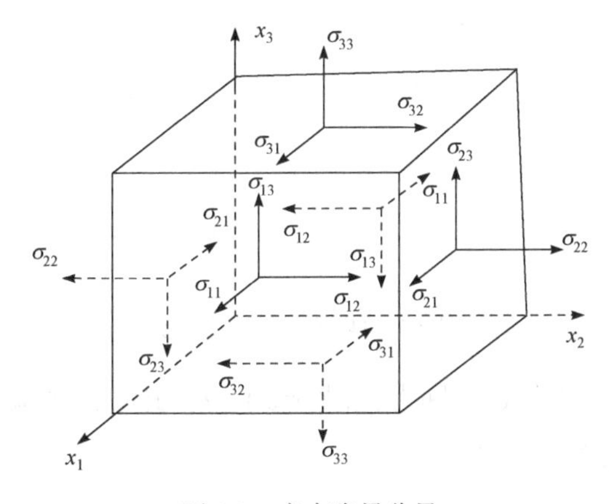

图 2.2　应力张量分量

面力作用面外法线的方向，记为 $\boldsymbol{t}_i$ ，即表示作用在外法线指向 $\boldsymbol{e}_i$ 方向的面上的面力。该立方体微元上各个面的应力值可以由式(2.44)得到：

$$\sigma_{ij} = \boldsymbol{t}_i \boldsymbol{e}_i \tag{2.44}$$

注意式(2.44)只是各个面上应力分量的计算公式，不作为应力张量的定义。可以证明，分量由式(2.44)确定的二阶应力张量 $\boldsymbol{\sigma}$ 可以唯一地确定 P 点的应力状态。应力张量分量 σ_{ij} 的第一个下标表示该应力作用面的外法线方向，即表示该力的作用面，第二个下标表示其指向。

2.3.2　柯西应力公式

接下来对式(2.41)柯西应力公式进行证明。为了建立物体内一点 P 处的应力张量 $\boldsymbol{\sigma}$ 和应力矢量 $\boldsymbol{t}_n$ 之间的关系，以 P 点为坐标原点，取棱线沿三个坐标轴正方向的四面体微元 $PABC$，如图 2.3 所示。设面 ABC 的面积为 $\mathrm{d}S$，记△PBC 的面积为 $\mathrm{d}S_1$ ，△PAC 的面积为 $\mathrm{d}S_2$ ，△PAB 的面积为 $\mathrm{d}S_3$ ，则有

$$\mathrm{d}S_i = \mathrm{d}S \cdot \cos(\boldsymbol{n}, \boldsymbol{e}_i) = \mathrm{d}S \cdot (\boldsymbol{n} \cdot \boldsymbol{e}_i) = \mathrm{d}S n_i \tag{2.45}$$

式中，$\boldsymbol{n}$ 为 ABC 面单位外法线；n_i 为 $\boldsymbol{n}$ 与坐标轴 x_i 夹角的余弦。

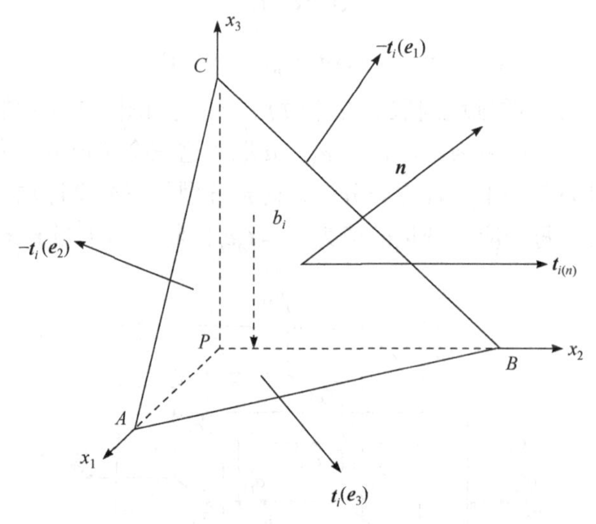

图 2.3　四面体微元受力图

记各个面上的面力矢量分别为 $\boldsymbol{t}_{(n)}$ 及 $\boldsymbol{t}(\boldsymbol{e}_i)$ ，b_i 为体力。根据平衡条件，微元所受面力和体力的矢量和等于零：

$$\boldsymbol{t}_{(n)}\mathrm{d}S - \boldsymbol{t}(\boldsymbol{e}_1)\mathrm{d}S_1 - \boldsymbol{t}(\boldsymbol{e}_2)\mathrm{d}S_2 - \boldsymbol{t}(\boldsymbol{e}_3)\mathrm{d}S_3 + \rho \boldsymbol{b}\mathrm{d}V = 0 \tag{2.46}$$

式中，ρ 为微元物质密度。当四面体各棱长趋近于零时，体积为高阶小量，故略去体力项，并根据式(2.45)得到

$$\boldsymbol{t}_{(n)}\mathrm{d}S = \boldsymbol{t}(\boldsymbol{e}_1)n_1\mathrm{d}S + \boldsymbol{t}(\boldsymbol{e}_2)n_2\mathrm{d}S + \boldsymbol{t}(\boldsymbol{e}_3)n_3\mathrm{d}S \tag{2.47}$$

两边略去 dS，并根据 $t_j(\boldsymbol{e}_i) = \sigma_{ij}$，得到

$$\boldsymbol{t}_{(n)} = \boldsymbol{\sigma n} \tag{2.48}$$

式(2.48)可写成如下形式：

$$\begin{cases} t_{(n_1)} = n_1\sigma_{11} + n_2\sigma_{12} + n_3\sigma_{13} \\ t_{(n_2)} = n_1\sigma_{21} + n_2\sigma_{22} + n_3\sigma_{23} \\ t_{(n_2)} = n_1\sigma_{31} + n_2\sigma_{32} + n_3\sigma_{33} \end{cases} \tag{2.49}$$

式中，$t_{(n_i)}$ 表示 ABC 上面力矢量分别在三个坐标轴方向上的投影。可见当 P 点的应力状态确定时，过该点任一平面的应力状态即可随之确定。当 ABC 面为物体的边界面时，$\boldsymbol{t}_{(n)}$ 即表示物体所受的边界面力，同时可利用式(2.48)或式(2.49)表示应力边界条件：

$$\overline{\boldsymbol{t}}_{(n)} = (\boldsymbol{\sigma})_s\boldsymbol{n} \tag{2.50}$$

或者

$$\begin{cases} \overline{t}_{(n_1)} = n_1(\sigma_{11})_s + n_2(\sigma_{12})_s + n_3(\sigma_{13})_s \\ \overline{t}_{(n_2)} = n_1(\sigma_{21})_s + n_2(\sigma_{22})_s + n_3(\sigma_{23})_s \\ \overline{t}_{(n_2)} = n_1(\sigma_{31})_s + n_2(\sigma_{32})_s + n_3(\sigma_{33})_s \end{cases} \tag{2.51}$$

2.3.3　平衡微分方程及应力张量对称性

在连续体内任取一微元，体积为 V，在面力 $\boldsymbol{t}_{(n)}$ 和体力 $\boldsymbol{b}$(包括惯性力)作用下保持平衡。根据力平衡条件，面力和体力之和为

$$\int_S \boldsymbol{t}_{(n)}\mathrm{d}S + \int_V \rho\boldsymbol{b}\mathrm{d}V = 0 \tag{2.52}$$

根据高斯定理将面积积分转化为体积积分，并应用柯西应力公式，式(2.52)变为

$$\int_V (\sigma_{ji,j} + \rho b_i)\mathrm{d}V = 0 \tag{2.53}$$

显然式(2.53)中被积函数应当等于零，于是

$$\sigma_{ji,j} + \rho b_i = 0 \quad 或 \quad \nabla\boldsymbol{\sigma} + \rho\boldsymbol{b} = 0 \tag{2.54}$$

即为应力微分平衡方程。

根据力矩平衡，对坐标系原点取矩：

$$\int_S e_{ijk} x_j t_k \mathrm{d}S + \int_V e_{ijk} x_j \rho b_k \mathrm{d}V = 0 \tag{2.55}$$

利用高斯定理和式(2.54)，式(2.55)可以化为

$$\int_V e_{ijk} \sigma_{jk} \mathrm{d}V = 0 \tag{2.56}$$

同样地，要满足上述条件，要求

$$e_{ijk} \sigma_{jk} = 0 \tag{2.57}$$

将式(2.57)写成各分量形式，可以得到$\sigma_{23} = \sigma_{32}$，$\sigma_{13} = \sigma_{31}$，$\sigma_{12} = \sigma_{21}$。证明切应力互等，应力张量由 9 个分量变为独立的 6 个分量。

2.3.4 主应力及应力不变量

若已知连续体内一点 P 的应力张量，则根据柯西应力公式，可以得到过该点任意平面的应力矢量 $\boldsymbol{t}_{(n)}$。当得到的某一平面的应力矢量与该平面的法向量 $\boldsymbol{n}$ 平行时，由式(2.43)得到的切应力为零，只有垂直于平面的正应力 σ。此时，该正应力也叫作主应力，该平面的法向称作主应力方向，简称应力主向。此时

$$\boldsymbol{t}_{(n)} = \sigma \boldsymbol{n} \tag{2.58}$$

根据柯西应力公式和 $n_i = \delta_{ij} n_j$，由式(2.58)可以得到

$$\left(\sigma_{ij} - \delta_{ij}\sigma\right) n_j = 0 \tag{2.59}$$

将式(2.59)写成分量方程形式为

$$\begin{bmatrix} \sigma_{11}-\sigma & \sigma_{12} & \sigma_{13} \\ \sigma_{21} & \sigma_{22}-\sigma & \sigma_{23} \\ \sigma_{31} & \sigma_{32} & \sigma_{33}-\sigma \end{bmatrix} \begin{bmatrix} n_1 \\ n_2 \\ n_3 \end{bmatrix} = 0 \tag{2.60}$$

将 n_1、n_2 和 n_3 看作未知量，则方程(2.60)有非零解的条件为系数行列式等于零：

$$\left|\sigma_{ij} - \delta_{ij}\sigma\right| = 0 \tag{2.61}$$

或者

$$\begin{vmatrix} \sigma_{11}-\sigma & \sigma_{12} & \sigma_{13} \\ \sigma_{21} & \sigma_{22}-\sigma & \sigma_{23} \\ \sigma_{31} & \sigma_{32} & \sigma_{33}-\sigma \end{vmatrix} = 0 \tag{2.62}$$

将式(2.62)展开，得到关于 σ 的三次方程：

$$\begin{aligned}&\sigma^3-\left(\sigma_{11}+\sigma_{22}+\sigma_{33}\right)\sigma^2+\left(\sigma_{11}\sigma_{22}+\sigma_{22}\sigma_{33}+\sigma_{11}\sigma_{33}-\sigma_{23}^2-\sigma_{13}^2-\sigma_{12}^2\right)\sigma\\&-\left(\sigma_{11}\sigma_{22}\sigma_{33}-\sigma_{11}\sigma_{23}^2-\sigma_{22}\sigma_{13}^2-\sigma_{33}\sigma_{12}^2+2\sigma_{23}\sigma_{12}\sigma_{13}\right)=0\end{aligned}\tag{2.63}$$

解方程(2.63)，如果能得到三个实根 σ_1、σ_2、σ_2，则为 P 点的三个主应力。每个主应力对应一个主方向，故如果有三个不同的主应力，则有三个主方向。将每个主应力 σ^k 代入式(2.59)或者方程(2.60)，得出相应的方向余弦 $\boldsymbol{n}^k$，即为该主应力对应的主应力方向。可以证明三个不等的主应力对应的主方向相互正交。

当 P 点应力状态确定时，其主应力也随之确定，且不随坐标系的变化而变化。若将坐标轴建立在三个主应力方向上，则此时 P 点的应力状态可以表示为

$$\sigma_{ij}=\begin{bmatrix}\sigma_1&0&0\\0&\sigma_2&0\\0&0&\sigma_3\end{bmatrix}\tag{2.64}$$

将式(2.64)的应力张量代入式(2.59)，采用同样的方法求解主应力，则可以得到关于 σ 的三次方程：

$$\sigma^3-\left(\sigma_1+\sigma_2+\sigma_3\right)\sigma^2+\left(\sigma_1\sigma_2+\sigma_2\sigma_3+\sigma_1\sigma_3\right)\sigma-\sigma_{11}\sigma_{22}\sigma_{33}=0\tag{2.65}$$

由于主应力不随坐标系变化而变化，式(2.63)和式(2.65)具有相同的解，因此两个方程对应的各项系数相等，且这些系数的值不随坐标系的变化而变化：

$$J_1=\sigma_1+\sigma_2+\sigma_3=\sigma_{11}+\sigma_{22}+\sigma_{33}=\mathrm{tr}\boldsymbol{\sigma}\tag{2.66}$$

$$\begin{aligned}J_2&=\sigma_1\sigma_2+\sigma_2\sigma_3+\sigma_1\sigma_3=\sigma_{11}\sigma_{22}+\sigma_{22}\sigma_{33}+\sigma_{11}\sigma_{33}-\sigma_{23}^2-\sigma_{13}^2-\sigma_{12}^2\\&=\frac{1}{2}(\sigma_{ii}\sigma_{jj}-\sigma_{ij}\sigma_{ji})\end{aligned}\tag{2.67}$$

$$\begin{aligned}J_3&=\sigma_{11}\sigma_{22}\sigma_{33}\\&=\sigma_{11}\sigma_{22}\sigma_{33}-\sigma_{11}\sigma_{23}^2-\sigma_{22}\sigma_{13}^2-\sigma_{33}\sigma_{12}^2+2\sigma_{23}\sigma_{12}\sigma_{13}\\&=\det\boldsymbol{\sigma}\end{aligned}\tag{2.68}$$

式中，J_1、J_2、J_3 分别称为第一、第二和第三应力不变量。

由式(2.66)可见，在连续体内，任意三个互相垂直的面上的正应力之和为常量，等于该点三个主应力之和，称为体积应力。在线弹性体内，体积应力和体积应变之间存在线性关系：

$$J_1=\frac{E}{1-2\nu}I_1=KI_1\tag{2.69}$$

式中，K 称为体积模量。

2.4 连续介质力学基本定律

物体的变形和运动要遵循基本的物理规律。在连续介质力学中，这些普遍规律以各种守恒形式给出。在连续体的变形和运动中，物理量的变化是由其自身内部“源”及外部输入导致的。前一变化常用体积积分计算，外部对该物理量的影响用面积积分计算。连续介质力学的守恒定律包括质量守恒定律、动量守恒定律、动量矩守恒定律和能量守恒定律。在考虑热力学时，还有相当于热力学第二定律的克劳修斯不等式。这些守恒定律组成了连续介质力学的场方程。

2.4.1 质量守恒定律

在变形和运动过程中，连续体的总质量始终保持不变，对任意选取的构形，同一连续体的总质量不变。质量是每种物质都具备的一种度量，具有非负性和可加性。如果质量关于空间坐标绝对连续，就存在质量密度 $\rho(\boldsymbol{x}, t)$。设连续体体积为 v，则其质量为

$$m = \int_v \rho(\boldsymbol{x}, t)\,\mathrm{d}v \tag{2.70}$$

质量守恒定律可以表示为

$$\int_v \rho(\boldsymbol{x}, t)\,\mathrm{d}v = \int_{V_0} \rho_0(\boldsymbol{x}, t)\,\mathrm{d}V \tag{2.71}$$

式中，V_0 表示参考构形中连续体所占的体积；ρ_0 为参考构形中的质量密度。

由式(2.10)可知，两个构形的体积变化等于变形梯度行列式的值，因此式(2.71)可以表示为

$$\int_{V_0} (\rho_0 - \rho J)\,\mathrm{d}V = 0 \tag{2.72}$$

式(2.72)便是拉格朗日积分形式的连续性方程，要求对任意体积微元均成立，则有

$$\rho_0 = \rho J \tag{2.73}$$

由于 ρ_0 为常数，式(2.73)两边同时对时间求导，有

$$\frac{\mathrm{d}}{\mathrm{d}t}(\rho J) = J\frac{\mathrm{d}\rho}{\mathrm{d}t} + \rho\frac{\mathrm{d}J}{\mathrm{d}t} = J\frac{\mathrm{d}\rho}{\mathrm{d}t} + \rho J \mathrm{div}\boldsymbol{v} = 0 \tag{2.74}$$

从而得到

$$\frac{\mathrm{d}\rho}{\mathrm{d}t} + \rho \mathrm{div}\boldsymbol{v} = 0 \tag{2.75}$$

式(2.75)即为连续性方程的微分形式，又称欧拉连续性方程。

2.4.2　动量守恒定律

在某一时刻 t，连续体的体积为 v，外表面面积为 s。连续体作用体力为 $\boldsymbol{b}$，表面作用面力为 $\boldsymbol{t}_n$，$\boldsymbol{n}$ 为微元面外法线单位向量，区域内存在速度场 $\boldsymbol{v}$。根据动量的定义，有

$$\boldsymbol{M} = \int_v \rho \boldsymbol{v} \mathrm{d}v \tag{2.76}$$

作用在体积 v 上的合力记为 $\boldsymbol{F}$，则根据连续体的受力可以得到

$$\boldsymbol{F} = \oint_s \boldsymbol{t}_n \mathrm{d}s + \int_v \rho \boldsymbol{b} \mathrm{d}v \tag{2.77}$$

由于动量对时间的变化率等于作用于物体上的合力，由式(2.76)得到

$$\frac{\mathrm{d}\boldsymbol{M}}{\mathrm{d}t} = \boldsymbol{F} = \frac{\mathrm{d}}{\mathrm{d}t}\int_v \rho \boldsymbol{v} \mathrm{d}v = \oint_s \boldsymbol{t}_n \mathrm{d}s + \int_v \rho \boldsymbol{b} \mathrm{d}v \tag{2.78}$$

结合式(2.53)，可以得到

$$\frac{\mathrm{d}}{\mathrm{d}t}\int_v \rho \boldsymbol{v} \mathrm{d}v = \int_v \rho \frac{\mathrm{d}\boldsymbol{v}}{\mathrm{d}t} \mathrm{d}v = \oint_s \boldsymbol{\sigma} \boldsymbol{n} \mathrm{d}s + \int_v \rho \boldsymbol{b} \mathrm{d}v \tag{2.79}$$

根据高斯定理，将式(2.79)面积积分转化为体积积分：

$$\int_v \rho \frac{\mathrm{d}\boldsymbol{v}}{\mathrm{d}t} \mathrm{d}v = \int_v \mathrm{div}\boldsymbol{\sigma} \mathrm{d}v + \int_v \rho \boldsymbol{b} \mathrm{d}v \tag{2.80}$$

式(2.80)为积分形式的动量守恒定律。由于加速度 $\boldsymbol{a}(\boldsymbol{x},t) = \mathrm{d}\boldsymbol{v}/\mathrm{d}t$，有

$$\mathrm{div}\boldsymbol{\sigma} + \rho \boldsymbol{b} = \rho \boldsymbol{a} \tag{2.81}$$

式(2.81)即为柯西动量方程，也称作运动方程。其中 div 为当前构形中的散度算子。如果惯性力为零($\rho \boldsymbol{a} = 0$)，则得到式(2.54)表示的微分方程。

2.4.3　动量矩守恒定律

动量矩又称角动量，是动量对于某一点 O 的矩。微元体体积为 v，$\boldsymbol{x}$ 为微元在坐标系里的位置矢量，则微元对坐标原点 O 的动量矩为

$$\boldsymbol{L} = \int_v (\boldsymbol{x} \times \boldsymbol{v}) \rho \mathrm{d}v \tag{2.82}$$

或者

$$L_i = \int_v e_{ijk} x_j v_k \rho \mathrm{d}v \tag{2.83}$$

连续体任一部分对某一点的动量矩随时间的变化率等于作用在该连续体上的

力(包括体力和面力)的合力矩，故动量矩守恒定律的积分形式为

$$\int_s e_{ijk}x_j t_k^{(n)}\mathrm{d}s+\int_v e_{ijk}x_j b_k\rho\mathrm{d}v=\frac{\mathrm{d}}{\mathrm{d}t}\int_v e_{ijk}x_j v_k\rho\mathrm{d}v \tag{2.84}$$

2.4.4 能量守恒定律

在任意时刻 t，当前构形中体积为 v 的物质的动能为

$$K=\frac{1}{2}\int_v \rho\boldsymbol{v}\cdot\boldsymbol{v}\mathrm{d}v \tag{2.85}$$

式(2.85)两边对时间求一阶导数：

$$\dot{K}=\frac{1}{2}\int_v\frac{\mathrm{d}}{\mathrm{d}t}(\boldsymbol{v}\cdot\boldsymbol{v})\rho\mathrm{d}v=\int_v\boldsymbol{v}\cdot\rho\boldsymbol{a}\mathrm{d}v \tag{2.86}$$

将式(2.81)的运动方程代入式(2.86)，并利用公式 $(\boldsymbol{v}\boldsymbol{\sigma})\mathrm{div}=\boldsymbol{v}(\boldsymbol{\sigma}\,\mathrm{div})+(\boldsymbol{v}\otimes\nabla):\boldsymbol{\sigma}$，则式(2.86)最终可以写成如下积分形式：

$$\dot{K}+\int_v\boldsymbol{\sigma}:\boldsymbol{D}\mathrm{d}v=\oint_s\boldsymbol{v}\cdot\boldsymbol{t}_{(n)}\mathrm{d}s+\int_v\rho\boldsymbol{v}\cdot\boldsymbol{b}\mathrm{d}v \tag{2.87}$$

式(2.87)左边第二项表示应变率对时间的变化率，记为 $\mathrm{d}U/\mathrm{d}t$；右边分别为面力和体力的功率。

若只考虑机械能和热能，不考虑其他能量，如化学能、电磁能等，能量守恒定律即为“热力学第一定律”。因此，热力学第一定律可以理解为是狭义的能量守恒形式。

如果每单位质量的内能记为 u，物质总的内能为

$$U=\int_v\rho u\mathrm{d}v \tag{2.88}$$

物质的总能量 P 为动能和内能的和，即 $P=K+U$。由热力学第一定律，总能量对时间的一阶导数等于作用于该体积的外力的功率和单位时间外部对该体积施加的热。所以，总能量对时间求一阶导数，有

$$\dot{U}=\int_v\rho\dot{u}\mathrm{d}v=\oint_s\boldsymbol{v}\cdot\boldsymbol{t}_{(n)}\mathrm{d}s+\int_v\rho\boldsymbol{v}\cdot\boldsymbol{b}\mathrm{d}v-\int_s\boldsymbol{q}\cdot\boldsymbol{n}\mathrm{d}s+\int_v\rho\lambda\mathrm{d}v \tag{2.89}$$

式中，$\boldsymbol{q}$ 为单位时间单位面积上的热流矢量(热流通量)；λ 为单位时间单位质量获得的辐射热量；$\boldsymbol{n}$ 为微面元 $\mathrm{d}s$ 的单位外法线矢量。规定热流量流进为正，流出为负。

根据动能定理式(2.87)，可以得到内能对时间的变化率为

$$\dot{U}=\int_v \rho\dot{u}\mathrm{d}v=-\int_s \boldsymbol{q}\cdot\boldsymbol{n}\mathrm{d}s+\int_v \rho\lambda\mathrm{d}v+\int_v \boldsymbol{\sigma}:\boldsymbol{D}\mathrm{d}v \tag{2.90}$$

式(2.90)即为积分形式的热力学第一定律。

根据高斯定理，将式(2.90)的面积积分转化为体积积分，可以得到微分形式的热力学第一定律：

$$\rho\dot{u}=-\mathrm{div}\boldsymbol{q}+\rho\lambda+\boldsymbol{\sigma}:\boldsymbol{D} \tag{2.91}$$

式(2.91)为当前构形的能量守恒方程，又称为局部能量方程，该式表明内能随时间的变化率等于应力功率和供给介质的热量的和。

2.4.5　热力学第二定律

热力学第一定律给出了机械能与热能之间的转化关系，但是没有给出这种转化关系的不可逆性。自然界诸多实际过程是不可逆的，判断过程是否可逆，在连续介质力学中采用热力学第二定律。

热力学第二定律有许多不同的描述，简而言之就是不可能使热量从低温物体传到高温物体而不引起其他变化。为了建立该定律的数学描述，采用两个状态函数，热力学温度 T 和系统的熵 S。熵具有广延性，系统总熵等于各部分熵的总和。在连续介质力学中，常用到比熵(单位质量的熵)或者熵密度 s，故总熵 $S=\int_v \rho s\mathrm{d}v$。系统熵的变化受到周围环境和系统内部变化的影响：

$$\mathrm{d}s=\mathrm{d}s^{\mathrm{e}}+\mathrm{d}s^{\mathrm{i}} \tag{2.92}$$

式中，$\mathrm{d}s$ 为比熵的变化量；$\mathrm{d}s^{\mathrm{e}}$ 是外部作用导致的变化量；$\mathrm{d}s^{\mathrm{i}}$ 是内部变化产生的增量。$\mathrm{d}s^{\mathrm{i}}$ 不为负值，对于可逆过程，$\mathrm{d}s^{\mathrm{i}}$ 等于零；对于不可逆过程，$\mathrm{d}s^{\mathrm{i}}$ 为正值。

根据热力学第二定律，在体积为 v 的连续体内，总熵随时间的变化率不会小于通过连续体表面流入的熵与由内部体源所产生的熵的总和。该原理用积分形式表示，即为克劳修斯(Clausius)不等式：

$$\dot{S}=\frac{\mathrm{d}}{\mathrm{d}t}\int_v \rho s\mathrm{d}v\geqslant\int_v \frac{\lambda}{T}\rho\mathrm{d}v-\int_s \frac{1}{T}\boldsymbol{q}\cdot\boldsymbol{n}\mathrm{d}s \tag{2.93}$$

对于可逆过程，式(2.93)取等号；对于不可逆过程，则取大于号。

定义式(2.93)不等式两端之差为体积 v 内的熵生成率 Γ，以γ表示单位质量的熵生成率，即

$$\Gamma=\int_v \rho\gamma\mathrm{d}v,\quad \gamma\geqslant 0 \tag{2.94}$$

由式(2.94)，克劳修斯不等式(2.93)可以写成积分形式的熵平衡方程：

$$\int_v \rho \dot{s} \mathrm{d}v = \int_v \frac{\lambda}{T} \rho \mathrm{d}v - \int_s \frac{1}{T} \boldsymbol{q} \cdot \boldsymbol{n} \mathrm{d}s + \int_v \rho \gamma \mathrm{d}v \tag{2.95}$$

利用高斯定理，将式(2.95)的面面积分转化为体积积分，可以得到微分形式的熵平衡方程：

$$\rho \dot{s} = \rho \left(\frac{\lambda}{T} + \gamma \right) - \operatorname{div} \left(\frac{\boldsymbol{q}}{T} \right) \tag{2.96}$$

2.5 本章小结

连续介质力学是研究连续介质的宏观行为和物质性质的力学学科，对本构研究有着重要意义。本构关系是描述连续介质力学性质的数学形式，在连续介质力学中起着核心作用。本构关系可以通过实验数据、理论推导或者数值模拟来确定，将物质的应变与应力联系在一起，描述连续介质的力学响应规律。本构关系的准确描述对于工程设计、材料评估、结构分析等领域至关重要。通过研究连续介质的本构关系，可以帮助读者深入了解物质的力学特性和行为，有助于理解不同材料的强度、刚度、塑性、黏弹性等特性，从而在工程实践中选择合适的材料、设计合理的结构、预测物质的响应等。本构理论的研究还可以为材料的优化设计、工程结构的可持续发展和安全评估提供科学的依据。

总之，连续介质力学对本构研究的意义在于提供了描述物质力学性质的基础理论和数学模型，为工程实践和科学研究提供了重要的指导和支持。

参考文献

[1] 赵亚溥. 近代连续介质力学[M]. 北京：科学出版社, 2016.

[2] RANKINE W J M. On axes of elasticity and crystalline forms[J]. Philosophical Transactions of the Royal Society of London, 1856, 146: 261-285.

[3] TRUESDELL C. Essays in the History of Mechanics[M]. New York: Springer-Verlag, 1968.

[4] ECKART C. The thermodynamics of irreversible processes. Ⅲ. Relativistic theory of the simple fluid[J]. Physical Review, 1940, 58(10): 919.

[5] BRILLOUIN M. Théorie moléculaire des gaz. Diffusion du mouvement et de l’énergie[J]. Annals of Physics and Chemistry, 1900, 20: 440-485.

第3章　弹塑性本构理论基础

本构方程与动量守恒方程、质量守恒方程一起被称作力学三大基本关系，在连续介质力学理论中具有重要意义。本构关系不仅用于描述材料在不同荷载条件下的应力-应变关系，还包含了材料的破坏准则及其演化规律。材料的本构关系不仅取决于材料本身的力学性质，还与外部环境如温度、荷载率、加载速度、边界条件等因素息息相关，其非线性常伴随热力学不可逆过程。通常情况下材料的本构模型多用于描述其宏观力学行为，但实际上材料宏观力学性能与其细观、微观尺度上的结构演化密不可分。研究材料受力过程中微观、细观结构演化规律及基本特征，对建立合理的宏观本构关系十分重要。本章中的讨论仅限已有的宏观唯象本构模型，主要对连续介质力学的本构理论、常用弹性本构及塑性本构理论进行介绍，材料失效行为的细观结构机理及演化请阅读其他相关文献。

3.1　本构模型构建原理

本构关系可以简单地理解为介质应力和应变之间的关系。前面章节提到连续介质力学的基本原理包括质量守恒、动量守恒和能量守恒，以及熵增原理，所有连续介质在进行物理活动时都必须满足和遵守这些原理。但是，这些普遍性定理并不能完全描述单个具体物质的变形和运动。不同物质由于材质种类差异、微观结构差异等，即使在相同的外部作用下，其响应也会不同。因此，为了准确描述具体物体的力学状态和响应，必须建立相关材料的本构方程，从而实现材料区分，并在连续介质力学框架下实现对特定或者不同材料变形和运动的准确表征。

本构公理的建立始于 1950 年 Oldroyd 提出的流变体本构关系必须具有正确的不变性性质[1]。Noll 提出了连续介质力学本构关系的“Noll 本构三原理”：应力确定性原理、局部作用原理和物质性质的客观性原理[2]。王钊诚和 Truesdell 将连续介质力学本构公理扩展为 6 个[3-4]。Eringen 将本构公理归纳为 8 个[5]：因果性公理、确定性公理、等存在公理、客观性公理、物质不变性公理、领域公理(局部作用公理)、记忆公理(减退记忆公理)和相容性公理。

下面对上述公理分别进行介绍。

1) 因果性公理

将物体质点的运动、温度、电荷看成是独立本构变量，而将内能密度、熵密度、应力张量、热流矢量等当成是本构依赖变量，是独立变量演化得出的结果。在研究连续介质热力学现象时，如果不考虑变形和电磁场、化学场的耦合，则独立的本构变量只有点的运动 $\boldsymbol{x}$ 和温度 T，它们是关于位置矢量 $\boldsymbol{X}$ 和时间 t 的函数：

$$\boldsymbol{x}=\boldsymbol{x}(\boldsymbol{X},t),\quad T=T(\boldsymbol{X},t) \tag{3.1}$$

当独立变量确定后，其他依赖变量也随之确定，如速度矢量、变形梯度等可由连续性方程得到。

2) 确定性公理

物质点在某一时刻的热力学本构泛函以及应力状态只由物质中所有点的运动和温度历史决定，而和未来的运动无关。

确定性公理排除了物体外部及未来任何其他因素对物质点 X 处性能的影响。只要物体所有过去的运动和温度历史是已知的,则当下物体的性能就完全被决定。由确定性公理可知，物质点 X 处的应力 $\boldsymbol{\sigma}$ 完全由物体到目前时刻为止的全部运动历史决定。

3) 等存在公理

初始时，所有的本构泛函都应该用同样的独立本构变量表示，直到某个或某些独立变量的存在被证明具有矛盾才能排除。

Eringen 指出，等存在公理需要平等对待所有变量，不应无故忽视或者摒弃某类或某个变量，除非客观性公理、相容性公理及材料对称性公理限制了某些变量的使用[5]。

4) 客观性公理

物质的力学性质与参考系的选择无关。

结合本构建模具体来说，建立的本构模型应该与参考坐标系的选择及坐标变换无关。根据客观性公理，本构方程中的物理量必须是客观的。对于完全相同的两个物理过程，其本构泛函应当是相同的。结合张量的定义和性质，如果在本构建模中采用张量记法，则该公理自然得到满足。

5) 物质不变性公理

本构方程应当反映物质具有的对称性。

特定物质由于微观结构的影响，力学性能具有一定的对称性，如晶体材料由于结晶的方向性产生的某些对称性。这些对称性会对材料变形、物质点运动等施加限制，而这些限制要反映在本构方程上。需要指出，特定材料不同方面的性质可能会有不同类型的材料对称性。例如，力学各向同性的材料，在电学上就可能是非均匀的。

6) 领域公理

物质中某点的运动受到物质中其他点运动状态的影响。其中该点领域内其他点的运动影响最大，随着距离的增加，其他点的运动对该点运动的影响逐渐减小。

从微观或细观力学来讲，物质中某点的变形将受到物质中全部物质点的影响。领域公理的物理依据可以从原子之间的相互作用出发。实际上原子、分子之间的相互作用衰减是十分迅速的，在超过 10 个原子间距时便可忽略。因此，可以认为物质点的应力与距它有限距离的其他点的状态无关。

7) 记忆公理

本构变量离现时越远时刻的值，对现在时刻的影响越小，直至可以被忽略。

记忆公理表明本构变量在过去时刻的值会对当前值产生影响，即变形的历史相关性，但这种影响关系是随着时间维度的拉长而减弱的，离现时刻越远，影响就越小。

8) 相容性公理

本构关系必须与连续介质力学中的几何关系、平衡关系以及热力学基本原理相容，即本构关系必须服从连续介质力学中的各类守恒定律，包括质量守恒、动量守恒、动量矩守恒、能量守恒，以及热力学克劳修斯不等式。相容性公理又称一致性公理。

3.2　弹性本构理论

3.2.1　应力-应变关系

在研究单向拉伸与压缩时，如果已知材料未发生屈服，应力小于屈服应力 σ_0，应力 σ 与应变 ε 呈线性关系，满足胡克定律：

$$\sigma = E\varepsilon \tag{3.2}$$

式中，E 为弹性模量(杨氏模量)。此外，轴向变形还会引起横向尺寸的变化，根据泊松比可计算得到横向应变 ε'：

$$\varepsilon' = -\mu\varepsilon = -\frac{\sigma}{E} \tag{3.3}$$

在纯剪切的应力条件下，当切应力不超过剪切比例极限时，切应力与切应变之间的关系同样服从胡克定律，即

$$\tau = G\gamma \text{或} \gamma = \frac{\tau}{G} \tag{3.4}$$

3.2.2 广义胡克定律

在三维应力状态下，描述物体一点的应力状态通常需要 9 个应力分量，与之对应的应变分量也需要 9 个。但根据切应力互等定律，$\tau_{xy}=\tau_{yx},\tau_{xz}=\tau_{zx},\tau_{yz}=\tau_{zy}$，因此该 9 个应力分量和 9 个应变分量中各只有 6 个是相互独立的。对于各向同性材料，在线弹性范围内且为小变形时，线应变只与正应力分量相关，与切应力无关，而切应变只与切应力有关，与正应力无关[6-8]。切应力只引起与其相对应的切应变分量的改变，不会影响其他方向上的切应变。因此对于理想的弹性体，上述关系有如下形式：

$$\begin{pmatrix}\sigma_x\\ \sigma_y\\ \sigma_z\\ \tau_{xy}\\ \tau_{yz}\\ \tau_{zx}\end{pmatrix}=\begin{pmatrix}c_{11} & c_{12} & c_{13} & c_{14} & c_{15} & c_{16}\\ c_{21} & c_{22} & c_{23} & c_{24} & c_{25} & c_{26}\\ c_{31} & c_{32} & c_{33} & c_{34} & c_{35} & c_{36}\\ c_{41} & c_{42} & c_{43} & c_{44} & c_{45} & c_{46}\\ c_{51} & c_{52} & c_{53} & c_{54} & c_{55} & c_{56}\\ c_{61} & c_{62} & c_{63} & c_{64} & c_{65} & c_{66}\end{pmatrix}\begin{pmatrix}\varepsilon_x\\ \varepsilon_y\\ \varepsilon_z\\ \gamma_{xy}\\ \gamma_{yz}\\ \gamma_{zx}\end{pmatrix} \tag{3.5}$$

式中，c_{ij} 为弹性常数。由材料的均匀性可知，常数 c_{ij} 与坐标 x、y、z 无关。如果采用张量表示法，式(3.5)可缩写为

$$\sigma_{ij}=c_{ijkl}\varepsilon_{kl},\quad i,j,k,l=1,2,3,4,5,6 \tag{3.6}$$

式中，c_{ijkl} 为弹性常数。

式(3.5)建立了应力与应变之间的关系，称为广义胡克定律或弹性本构方程。在式(3.5)中，弹性常数 c_{ij} 共有 36 个。这 36 个常数并不是独立的，对于各向同性材料而言，独立的弹性常数只有 2 个。

首先证明，在弹性状态下主应力方向与主应变方向重合。为此，令 x、y、z 为主应力方向，则切应变分量 γ_{xy} 、γ_{yz} 、γ_{zx} 应等于零，于是由式(3.5)，有

$$\tau_{xy}=c_{41}\varepsilon_x+c_{42}\varepsilon_y+c_{43}\varepsilon_z \tag{3.7}$$

引进坐标系 $Ox'y'z'$，原坐标系 $Oxyz$ 绕 y 轴转动 180° 之后，可与之重合。新旧坐标轴之间的方向余弦如表 3.1 所示。

表 3.1　新旧坐标轴之间的方向余弦

坐标轴	x	y	z
x'	l_{11}	l_{12}	l_{13}
y'	l_{21}	l_{22}	l_{23}
z'	l_{31}	l_{32}	l_{33}

因此，有

$$l_{11} = l_{33} = \cos 180° = -1$$

$$l_{22} = \cos 0° = 1$$

$$l_{21} = l_{31} = l_{12} = l_{32} = l_{13} = l_{23} = \cos 90° = 0$$

对于各向同性材料，弹性常数应与方向无关，于是对于新的坐标系，有

$$\tau_{x'y'} = c_{41}\varepsilon_{x'} + c_{42}\varepsilon_{y'} + c_{43}\varepsilon_{z'} \tag{3.8}$$

由应力分量的坐标变换公式得

$$\begin{cases} \tau_{x'y'} = l_{11}l_{22}\tau_{xy} = -\tau_{xy} \\ \varepsilon_{x'} = l_{11}^2\varepsilon_x = \varepsilon_x \\ \varepsilon_{y'} = l_{22}^2\varepsilon_y = \varepsilon_y \\ \varepsilon_{z'} = l_{33}^2\varepsilon_z = \varepsilon_z \end{cases} \tag{3.9}$$

由式(3.8)和式(3.9)可得

$$-\tau_{xy} = c_{41}\varepsilon_x + c_{42}\varepsilon_y + c_{43}\varepsilon_z \tag{3.10}$$

对比式(3.7)和式(3.10)可知，$\tau_{xy} = -\tau_{xy}$，因此：

$$\tau_{xy} = 0$$

同理可得

$$\tau_{yz} = \tau_{zx} = 0$$

由此可知，对于各向同性的弹性体，如果 x、y、z 轴为主应变方向，则同时必为主应力方向，即应变主轴与应力主轴重合。

然后考虑各向同性材料独立弹性常数的个数。首先，令坐标轴 x、y、z 与主应力方向一致，于是由式(3.5)可得主应力与主应变之间的关系如下：

$$\begin{pmatrix} \sigma_x \\ \sigma_y \\ \sigma_z \end{pmatrix} = \begin{pmatrix} c_{11} & c_{12} & c_{13} \\ c_{21} & c_{22} & c_{23} \\ c_{31} & c_{32} & c_{33} \end{pmatrix} \begin{pmatrix} \varepsilon_x \\ \varepsilon_y \\ \varepsilon_z \end{pmatrix} \tag{3.11}$$

在各向同性介质中，ε_x 对 σ_x 的影响与 ε_y 对 σ_y，以及 ε_z 对 σ_z 的影响是相同的，即应有 $c_{11} = c_{22} = c_{33}$。同理，ε_x 和 ε_y 对 σ_x 的影响相同，即 $c_{12} = c_{13}$，类似的有 $c_{21} = c_{23}$，$c_{31} = c_{32}$，因而有

$$\begin{cases} c_{11} = c_{22} = c_{33} = a \\ c_{12} = c_{21} = c_{13} = c_{31} = c_{23} = c_{32} = b \end{cases} \tag{3.12}$$

由此可得，对应变主轴(用 1、2、3 表示)来说，弹性常数只有 2 个 a 和 b，将式(3.12)代入式(3.11)，并令 $a-b=2\mu$ ，$b=\lambda$ ，$\theta=\varepsilon_1+\varepsilon_2+\varepsilon_3$ ，可得下列弹性本构关系：

$$\begin{cases}\sigma_1=\lambda\theta+2\mu\varepsilon_1\\ \sigma_2=\lambda\theta+2\mu\varepsilon_2\\ \sigma_3=\lambda\theta+2\mu\varepsilon_3\end{cases} \tag{3.13}$$

式中，λ 、μ 称为拉梅(Lamé)常量。

通过坐标变换后，可得任意坐标系 $Oxyz$ 内的本构关系为

$$\begin{cases}\sigma_x=\lambda\theta+2\mu\varepsilon_x, & \tau_{xy}=\mu\gamma_{xy}\\ \sigma_y=\lambda\theta+2\mu\varepsilon_y, & \tau_{yz}=\mu\gamma_{yz}\\ \sigma_z=\lambda\theta+2\mu\varepsilon_z, & \tau_{zx}=\mu\gamma_{zx}\end{cases} \tag{3.14}$$

或缩写为

$$\sigma_{ij}=\lambda\delta_{ij}\theta+2\mu\varepsilon_{ij} \tag{3.15}$$

以上证明了各向同性均匀弹性体的弹性常数只有 2 个。

有些常见的工程材料，如双向配筋不同的钢筋混凝土构件、木材等，具有明显非对称弹性。这些材料的弹性性质往往可以认为对于适当选取的坐标系中的平面 x=0，y=0 和 z=0 为对称。由于这三个平面相互正交，故称为正交各向异性材料[9]。

正交各向异性弹性材料的本构关系，可根据任一坐标轴反转时弹性常数 c_{ij} 保持不变的要求，由广义胡克定律式(3.5)得到

$$\begin{cases}\sigma_x=c_{11}\varepsilon_x+c_{12}\varepsilon_y+c_{13}\varepsilon_z\\ \sigma_y=c_{21}\varepsilon_x+c_{22}\varepsilon_y+c_{23}\varepsilon_z\\ \sigma_z=c_{31}\varepsilon_x+c_{32}\varepsilon_y+c_{33}\varepsilon_z\\ \tau_{xy}=c_{44}\gamma_{xy}\\ \tau_{yz}=c_{55}\gamma_{yz}\\ \tau_{zx}=c_{66}\gamma_{zx}\end{cases} \tag{3.16}$$

式中，共含有 9 个弹性常数 c_{ij} 。

将式(3.15)中的 ε_{ij} 解出后，可用应力分量 σ_{ij} 表示应变分量 ε_{ij} ，表达式为

$$\varepsilon_x=\frac{\lambda+\mu}{\mu(3\lambda+2\mu)}\sigma_x-\frac{\lambda}{2\mu(3\lambda+2\mu)}\left(\sigma_y+\sigma_z\right) \tag{3.17}$$

式(3.17)稍加变换，并令 $\sigma=\sigma_{ii}$ ，可缩写为

$$\varepsilon_{ij}=\frac{\lambda+\mu}{\mu(3\lambda+2\mu)}\sigma_{ij}-\frac{\lambda\delta_{ij}\sigma}{2\mu(3\lambda+2\mu)} \tag{3.18}$$

现在考虑物体各边平行于坐标轴的特殊情况，并由此导出工程上常用的弹性常数和广义胡克定律。当物体边界法线方向与 x 轴重合的两对边上有均匀 σ_x 的作用，其他边均为自由边时，由材料力学可知

$$\varepsilon_x=\frac{\sigma_x}{E} \tag{3.19}$$

$$\varepsilon_y=\varepsilon_z=-\nu\varepsilon_x=-\nu\frac{\sigma_x}{E} \tag{3.20}$$

式中，E、ν 分别为弹性模量与泊松比。

比较式(3.17)和式(3.19)、式(3.20)，可得

$$\begin{cases}E=\dfrac{\mu(3\lambda+2\mu)}{\lambda+\mu}\\[2ex]\nu=\dfrac{\lambda}{2(\lambda+\mu)}\end{cases} \tag{3.21}$$

工程上常把广义胡克定律用 E 和 ν 表示，因此式(3.17)可表示为

$$\begin{cases}\varepsilon_x=\dfrac{1}{E}\left(\sigma_x-\nu\left(\sigma_y+\sigma_z\right)\right),\quad \gamma_{xy}=\dfrac{\tau_{xy}}{G}\\[2ex]\varepsilon_y=\dfrac{1}{E}\left(\sigma_y-\nu\left(\sigma_x+\sigma_z\right)\right),\quad \gamma_{yz}=\dfrac{\tau_{yz}}{G}\\[2ex]\varepsilon_z=\dfrac{1}{E}\left(\sigma_z-\nu\left(\sigma_y+\sigma_x\right)\right),\quad \gamma_{zx}=\dfrac{\tau_{zx}}{G}\end{cases} \tag{3.22}$$

式中，

$$G=\frac{E}{2(1+\nu)}$$

为各向同性物体的切变模量。由 G 的表达式可知，G 并不是独立的弹性常数。对于各向同性弹性体，独立的弹性常数只有 2 个，即 λ 和 μ，或 E 和 ν。将式(3.22)稍加变换后，可缩写为

$$\varepsilon_{ij}=\frac{1}{E}\sigma_{ij}-\frac{\nu\delta_{ij}\sigma}{E} \tag{3.23}$$

式中，$\sigma=\sigma_{ii}$。如果解应力为 σ_{ij}，则式(3.23)转换为

$$\sigma_{ij}=\frac{E}{1+\nu}\varepsilon_{ij}-\frac{\nu E\delta_{ij}\theta}{(1+\nu)(1-2\nu)} \tag{3.24}$$

如果令

$$\begin{cases}\sigma_{\mathrm{m}}=\dfrac{1}{3}\left(\sigma_x+\sigma_y+\sigma_z\right)\\ \varepsilon_{\mathrm{m}}=\dfrac{1}{3}\left(\varepsilon_x+\varepsilon_y+\varepsilon_z\right)\end{cases}\tag{3.25}$$

则广义胡克定律可以写为

$$\begin{cases}\sigma_{\mathrm{m}}=3K\varepsilon_{\mathrm{m}}\\ S_{ij}=2Ge_{ij}\end{cases}\tag{3.26}$$

式中，S_{ij}、e_{ij}分别为应力偏张量与应变偏张量；$K=\dfrac{E}{3(1-2\nu)}$。

对于平面应力的情况，由于$\sigma_z=\tau_{yz}=\tau_{zx}=0$，式(3.22)可转换为

$$\begin{cases}\varepsilon_x=\dfrac{1}{E}\left(\sigma_x-\nu\sigma_y\right)\\ \varepsilon_y=\dfrac{1}{E}\left(\sigma_y-\nu\sigma_x\right)\\ \varepsilon_z=\dfrac{\nu}{E}\left(\sigma_y+\sigma_x\right)\end{cases}\tag{3.27}$$

如果用应变分量表示应力分量，则由式(3.24)，可得

$$\begin{cases}\sigma_x=\dfrac{E}{1-\nu^2}\left(\varepsilon_x+\nu\varepsilon_y\right)\\ \sigma_y=\dfrac{E}{1-\nu^2}\left(\varepsilon_y+\nu\varepsilon_x\right)\\ \tau_{xy}=G\gamma_{xy}\end{cases}\tag{3.28}$$

对于平面应变问题，$\varepsilon_z=\gamma_{yz}=\gamma_{zx}=0$，由式(3.22)可得

$$\begin{cases}\varepsilon_x=\dfrac{1+\nu}{E}\left[(1-\nu)\sigma_x-\nu\sigma_y\right]\\ \sigma_y=\dfrac{1+\nu}{E}\left[(1-\nu)\sigma_y-\nu\sigma_x\right]\\ \gamma_{xy}=\dfrac{\tau_{xy}}{G}\end{cases}\tag{3.29}$$

解出应力，则有

$$
\begin{cases}
\sigma_x = \dfrac{E}{(1+\nu)(1-2\nu)}\left[(1-\nu)\varepsilon_x + \nu\varepsilon_y\right] \\
\sigma_y = \dfrac{E}{(1+\nu)(1-2\nu)}\left[(1-\nu)\varepsilon_y + \nu\varepsilon_x\right] \\
\sigma_z = \dfrac{\nu E}{(1+\nu)(1-2\nu)}\left(\varepsilon_x + \varepsilon_y\right) \\
\tau_{xy} = G\gamma_{xy}
\end{cases}
\tag{3.30}
$$

比较以上平面应力与平面应变问题的广义胡克定律可知，若将平面应力问题应力-应变关系式(3.27)中的 E 换成 E_1，ν 换成 ν_1，则

$$
E_1 = \frac{E}{1-\nu^2},\quad \nu_1 = \frac{\nu}{1-\nu}
$$

便可得到平面应变问题的应力-应变关系式(3.29)。

由式(3.26)可以看出，物体的变形可分为两部分：一部分是各向相等的正应力(静水压力)引起的相对体积变形；另一部分是应力偏张量作用引起的物体几何形状的变化。并可认为前一种变形不包括物体形状的改变(即畸变)，后一种变形不包括体积的变化，从而可以将变形分解为两部分，这种分解在塑性理论中很有用处。

如令变形物体中的微小六面体单元的原始体积为 V_0，则

$$
V_0 = \mathrm{d}x \cdot \mathrm{d}y \cdot \mathrm{d}z
$$

变形后的体积为

$$
\begin{aligned}
V_0 &= \left(1+\varepsilon_x\right)\mathrm{d}x \cdot \left(1+\varepsilon_y\right)\mathrm{d}y \cdot \left(1+\varepsilon_z\right)\mathrm{d}z \\
&= \mathrm{d}x\mathrm{d}y\mathrm{d}z\left(\left(1+\varepsilon_x+\varepsilon_y+\varepsilon_z\right)+o\left(\varepsilon^2\right)\right)
\end{aligned}
$$

略去高阶微量，得

$$
V = V_0 + V_0\theta \tag{3.31}
$$

式中，$\theta = 1+\varepsilon_x+\varepsilon_y+\varepsilon_z$，或

$$
\theta = \frac{\Delta V}{V_0} \tag{3.32}
$$

由此可见，θ 为变形前后单位体积的相对体积变化，或称为体应变。由广义胡克定律可得

$$
\theta = \frac{1-2\nu}{E}\left(\sigma_x+\sigma_y+\sigma_z\right) \tag{3.33}
$$

当 $\sigma_x = \sigma_y = \sigma_z = \sigma_{\mathrm{m}}$ 时，有

$$\theta=\frac{3(1-2\nu)}{E}\sigma_{\mathrm{m}} \tag{3.34}$$

或

$$K=\frac{\sigma_{\mathrm{m}}}{\theta}=\frac{E}{3(1-2\nu)} \tag{3.35}$$

式中，K 为弹性体积膨胀系数，称为体积模量。如将 $\theta=3\sigma_{\mathrm{m}}$ 代入式(3.35)，则得式(3.26)中的第一式。

3.3 塑 性 理 论

3.3.1 相关概念及 Drucker 公设

前面已经讲过，塑性变形的特点是只有掌握变形路径或加载历史才能确定塑性状态的应力和应变的对应关系。为了能够追踪变形路径，需要引用应变率及应变增量的概念。当介质处在运动状态时，设质点的速度为 $v_i(x,y,z;t)$，若以变形过程中某一时刻 t 为起始点，经过无限小时间间隔 $\mathrm{d}t$ 后，质点产生无限小位移 $\mathrm{d}u_i=v_i\mathrm{d}t$，则有

$$\mathrm{d}\varepsilon_{ij}=\frac{1}{2}\left(\mathrm{d}u_{i,j}+\mathrm{d}u_{j,i}\right)=\frac{1}{2}\left(v_{i,j}+v_{j,i}\right)\mathrm{d}t \tag{3.36}$$

令

$$\dot{\varepsilon}_{ij}=\frac{1}{2}\left(v_{i,j}+v_{j,i}\right) \tag{3.37}$$

称为应变速率张量或应变率张量。

对于常温、缓慢的变形过程，塑性变形与时间无关。上面提到的时间只是表示变形的先后或加载的先后。为了体现不受时间参数影响的特点，采用应变增量张量 $\mathrm{d}\varepsilon_{ij}$ 来代替 $\dot{\varepsilon}_{ij}$ 更为合适。以 $\mathrm{d}\varepsilon_{ij}$ 表示某一瞬时的位移增量，则在小变形情况下，应变增量张量为

$$\mathrm{d}\varepsilon_{ij}=\frac{1}{2}(\mathrm{d}u_{i,j}+\mathrm{d}u_{j,i}) \tag{3.38}$$

类似地，可定义应变增量强度为

$$\mathrm{d}\varepsilon_i=\frac{\sqrt{2}}{3}\sqrt{\left(\mathrm{d}\varepsilon_1-\mathrm{d}\varepsilon_2\right)^2+\left(\mathrm{d}\varepsilon_2-d\varepsilon_3\right)^2+\left(\mathrm{d}\varepsilon_3-\mathrm{d}\varepsilon_1\right)^2} \tag{3.39}$$

注意，ε_{ij} 是从初始位置计算的，而 $\dot{\varepsilon}_{ij}$ 是从瞬时状态计算的，所以一般情况下

$\dot{\varepsilon}_{ij} \neq \mathrm{d}\varepsilon_{ij}/\mathrm{d}t$，只有在小变形时等号才成立。另外，$\dot{\varepsilon}_{ij}$ 和 ε_{ij} 的主轴一般不重合。

在塑性力学中，应力不仅与应变有关，而且与整个变形历史有关。仍以一组内变量 $\xi_\beta(\beta=1,2,\cdots,n)$ 为参数表征变形历史，则一般情况下应力可写为

$$\sigma_{ij}=\sigma_{ij}(\varepsilon_{kl},\xi_\beta) \tag{3.40}$$

当 ξ_β 固定时，σ_{ij} 与 ε_{ij} 之间有单一对应关系，这时应变也可通过应力表示为

$$\varepsilon_{ij}=\varepsilon_{ij}(\sigma_{kl},\xi_\beta) \tag{3.41}$$

于是，应力和应变的变化率或增量可表示如下：

$$\begin{cases}\dot{\sigma}_{ij}=\dfrac{\partial\sigma_{ij}\left(\varepsilon_{kl},\xi_\beta\right)}{\partial\varepsilon_{kl}}\dot{\varepsilon}_{kl}+\dfrac{\partial\sigma_{ij}\left(\varepsilon_{kl},\xi_\beta\right)}{\partial\xi_\beta}\dot{\xi}_\beta=\dot{\sigma}_{ij}^{\mathrm{e}}+\dot{\sigma}_{ij}^{\mathrm{p}}\\ \mathrm{d}\sigma_{ij}=\dfrac{\partial\sigma_{ij}\left(\varepsilon_{kl},\xi_\beta\right)}{\partial\varepsilon_{kl}}\mathrm{d}\varepsilon_{kl}+\dfrac{\partial\sigma_{ij}\left(\varepsilon_{kl},\xi_\beta\right)}{\partial\xi_\beta}\mathrm{d}\xi_\beta\\ \dot{\varepsilon}_{ij}=\dfrac{\partial\varepsilon_{ij}\left(\sigma_{kl},\xi_\beta\right)}{\partial\sigma_{kl}}\dot{\sigma}_{kl}+\dfrac{\partial\varepsilon_{ij}\left(\sigma_{kl},\xi_\beta\right)}{\partial\xi_\beta}\dot{\xi}_\beta=\dot{\varepsilon}_{ij}^{\mathrm{e}}+\dot{\varepsilon}_{ij}^{\mathrm{p}}\\ \mathrm{d}\varepsilon_{ij}=\dfrac{\partial\varepsilon_{ij}\left(\varepsilon_{kl},\xi_\beta\right)}{\partial\sigma_{kl}}\mathrm{d}\sigma_{kl}+\dfrac{\partial\varepsilon_{ij}\left(\varepsilon_{kl},\xi_\beta\right)}{\partial\xi_\beta}\mathrm{d}\xi_\beta\end{cases} \tag{3.42}$$

式中，弹性应力率 $\dot{\sigma}_{ij}^{\mathrm{e}}=L_{ijkl}\dot{\varepsilon}_{kl}$；塑性应力率 $\dot{\sigma}_{ij}^{\mathrm{p}}=\dfrac{\partial\sigma_{ij}}{\partial\dot{\xi}_\beta}\dot{\xi}_\beta$；弹性应变率 $\dot{\varepsilon}_{ij}^{\mathrm{e}}=M_{ijkl}\dot{\sigma}_{kl}$；塑性应变率 $\dot{\varepsilon}_{ij}^{\mathrm{p}}=\dfrac{\partial\varepsilon_{ij}}{\partial\xi_\beta}\dot{\xi}_\beta$。

令

$$L_{ijkl}=\frac{\partial\sigma_{ij}\left(\varepsilon_{kl},\xi_\beta\right)}{\partial\varepsilon_{kl}},\quad M_{ijkl}=\frac{\partial\varepsilon_{ij}\left(\sigma_{kl},\xi_\beta\right)}{\partial\sigma_{kl}} \tag{3.43}$$

这里，L_{ijkl} 和 M_{ijkl} 是四阶的弹性张量，一般情况下前者不仅与应变有关，而且和内变量有关；后者不仅与应力有关，而且和内变量有关。这说明弹性性质依赖于塑性变形，因而弹性变形与塑性变形是耦合的。为了简化问题，今后只讨论弹性变形与塑性变形无耦合的情况，这时有

$$\sigma_{ij}=\sigma_{ij}^{\mathrm{e}}+\sigma_{ij}^{\mathrm{p}},\quad \varepsilon_{ij}=\varepsilon_{ij}^{\mathrm{e}}+\varepsilon_{ij}^{\mathrm{p}} \tag{3.44}$$

而

$$\sigma_{ij}^{\mathrm{e}}=L_{ijkl}\varepsilon_{kl}^{\mathrm{e}},\quad \varepsilon_{ij}^{\mathrm{e}}=M_{ijkl}\sigma_{kl}^{\mathrm{e}} \tag{3.45}$$

式中，L_{ijkl} 和 M_{ijkl} 是仅依赖于材料性质的常数；塑性应力 σ_{ij}^{p} 和塑性应变 $\varepsilon_{ij}^{\mathrm{p}}$ 仅是内变量的函数，只有当内变量改变时，σ_{ij}^{p} 和 $\varepsilon_{ij}^{\mathrm{p}}$ 才会有相应的改变。

当 $\xi_\beta = 0$ 时，即为广义胡克定律，即

$$\dot{\sigma}_{ij} = C_{ijkl}\dot{\varepsilon}_{kl} \tag{3.46}$$

对于各向同性材料，将其写为分量形式为

$$\begin{cases} \dot{\varepsilon}_{11} = \dfrac{1}{E}\left[\dot{\sigma}_{11} - \nu\left(\dot{\sigma}_{22} + \dot{\sigma}_{33}\right)\right], & \dot{\varepsilon}_{23} = \left(\dfrac{1+\nu}{E}\right)\dot{\sigma}_{23} \\ \dot{\varepsilon}_{22} = \dfrac{1}{E}\left[\dot{\sigma}_{22} - \nu\left(\dot{\sigma}_{11} + \dot{\sigma}_{33}\right)\right], & \dot{\varepsilon}_{31} = \left(\dfrac{1+\nu}{E}\right)\dot{\sigma}_{31} \\ \dot{\varepsilon}_{33} = \dfrac{1}{E}\left[\dot{\sigma}_{33} - \nu\left(\dot{\sigma}_{11} + \dot{\sigma}_{22}\right)\right], & \dot{\varepsilon}_{12} = \left(\dfrac{1+\nu}{E}\right)\dot{\sigma}_{12} \end{cases} \tag{3.47}$$

式(3.47)可以改写为偏应力率与偏应变率之间的关系式：

$$\dot{e}_{ij} = \frac{1+\nu}{E}\dot{S}_{ij} = \frac{1}{2\mu}\dot{S}_{ij}, \quad \dot{\varepsilon}_{kk} = \frac{1-2\nu}{E}\dot{\sigma}_{kk} = \frac{1}{3K}\dot{\sigma}_{kk} \tag{3.48}$$

式中，E 为杨氏模量；ν 为泊松比；μ为剪切模量，$\dfrac{1}{2\mu} = (1+\nu)/E$；体积模量 $K = E/3(1-2\nu)$。式(3.48)也可以写成增量形式：

$$\mathrm{d}e_{ij} = \frac{1}{2\mu}\mathrm{d}S_{ij}, \quad \mathrm{d}\varepsilon_{kk} = \frac{1}{3K}\mathrm{d}\sigma_{kk} \tag{3.49}$$

前者是 5 个独立式子(因为 S_{ii}=0)，后者是 1 个独立式子，所以仍有 6 个独立方程。

为了便于推广到塑性情况，并与塑性本构方程的写法一致，广义胡克定律关系式的全量形式也可写成

$$e_{ij} = \frac{3\varepsilon_i}{2\sigma_i}S_{ij}, \quad \sigma_i = 3\mu\varepsilon_i \tag{3.50}$$

以上讨论表明，当弹性张量给定时，弹塑性本构方程的建立就归结为正确给出关于塑性应力率和塑性应变率的表达式或者关于塑性应力增量和塑性应变增量的表达式的问题。

前面初步介绍了材料塑性变形过程中的强化条件以及加载、卸载和中性变载的准则。在大量宏观实验的基础上，德鲁克(Drucker)针对一般应力状态的加载过程，提出了一个关于材料强化的重要假设，即 Drucker 强化公设。根据这个公设，不但可以导出加载曲面(包括屈服曲面)的一个重要且普遍的几何性质——加载面

的外凸性，以及加载、卸载准则，而且可以建立塑性变形规律即塑性本构关系。

材料的拉伸应力-应变曲线有可能呈图 3.1 所示的几种形式。

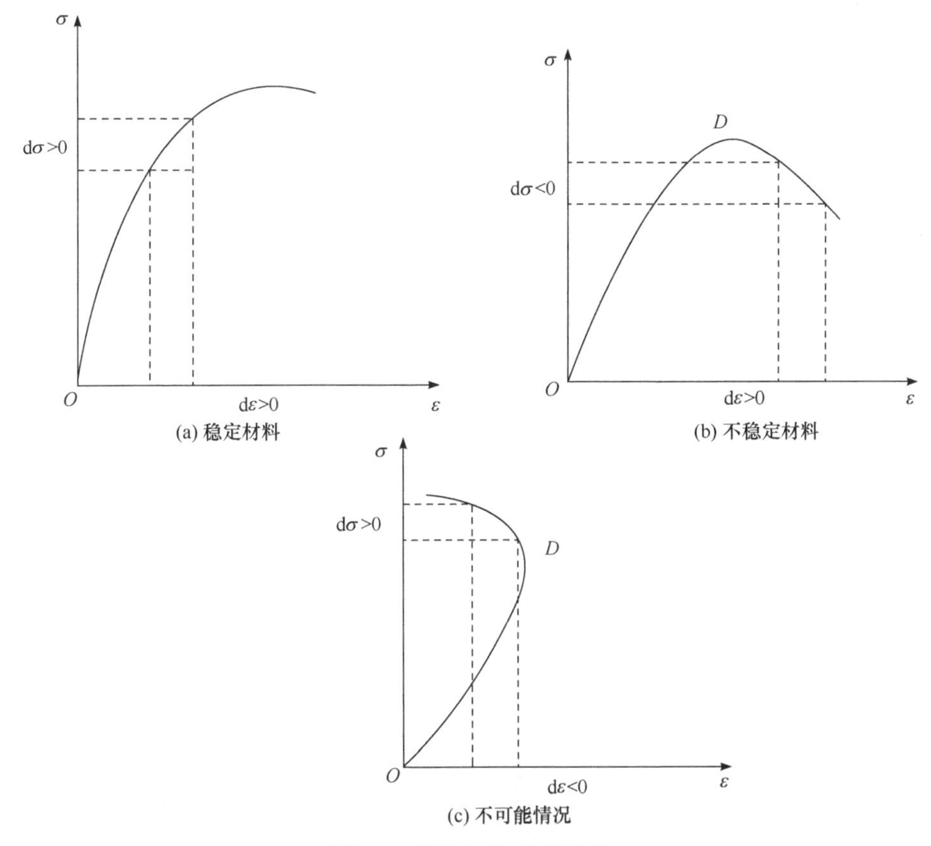

(a) 稳定材料

(b) 不稳定材料

(c) 不可能情况

图 3.1　拉伸应力-应变曲线

对于图 3.1(a)所示的材料，随着加载应力增量 $\mathrm{d}\sigma>0$ 时，产生相应的应变增量 $\mathrm{d}\varepsilon>0$，应力-应变曲线呈单调递增，材料是强化的。在这一变形过程中，$\mathrm{d}\sigma\cdot\mathrm{d}\varepsilon>0$，表明附加应力 $\mathrm{d}\sigma$ 在应变增量 $\mathrm{d}\varepsilon$ 上做正功，具有这种特性的材料称为稳定材料或强化材料。无强化效应的材料也属于稳定材料，这时 $\mathrm{d}\sigma=0$，故 $\mathrm{d}\sigma\cdot\mathrm{d}\varepsilon=0$。对于稳定材料，一般应写成

$$\mathrm{d}\sigma\cdot\mathrm{d}\varepsilon\geqslant0$$

对于图 3.1(b)所示的材料，应力-应变曲线在 D 点之后有一段是下降的，随着应变的增加($\mathrm{d}\varepsilon>0$)，应力减小($\mathrm{d}\sigma<0$)。此时，虽然总的应力仍做正功，但应力增量做负功，即 $\mathrm{d}\sigma\cdot\mathrm{d}\varepsilon<0$。这样的材料称为不稳定材料或软化材料，该曲线下降部分称为软化阶段。

对于图 3.1(c)所示的材料，应力-应变曲线在 D 点以后的区段内，应变会随应

力的增加而减小。这相当于一悬挂重物的吊杆，当增加悬挂物的重量时，重物反而上升，违背了能量守恒定律，所以是不可能的。

这里将只讨论稳定材料，包括强化材料和理想弹塑性材料。

由图 3.2 所示拉伸曲线可知，该材料在某一确定的加载历史下的应力水平 σ^0 开始缓慢地加载到屈服之后的某一应力 σ 时，此时再增加一个附加应力增量 $\mathrm{d}\sigma$，将引起一个相应的塑性变形增量 $\mathrm{d}\varepsilon^{\mathrm{p}}$。然后，将应力重新缓慢地降回到原来的应力水平 σ^0。其加载路径见图 3.2 中的 $ABCDE$。在这一应力循环 $\sigma^0 \to \sigma \to \sigma + \mathrm{d}\sigma \to \sigma^0$ 中，加载阶段产生的弹性应变在卸载阶段可以恢复，相应的弹性应变能也可完全释放出来，剩下的是消耗于不可恢复的塑性变形的塑性功(图中阴影部分)，它是不可逆的，将恒大于零。这部分塑性功可以分为图中阴影所示的面积 M_1、M_2 两部分，由此可写出如下两个不等式：

$$\left(\sigma - \sigma^0\right) \cdot \mathrm{d}\varepsilon^{\mathrm{p}} > 0$$

$$\mathrm{d}\sigma \cdot \mathrm{d}\varepsilon^{\mathrm{p}} \geqslant 0$$

即应力在塑性应变上做功非负，其中第二式的等号适用于理想塑性材料。

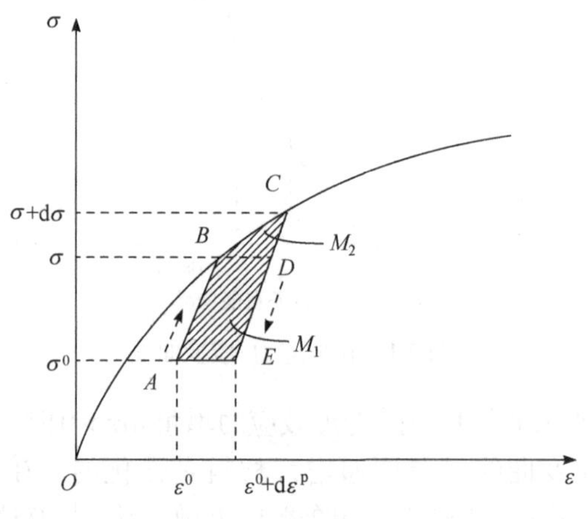

图 3.2　塑性功不可逆

1952 年，Drucker 结合热力学第一定律，将上两式推广到复杂应力状态的加载过程，提出关于稳定材料塑性功不可逆公设，现称为 Drucker 公设。其形式为

$$\left(\sigma_{ij} - \sigma_{ij}^0\right) \cdot \mathrm{d}\varepsilon_{ij}^{\mathrm{p}} \geqslant 0, \quad \mathrm{d}\sigma_{ij} \cdot \mathrm{d}\varepsilon_{ij}^{\mathrm{p}} \geqslant 0$$

该公设说明(图 3.3)如下。

设物体内任一点经历一定加载历史后在加载面 $f_1=0$ 内某一应力水平 σ_{ij}^0 (图中 A 点)下处于平衡状态。现经加载路径①使应力状态正好进入与加载面 $f_1=0$ 对应的

屈服应力状态(图中 B 点)，其应力水平为 σ_{ij}，此为弹性变形过程。继续施加一个微小载荷(路径②)，使该点应力状态达到某一相邻的加载面 $f_2=0$ 上(C 点)，相应的应力增量为 $\mathrm{d}\sigma_{ij}$，这时将有新的塑性应变增量发生，设其为 $\mathrm{d}\varepsilon_{ij}$。然后沿某一路径③卸载，使应力水平返回到 σ_{ij}^0，此即为弹性变形过程。

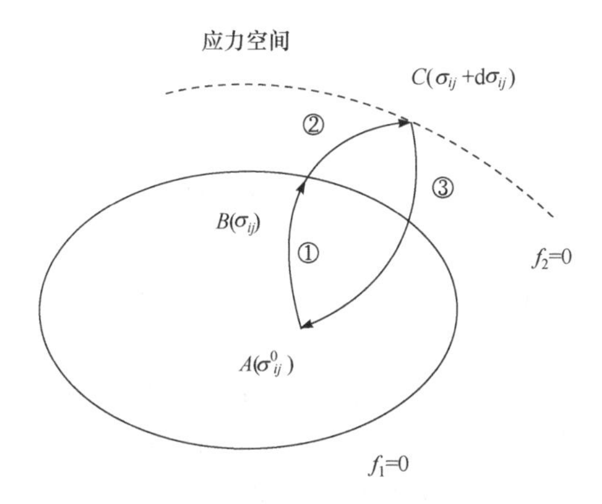

图 3.3　Drucker 公设的说明

Drucker 公设要求，在上述应力循环内，附加应力所做的功是非负的，即要求

$$\oint_{\sigma_{ij}^0}\left(\sigma_{ij}-\sigma_{ij}^0\right)\mathrm{d}\varepsilon_{ij}\geqslant 0 \tag{3.51}$$

式中，积分符号 $\oint_{\sigma_{ij}^0}(\cdot)$ 表示从 σ_{ij}^0 开始又回到 σ_{ij}^0 的循环积分。这与大量实验观察相符。在每个应力循环之后，物体内必会留下残余变形，从而使得在应力循环中应变不能回到原值，因此这个循环不是热力学意义下的封闭循环。Drucker 公设通常称作准热力学公设。

由于弹性应变是可逆的，在上述应力循环内，应力在弹性应变上所做的功之和为零，这就要求：

$$\oint_{\sigma_{ij}^0}\left(\sigma_{ij}-\sigma_{ij}^0\right)\mathrm{d}\varepsilon_{ij}^{\mathrm{p}}\geqslant 0 \tag{3.52}$$

在上述应力循环内，塑性变形只在加载过程(即路径②)才产生。因此，如果略去高阶小量，Drucker 公设要求：

$$\left(\sigma_{ij}-\sigma_{ij}^0\right)\cdot\mathrm{d}\varepsilon_{ij}^{\mathrm{p}}+\frac{1}{2}\mathrm{d}\sigma_{ij}\cdot\mathrm{d}\varepsilon_{ij}^{\mathrm{p}}\geqslant 0 \tag{3.53}$$

这里可区分两种情况。

(1) 若起始状态处于加载面的内部时，即 $\sigma_{ij}\neq\sigma_{ij}^0$，则由于 $\mathrm{d}\sigma_{ij}$ 是任意的无穷

小量，与 σ_{ij} 相比的高阶小量可略去不计，则可得出

$$\left(\sigma_{ij}-\sigma_{ij}^{0}\right)\cdot \mathrm{d}\varepsilon_{ij}^{\mathrm{p}}\geqslant 0 \tag{3.54}$$

注意，不等式中包含等号，与单向拉伸时稍有不同，这是考虑到在复杂应力状态下允许存在中性变载，此时 $\mathrm{d}\varepsilon_{ij}^{\mathrm{p}}=0$。

(2) 若 $\sigma_{ij}=\sigma_{ij}^{0}$，即起始状态位于加载面之上时，有

$$\mathrm{d}\sigma_{ij}\cdot \mathrm{d}\varepsilon_{ij}^{\mathrm{p}}\geqslant 0 \tag{3.55}$$

式中等号在两种情形下成立，即中性变载时(此时 $\mathrm{d}\varepsilon_{ij}^{\mathrm{p}}=0$)以及对于理想塑性材料(此时 $\mathrm{d}\sigma_{ij}=0$)。式(3.55)称为 Drucker 稳定性条件。根据该条件，如果能构造出应力闭循环，可以推知材料一定是稳定的。该条件也被认为是硬化的数学定义，被称为硬化的唯一性条件。

当确定塑性应变增量时，在塑性固体对应的可能应力(不违反屈服条件)中，以在屈服面上的应力对其产生的塑性应变增量所做的塑性功为最大。所以上述不等式又称为最大塑性功原理(principle of maximum plastic work)。它与 Drucker 公设是等价的，凡是满足这些不等式的材料就是稳定材料。弹性材料、理想弹塑性材料和强化材料都是稳定性材料。

Drucker 公设的重要推论如下。

推论 1： 屈服面(包括初始屈服面和后继屈服面)的外凸性。

设 σ_{ij}^{0} 表示屈服面内一点，σ_{ij} 是屈服面上的点。如使应力空间与塑性应变空间重合，并使 $\mathrm{d}\varepsilon_{ij}^{\mathrm{p}}$ 的原点置于屈服面的应力点处，如图 3.4(a)所示，以矢量 $\overrightarrow{OA}$ 表示 σ_{ij}^{0}，$\overrightarrow{OB}$ 表示 σ_{ij}，$\overrightarrow{BC}$ 表示 $\mathrm{d}\varepsilon_{ij}^{\mathrm{p}}$，$\overrightarrow{BD}$ 表示 $\mathrm{d}\sigma_{ij}$，则要求

$$\overrightarrow{AB}\cdot\overrightarrow{BC}\geqslant 0$$

即

$$\left|\overrightarrow{AB}\right|\cdot\left|\overrightarrow{BC}\right|\cdot\cos\psi\geqslant 0$$

表示两个矢量的夹角 ψ 为锐角 $\left(-\pi/2\leqslant\psi\leqslant\pi/2\right)$。过 B 点作垂直于 $\mathrm{d}\varepsilon_{ij}^{\mathrm{p}}$ 的切平面 Q，即要求 σ_{ij}^{0} 必须位于与 $\mathrm{d}\varepsilon_{ij}^{\mathrm{p}}$ 方向相反的一侧。σ_{ij}^{0} 是屈服面内的任意点，可见整个屈服面都位于该切平面与 $\mathrm{d}\varepsilon_{ij}^{\mathrm{p}}$ 方向相反的一侧。由于 σ_{ij} 是屈服面上的任意点，可知屈服面处处外凸。反之，若屈服面不是外凸的，则 $\overrightarrow{AB}$ 不一定总在 Q 的同一侧，如图 3.4(b)所示，即使 $\overrightarrow{BC}\perp Q$，但总可以选择一点 A，使 $\overrightarrow{AB}$ 和 $\overrightarrow{BC}$ 成钝角。

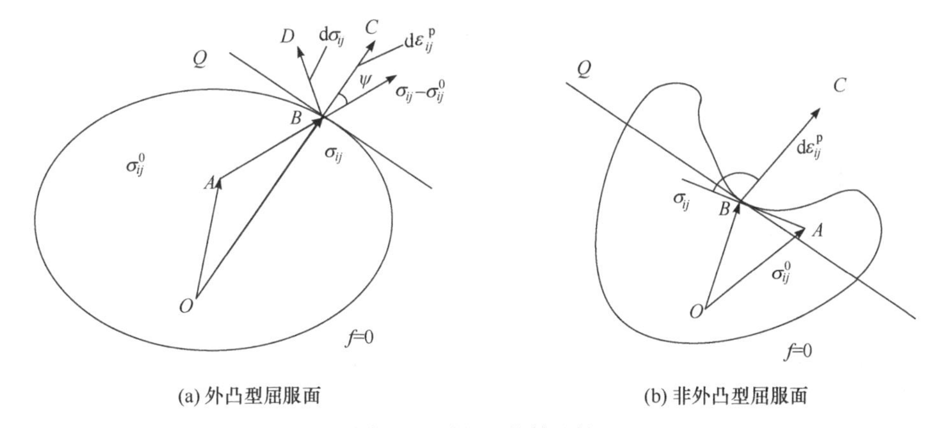

(a) 外凸型屈服面　　(b) 非外凸型屈服面

图 3.4　屈服面的外凸性

推论 2： 塑性应变增量矢量沿屈服面的法向性(即正交流动法则)。

当屈服面在应力点 σ_{ij} 处光滑时，经过 σ_{ij} 且与屈服面相切的平面将是唯一的。若 $d\varepsilon_{ij}^{p}$ 与屈服面在 σ_{ij} 处不正交，如图 3.5 所示，则过 σ_{ij} 作一与 $d\varepsilon_{ij}^{p}$ 垂直的平面将会与屈服面相割。这样，在切平面 Q 的两侧都会有屈服面的内点，因而在屈服面内必然存在某一点 σ_{ij}^{0}，使得不等式(3.51)或式(3.52)不成立。按照 Drucker 公设，这是不可能的。因此，Q 必须是经过屈服面在 σ_{ij} 处的切平面，$d\varepsilon_{ij}^{p}$ 必须沿着屈服面的外法线方向。屈面上任一点的外法线方向和它的梯度方向一致，所以

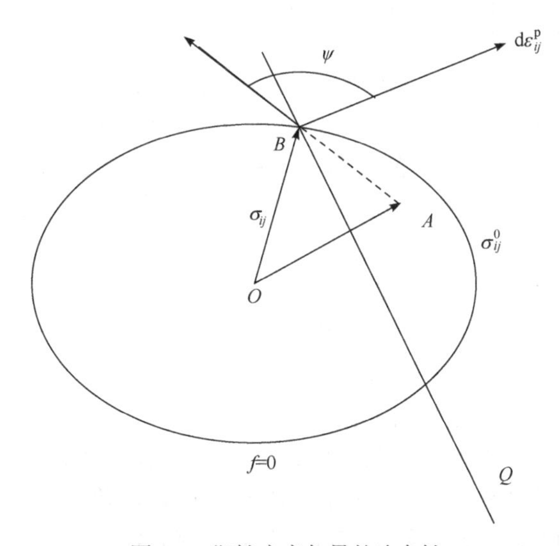

图 3.5　塑性应变矢量的法向性

$$\mathrm{d}\varepsilon_{ij}^{\mathrm{p}} = \mathrm{d}\lambda \cdot \frac{\partial f}{\partial \sigma_{ij}}, \quad \mathrm{d}\lambda \geqslant 0 \tag{3.56}$$

式中，$\mathrm{d}\lambda$ 为非负的比例系数，是一个标量。式(3.56)称为正交流动法则。由此证明了，$\mathrm{d}\varepsilon_{ij}^{\mathrm{p}}$ 的大小和 $\mathrm{d}\sigma_{ij}$ 有关，但方向和 $\mathrm{d}\sigma_{ij}$ 无关，因为方向只决定于屈服面，而屈服面是由 σ_{ij} 决定的，与 $\mathrm{d}\sigma_{ij}$ 无关。

式(3.56)表明，若将 f 作为塑性势函数并令它等于屈服函数，则该式可称为与屈服条件相关联的塑性流动法则。它将塑性应变增量与屈服条件联系起来，一旦屈服条件确定后，塑性应变增量便可按此关系式确定。因此，它对研究塑性力学中的物理关系具有重要意义。实际上，流动法则是推导增量型塑性本构关系的重要依据，是塑性应变分析的理论基础，也是建立塑性本构关系的第 3 个基本要素。

综上，已经证明了只有同时使屈服面为凸曲面且塑性应变增量矢量沿屈服面的法向时，不等式才能成立。这就是 Drucker 公设的几何意义。

3.3.2　增量型塑性流动理论

增量理论(incremental theory)，又称流动理论(flow theory)，是描述材料处于塑性状态时，应力与应变增量或应变速率之间关系的理论。它针对加载过程中每一瞬时的应力状态来确定该瞬时的应变增量。换言之，增量理论认为，在塑性状态下是塑性应变增量(或应变率)和应力及应力增量(或应力率)之间的关系。主要有：①Lévy-Mises 理论，适用于刚塑性材料；②Prandtl-Reuss 理论，考虑了弹性变形，适用于弹塑性材料[11-12]。

在塑性变形过程中，应力和应变没有一一对应关系，但是在某一给定状态下，有一个应力增量，相应地必有唯一的应变增量。因此，在一般塑性变形条件下，只能建立应力与应变增量之间的关系。这种用增量形式表示的本构关系，称为增量理论或流动理论。其出发点就是只有按增量形式建立起来的理论，才能追踪整个的加载路径并求解塑性力学问题。

Shield 和 Ziegler 指出，构成塑性本构关系的基本要素如下。

(1) 初始屈服条件，可以判定塑性变形何时开始、划分塑性区和弹性区的范围，以便分别采用不同的本构关系来分析。

(2) 加载函数，即描述材料强化特性的强化条件。

(3) 与初始屈服以及后继屈服面相关联的某一流动法则，即应力和应变(或它们的增量)之间的定性关系，这一关系包括方向关系(即两者主轴之间的关系)和分配关系(即两者之间的比例关系)。实际上就是研究它们的偏量之间的关系。

上述三要素中，要素(1)和(2)前面章节已经作了详细的介绍，这里讨论在要素(3)即流动法则的基础上建立塑性本构关系。

对于理想弹塑性材料，后继屈服面和初始屈服面重合。若采用 Mises 屈服条件

$$\sigma_i = \sigma_s$$

则

$$f\left(\sigma_{ij}\right) = \sigma_i^2 - \sigma_s^2 \text{ 或 } J_2 - \frac{1}{3}\sigma_s^2 = 0$$

取

$$f\left(\sigma_{ij}\right) = J_2 - \frac{1}{3}\sigma_s^2$$

由 $J_2 = \frac{1}{2}S_{ij}S_{ij} = -\left(S_1S_2 + S_2S_3 + S_3S_1\right)$ 知

$$\frac{\partial J_2}{\partial \sigma_{ij}} = \frac{\partial J_2}{\partial S_{ij}} = S_{ij}$$

则

$$\mathrm{d}\varepsilon_{ij}^{\mathrm{p}} = \mathrm{d}\lambda \cdot S_{ij} \tag{3.57}$$

式(3.57)称为 Mises 流动法则。

注意到 $\mathrm{d}\varepsilon_{ij}^{\mathrm{p}} = \mathrm{d}\varepsilon_{\mathrm{m}}^{\mathrm{p}}\delta_{ij} + \mathrm{d}e_{ij}^{\mathrm{p}}$ 以及塑性不可压缩性(即 $\mathrm{d}\varepsilon_{ii}^{\mathrm{p}} = 0$)，有

$$\mathrm{d}\varepsilon_{ij}^{\mathrm{p}} = \mathrm{d}e_{ij}^{\mathrm{p}}$$

故有

$$\mathrm{d}e_{ij}^{\mathrm{p}} = \mathrm{d}\lambda \cdot S_{ij}$$

这意味着，$\mathrm{d}e_{ij}^{\mathrm{p}}$ 的方向与 S_{ij} 方向一致，且两个张量对应分量之间的比值是一样的，即

$$\frac{\mathrm{d}e_x^{\mathrm{p}}}{S_x} = \frac{\mathrm{d}e_y^{\mathrm{p}}}{S_y} = \frac{\mathrm{d}e_z^{\mathrm{p}}}{S_z} = \frac{\mathrm{d}e_{xy}^{\mathrm{p}}}{\tau_{xy}} = \frac{\mathrm{d}e_{yz}^{\mathrm{p}}}{\tau_{yz}} = \frac{\mathrm{d}e_{zx}^{\mathrm{p}}}{\tau_{zx}} = \mathrm{d}\lambda \tag{3.58}$$

式(3.58)表明，塑性应变偏量增量是与应力偏量成比例的。

(1) 理想弹塑性材料的本构关系——Prandtl-Reuss 关系。

对于理想弹塑性材料，总的应变偏量增量为

$$\mathrm{d}e_{ij}^{\mathrm{e}} = \begin{cases} \mathrm{d}e_{ij}^{\mathrm{e}} + \mathrm{d}e_{ij}^{\mathrm{p}} \\ \dfrac{1}{2\mu}\mathrm{d}S_{ij} + \mathrm{d}\lambda \cdot S_{ij} \end{cases} \tag{3.59}$$

因为 $\mathrm{d}e_{ii}=0$，式(3.58)的 6 个等式中只有 5 个是独立的，所以还必须补充关于 $\mathrm{d}\varepsilon_{ij}$ 的关系式。这样，理想弹塑性材料的增量本构关系式可归纳为

$$\begin{cases}\mathrm{d}e_{ij}=\dfrac{1}{2\mu}\mathrm{d}S_{ij}+\mathrm{d}\lambda\cdot S_{ij}\\ \mathrm{d}\varepsilon_{ii}=\dfrac{1}{3K}\mathrm{d}\sigma_{ii}\end{cases}\tag{3.60}$$

式(3.60)称为 Prandtl-Reuss 关系。比例系数 $\mathrm{d}\lambda$ 需要结合屈服条件加以确定。根据应变比能函数的增量：

$$\begin{aligned}\mathrm{d}W&=\sigma_{ij}\mathrm{d}\varepsilon_{ij}=\left(\sigma_{\mathrm{m}}\delta_{ij}+S_{ij}\right)\left(\mathrm{d}\varepsilon_{\mathrm{m}}\delta_{ij}+\mathrm{d}e_{ij}\right)\\&=\sigma_{\mathrm{m}}\mathrm{d}\varepsilon_{\mathrm{m}}\delta_{ij}\delta_{ij}+\mathrm{d}\varepsilon_{\mathrm{m}}S_{ij}\delta_{ij}+\sigma_{\mathrm{m}}\mathrm{d}e_{ij}\delta_{ij}+S_{ij}\mathrm{d}e_{ij}\end{aligned}\tag{3.61}$$

而

$$\delta_{ij}\delta_{ij}=3,\quad S_{ij}\delta_{ij}=S_{ii}=0,\quad \delta_{ij}\mathrm{d}e_{ij}=\mathrm{d}e_{ii}=0\tag{3.62}$$

所以

$$\mathrm{d}W=3\sigma_{\mathrm{m}}\mathrm{d}\varepsilon_{\mathrm{m}}+S_{ij}\mathrm{d}e_{ij}\tag{3.63}$$

式(3.63)右边第一项是体积应变能增量，第二项即形状应变能增量为

$$\mathrm{d}W_{\mathrm{d}}=S_{ij}\cdot\mathrm{d}e_{ij}\tag{3.64}$$

代入 Prandtl-Reuss 关系式，得

$$\mathrm{d}W_{\mathrm{d}}=S_{ij}\left(\frac{1}{2\mu}\mathrm{d}S_{ij}+\mathrm{d}\lambda S_{ij}\right)=\frac{1}{2\mu}S_{ij}\mathrm{d}S_{ij}+\mathrm{d}\lambda S_{ij}S_{ij}\tag{3.65}$$

根据屈服条件 $J_2=\frac{1}{3}\sigma_{\mathrm{s}}^2$，并利用 $\dfrac{\partial J_2}{\partial S_{ij}}=S_{ij}$ 和 $\mathrm{d}J_2=S_{ij}\mathrm{d}S_{ij}$，对屈服条件式求微分，有

$$\mathrm{d}J_2=S_{ij}\mathrm{d}S_{ij}=\mathrm{d}\left(\frac{1}{3}\sigma_{\mathrm{s}}^2\right)=0\tag{3.66}$$

加上 $S_{ij}S_{ij}=\frac{2}{3}\sigma_i^2$(注：$\sigma_i=\sqrt{\frac{3}{2}}\sqrt{S_x^2+S_y^2+S_z^2+2\left(S_{xy}^2+S_{yz}^2+S_{zx}^2\right)}=\sqrt{\frac{3}{2}}\sqrt{S_{ij}S_{ij}}$)，则有

$$\mathrm{d}\lambda=\frac{3\mathrm{d}W_{\mathrm{d}}}{2\sigma_i^2}=\frac{3\mathrm{d}W_{\mathrm{d}}}{2\sigma_{\mathrm{s}}^2}\tag{3.67}$$

再代入本构方程，有

$$
\begin{cases}
\mathrm{d}e_{ij} = \dfrac{1}{2\mu}\mathrm{d}S_{ij} + \dfrac{3\mathrm{d}W_{\mathrm{d}}}{2\sigma_{\mathrm{s}}^2}S_{ij} \\
\mathrm{d}\varepsilon_{ii} = \dfrac{1}{3K}\mathrm{d}\sigma_{ii}
\end{cases}
\tag{3.68}
$$

由于 $\mathrm{d}\varepsilon_{ij} = \mathrm{d}\varepsilon_{\mathrm{m}}\delta_{ij} + \mathrm{d}e_{ij}$，式(3.68)也可写成

$$
\mathrm{d}\varepsilon_{ij} = \frac{1-2\nu}{E}\mathrm{d}\sigma_{\mathrm{m}}\delta_{ij} + \frac{1}{2\mu}\mathrm{d}S_{ij} + \frac{3\mathrm{d}W_{\mathrm{d}}}{2\sigma_{\mathrm{s}}^2}S_{ij}
\tag{3.69}
$$

$\mathrm{d}\lambda$ 还有另一种表示方法，下面推导之。

根据

$$
J_2 = \frac{1}{2}\left[S_x^2 + S_y^2 + S_z^2 + 2\left(\tau_{xy}^2 + \tau_{yz}^2 + \tau_{zx}^2\right)\right] = \frac{1}{2}S_{ij}S_{ij}
\tag{3.70}
$$

将 $\mathrm{d}\varepsilon_{ij}^{\mathrm{p}} = \mathrm{d}\lambda S_{ij}$ 代入式(3.70)，得

$$
\frac{1}{2}\frac{\mathrm{d}\varepsilon_{ij}^{\mathrm{p}}\mathrm{d}\varepsilon_{ij}^{\mathrm{p}}}{(\mathrm{d}\lambda)^2} = J_2 = \frac{1}{3}\sigma_{\mathrm{s}}^2
\tag{3.71}
$$

在塑性状态下，有

$$
\mathrm{d}\lambda = \frac{\sqrt{\dfrac{3}{2}}\sqrt{\mathrm{d}\varepsilon_{ij}^{\mathrm{p}}\mathrm{d}\varepsilon_{ij}^{\mathrm{p}}}}{\sigma_{\mathrm{s}}} = \frac{3\mathrm{d}\varepsilon_i^{\mathrm{p}}}{2\sigma_{\mathrm{s}}}
\tag{3.72}
$$

即

$$
\mathrm{d}\lambda = \frac{3}{2}\frac{\mathrm{d}\varepsilon_i^{\mathrm{p}}}{\sigma_{\mathrm{s}}}
\tag{3.73}
$$

式(3.73)说明，在塑性变形的过程中，比例系数 $\mathrm{d}\lambda$ 不仅与材料的屈服极限有关，而且和变形程度有关，是变化的。但是，在变形某一瞬间，应变偏量增量的每一分量与相对应的应力偏量分量的比值都是相同的 $\mathrm{d}\lambda$。

(2) 理想刚塑性材料的本构关系——Lévy-Mises 本构关系。

对于刚塑性材料，弹性变形可以略去，故有

$$
\mathrm{d}\varepsilon_{ij} = \mathrm{d}_{ij}^{\mathrm{p}} = \mathrm{d}\lambda \cdot S_{ij}
\tag{3.74}
$$

式(3.74)即为 Lévy-Mises 流动法则 (也称 Lévy-Mises 方程)，写成分量形式为

$$
\frac{\mathrm{d}\varepsilon_x}{S_x} = \frac{\mathrm{d}\varepsilon_y}{S_y} = \frac{\mathrm{d}\varepsilon_z}{S_z} = \frac{\mathrm{d}\varepsilon_{xy}}{\tau_{xy}} = \frac{\mathrm{d}\varepsilon_{yz}}{\tau_{yz}} = \frac{\mathrm{d}\varepsilon_{zx}}{\tau_{zx}} = \mathrm{d}\lambda
\tag{3.75}
$$

Lévy-Mises 方程表明，对于理想刚塑性材料，应变增量和应力偏量成比例。

首先需要得到式(3.75)，然后才建立式(3.74)。将式(3.75)两边自乘，有

$$\mathrm{d}\varepsilon_{ij}\mathrm{d}\varepsilon_{ij}=(\mathrm{d}\lambda)^2 S_{ij}S_{ij} \tag{3.76}$$

根据 Mises 屈服条件

$$\sigma_i=\sqrt{\frac{3}{2}}\sqrt{S_{ij}S_{ij}}=\sigma_{\mathrm{s}} \tag{3.77}$$

以及应变增量强度(注意，它不同于应变强度 ε_i 的全微分)

$$\mathrm{d}\varepsilon_i=\sqrt{\frac{2}{3}}\sqrt{\mathrm{d}\varepsilon_{ij}\mathrm{d}\varepsilon_{ij}}$$

可得

$$\mathrm{d}\lambda=\frac{3\mathrm{d}\varepsilon_i}{2\sigma_{\mathrm{s}}} \tag{3.78}$$

与理想弹塑性材料下的式(3.76)进行比较，于是有

$$\mathrm{d}\varepsilon_{ij}=\frac{3\mathrm{d}\varepsilon_i}{2\sigma_{\mathrm{s}}}S_{ij} \tag{3.79}$$

这里也可对 Lévy-Mises 本构关系进行简单讨论。

(1) 给定应变增量能确定应力吗？对于理想刚塑性材料，因体积不可压缩，当已知应变增量 $\mathrm{d}\varepsilon_{ij}$ 时，由本构关系只能确定 S_{ij}，不能求解 σ_{m}，所以不能确定应力。

(2) 给定应力能确定应变增量吗？若给定应力 σ_{ij}，即已知 S_{ij}，因为 $\mathrm{d}\lambda$ 无法确定，所以只能求得应变增量各分量的比值，不能确定其实际大小。

总结一下，Lévy-Mises 塑性增量理论中的假设如下：

(1) 材料是理想刚塑性的，即 $\varepsilon_{ij}=\varepsilon_{ij}^{\mathrm{p}}$；

(2) 材料是不可压缩的，即 $e_{ij}=\varepsilon_{ij}$；

(3) 材料满足 Mises 屈服条件，即 $\sigma_i=\sigma_{\mathrm{s}}$；

(4) 应变偏量增量与应力偏量成比例，即 $\mathrm{d}\varepsilon_{ij}\propto S_{ij}$。

与特雷斯卡(Tresca)屈服条件相关联的流动法则：Tresca 屈服面存在非正则的尖角部位，在光滑处塑性应变仍可用和上述相同的方法求解，但在尖角处屈服面的外法线方向不唯一。此时如何确定塑性应变增量，是应用 Tresca 条件必须解决的问题。Koiter 在 1953 年提出了广义塑性势概念来尝试解决此问题。

在弹性力学中，应变与弹性应变余能有下列关系式，即 Castigliano 公式：

$$\varepsilon_{ij} = \frac{\partial W_c\left(\sigma_{ij}\right)}{\partial \sigma_{ij}} \tag{3.80}$$

式中，W_c 是单位体积弹性应变余能，对于理想弹性体，是正定的势函数，称为弹性势。若把 $W_c\left(\sigma_{ij}\right)=C$ (C 为常数)看作应力空间中的一个等势面，则式(3.80)表示应变矢量的方向与弹性势的梯度方向(即等势面的外法线方向)一致。

类似地，von Mises 于 1928 年提出了塑性势理论。塑性势函数不仅和应力状态有关，还和加载历史有关，如用强化参数 K 表示加载历史，则塑性势函数可表示为

$$g = g\left(\sigma_{ij}, K\right) \tag{3.81}$$

有

$$\varepsilon_{ij}^{\mathrm{p}} = \mathrm{d}\lambda \frac{\partial g\left(\sigma_{ij}, K\right)}{\partial \sigma_{ij}} \tag{3.82}$$

若令 $g = C$，则它在应力空间中即表示等势面，式(3.82)表示塑性应变增量矢量的法向与塑性势的梯度方向，即等势面外法线方向一致。

可以看出，Drucker 公设推论是将屈服函数 f 作为了塑性势函数 g，这样就把屈服条件、强化条件和塑性应变增量联系起来了。将屈服条件与本构关系联合起来考虑所得的流动法则称为联合流动法则或与屈服条件相关联的流动法则(associated flow rule)，适用于符合 Drucker 公设的稳定性材料。$g \neq f$ 的流动法则称为非联合流动法则或非关联的流动法则(nonassociated flow rule)，多应用于岩土材料和某些复合材料。

当屈服面由 n 个正则函数 $f_s=0$ 构成时，广义塑性势理论认为

$$\begin{cases} \mathrm{d}\varepsilon_{ij}^{\mathrm{p}} = \sum_{s=1}^{n} \mathrm{d}\lambda_s \dfrac{\partial f_s}{\partial \sigma_{ij}} \\ \mathrm{d}\lambda_s \begin{cases} = 0, & \text{当} f_s < 0 \text{或} f_s = 0, \quad \mathrm{d}f_s < 0 \\ > 0, & \text{当} f_s = 0, \quad \mathrm{d}f_s = 0 \end{cases}, \quad s = 1, 2, \cdots, n \end{cases} \tag{3.83}$$

取广义塑性势函数为 Tresca 屈服函数，如图 3.6 所示，以图中的 AB、BC 面为例，它们的方程分别为

$$\begin{cases} AB: \sigma_1 - \sigma_2 = \sigma_{\mathrm{s}} \\ BC: \sigma_1 - \sigma_3 = \sigma_{\mathrm{s}} \end{cases} \tag{3.84}$$

相塑性势函数为

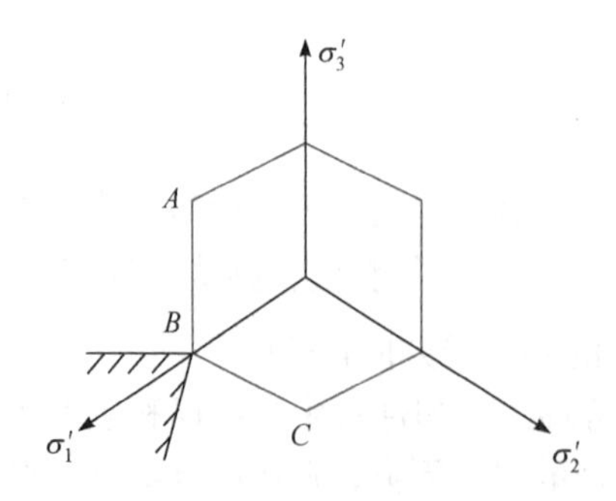

图 3.6　与 Tresca 条件相关联的流动法则

$$
\begin{cases} AB: f_1 = \sigma_1 - \sigma_2 - \sigma_s = 0 \\ BC: f_2 = \sigma_1 - \sigma_3 - \sigma_s = 0 \end{cases} \tag{3.85}
$$

对于 AB 面，有

$$
\begin{cases} d\varepsilon_1^p = d\lambda_1 \dfrac{\partial f_1}{\partial \sigma_1} = d\lambda_1 \\ d\varepsilon_2^p = d\lambda_1 \dfrac{\partial f_1}{\partial \sigma_2} = -d\lambda_1 \\ d\varepsilon_3^p = d\lambda_1 \dfrac{\partial f_1}{\partial \sigma_3} = 0 \end{cases} \tag{3.86}
$$

故 AB 面上的流动法则为

$$
d\varepsilon_1^p : d\varepsilon_2^p : d\varepsilon_3^p = 1 : (-1) : 0 \tag{3.87}
$$

同样可得 BC 面上的流动法则为

$$
d\varepsilon_1^p : d\varepsilon_2^p : d\varepsilon_3^p = 1 : 0 : (-1) \tag{3.88}
$$

此处只能得到上述 $d\varepsilon_{ij}^p$ 之间的比例关系，而无法确定应力偏量 S_{ij}，因为同一屈服面上的任一点均具有相同的外法向。

在角点 B 处，因其外法线方向不是唯一的，所以塑性应变增量的方向不定。但从 Drucker 不等式(3.53)可以证明，两侧法线方向夹角范围内(图 3.6 中的阴影区)的任意方向的塑性应变增量均满足 Drucker 公设。角点处的塑性应变增量可用有关面上塑性应变增量的线性组合得到。将式(3.87)乘以任意系数 $0 \leqslant \mu \leqslant 1$，式 (3.88)乘以 $1-\mu$，然后将二者相加即可得到 B 点的流动法则：

$$
d\varepsilon_1^p : d\varepsilon_2^p : d\varepsilon_3^p = 1 : (-\mu) : -(1-\mu) \tag{3.89}
$$

可以证明，当塑性应变增量 $d\varepsilon_{ij}^p$ 给定，塑性功增量 $dW_p = \sigma_{ij} d\varepsilon_{ij}^p$ 是单值的。

对于强化材料，若采用等向强化模型，并选取 Mises 屈服条件，式(3.86)中的比例系数 $d\lambda$ 可由强化条件来确定：

$$
\sigma_i = H\left(\int d\varepsilon_i^p\right) \tag{3.90}
$$

根据 Prandtl-Reuss 流动法则，即前面的关系式：

$$\mathrm{d}\varepsilon_{ij}^{\mathrm{p}} = \mathrm{d}\lambda \cdot S_{ij} \tag{3.91}$$

将其代入塑性应变增量强度的定义式

$$\mathrm{d}\varepsilon_{i}^{\mathrm{p}} = \sqrt{\frac{2}{3}\mathrm{d}\varepsilon_{ij}^{\mathrm{p}}\mathrm{d}\varepsilon_{ij}^{\mathrm{p}}} \tag{3.92}$$

有

$$\mathrm{d}\varepsilon_{i}^{\mathrm{p}} = \frac{2}{3}\mathrm{d}\lambda \cdot \sqrt{\frac{3}{2}S_{ij}S_{ij}} = \frac{2}{3}\mathrm{d}\lambda \cdot \sigma_i \tag{3.93}$$

可得

$$\mathrm{d}\lambda = \frac{3}{2}\frac{\mathrm{d}\varepsilon_{i}^{\mathrm{p}}}{\sigma_i} \tag{3.94}$$

再由式(3.90)，定义

$$H' = \frac{\mathrm{d}\sigma_i}{\mathrm{d}\varepsilon_{i}^{\mathrm{p}}} \tag{3.95}$$

为曲线 $\sigma_i - \int \mathrm{d}\varepsilon_{i}^{\mathrm{p}}$ (图 3.7)的斜率，可得

$$\mathrm{d}\lambda = \frac{3}{2}\frac{\mathrm{d}\varepsilon_{i}^{\mathrm{p}}}{\sigma_i} = \frac{3\mathrm{d}\sigma_i}{2H'\sigma_i} \tag{3.96}$$

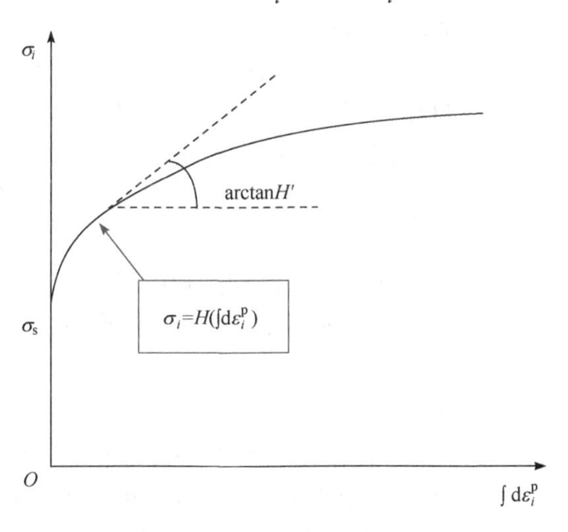

图 3.7　强化曲线

将式(3.96)代回 Prandtl-Reuss 流动法则，即

$$\mathrm{d}e_{ij}^{\mathrm{p}} = \mathrm{d}\lambda \cdot S_{ij} \tag{3.97}$$

有

$$\mathrm{d}e_{ij}^{\mathrm{p}} = \frac{3\mathrm{d}\sigma_i}{2H'\sigma_i} S_{ij} \tag{3.98}$$

再加上弹性应变偏量，可得总应变偏量增量：

$$\mathrm{d}e_{ij} = \mathrm{d}e_{ij}^{\mathrm{e}} + \mathrm{d}e_{ij}^{\mathrm{p}} = \frac{1}{2\mu}\mathrm{d}S_{ij} + \frac{3}{2H'}\frac{\mathrm{d}\sigma_i}{\sigma_i} S_{ij} \tag{3.99}$$

进一步考虑弹性的体积变化部分，可以得到

$$\mathrm{d}\varepsilon_{ij} = \frac{1-2\nu}{E}\mathrm{d}\sigma_{\mathrm{m}}\delta_{ij} + \frac{1}{2\mu}\mathrm{d}S_{ij} + \frac{3}{2H'}\frac{\mathrm{d}\sigma_i}{\sigma_i} S_{ij} \tag{3.100}$$

式(3.100)等同于以下关系式：

$$\begin{cases} \mathrm{d}\varepsilon_{ii} = \dfrac{1-2\nu}{E}\mathrm{d}\sigma_{ii} \\ \mathrm{d}e_{ij} = \dfrac{1}{2\mu}\mathrm{d}S_{ij} + \dfrac{3}{2H}\dfrac{\mathrm{d}\sigma_i}{\sigma_i} S_{ij} \end{cases} \tag{3.101}$$

式(3.101)就是强化材料的增量型本构方程。如果给定某一瞬时的应力及应力增量，则可唯一地确定应变增量，沿应变路径依次叠加这些应变增量，就可确定总的应变。

塑性势函数 g 和屈服函数 f 之间存在何种具体关系，没有理论依据，但是通常认为二者是相同的，这就是相关联流动法则或正交流动法则的假设。正交流动法则是根据 Drucker 稳定材料的最大塑性功原理推导得出的。

以下几方面的理论结果也是证明相关联流动法则正确性的依据。

(1) 采用相关联流动法则可以证明塑性变形状态下变形固体中应力分布的唯一性[10]。

(2) 根据 Drucker 公设，采用相关联流动法则可以保证塑性流动是稳定的。

(3) 采用相关联流动法则，可以证明在中性变载情形下，当沿着任意封闭路径返回到屈服面时，其应变状态是唯一的。

但是，上述条件是证明在已有塑性变形理论中相关联流动法则成立的充分条件，而不是必要条件。也就是说，相关联流动法则成立与否并不是上述结果的必要性条件，因为采用一些非关联流动法则的模型同样可以满足上面三方面的结果。

事实上，越来越多的实验结果表明，静水压力对许多材料塑性变形的影响不能忽略，并且采用仅依赖于应力偏量第二不变量 J_2 的屈服条件不足以描述其初始屈服和强化行为。相反地，如果采用一些非关联流动法则，能够更加合理地描述其塑性响应。

概括来说，相关联流动法则并不完全正确，它将塑性势函数和屈服函数取为相等的假设，实际上是一种限制性条件或约束条件。非关联流动法则模型能够增加使塑性势函数和屈服函数以不同的方式演化的可能性，对于合理、准确地描述材料复杂的塑性响应是十分有益的。特别是对于一些初始各向异性材料、包含孔隙的材料等，它们的屈服条件往往比较复杂，采用非关联流动法则是一种有效的解决方法，也可避免得出一些不符合实验观察的预测结果。

3.3.3　全量型塑性变形理论

在塑性力学中，因为应力不仅与应变有关，而且与其变形历史有关，尤其是弹塑性加载过程和卸载过程具有不同的规律，所以塑性本构关系在本质上应是增量型的。然而，由于描述形变过程在数学上存在一定复杂性，使得增量理论在实际应用中很不方便。人们在发展增量型本构关系的同时，也没有放弃在特殊的加载历史下建立全量型本构关系的努力。以一个受简单拉伸的杆件为例，若始终没有卸载，应力和应变之间就存在一一对应关系，相当于一个非线性弹性问题，而不必像增量理论那样来逐步进行求解。

现考虑在变形过程中，应力的主轴方向不变、应力分量按比例增加的情形，即所谓比例加载(proportional loading，又称简单加载)。它是指在加载过程中物体内每一点的各应力分量呈比例增加。假定某一时刻非零的参考应力状态为 σ_{ij}^0，其后的应力状态可表示为

$$\sigma_{ij} = \alpha(t)\sigma_{ij}^0 \tag{3.102}$$

式中，$\alpha(t)$ 是时间的单调增加函数。

1) Hencky 全量理论

在简单加载情况下，各应力分量都按比例增长，即

$$S_{ij} = \alpha(t)S_{ij}^0,\quad \sigma_i = \alpha(t)\sigma_i^0,\quad \mathrm{d}S_{ij} = S_{ij}^0\mathrm{d}\alpha(t) \tag{3.103}$$

根据 Prandtl-Reuss 本构关系式，有应变偏量增量：

$$\mathrm{d}e_{ij} = \frac{1}{2\mu}\mathrm{d}S_{ij} + \mathrm{d}\lambda\cdot S_{ij} = \frac{1}{2\mu}S_{ij}^0\mathrm{d}\alpha(t) + \mathrm{d}\lambda\cdot S_{ij}^0\alpha(t) \tag{3.104}$$

将式(3.104)积分后，可得应变偏量：

$$e_{ij} = S_{ij}^0\left[\frac{1}{2\mu}\alpha(t) + \int\alpha(t)\mathrm{d}\lambda\right] \tag{3.105}$$

由于 $\mathrm{d}\lambda = \dfrac{3\mathrm{d}\varepsilon_i^{\mathrm{p}}}{2\sigma_i}$，式(3.105)可写为

$$
\begin{aligned}
e_{ij} &= S_{ij}^0\left[\frac{1}{2\mu}\alpha(t)+\int\alpha(t)\frac{3\mathrm{d}\varepsilon_i^{\mathrm{p}}}{2\sigma_i}\right] \\
&= S_{ij}^0\alpha(t)\left[\frac{1}{2\mu}+\frac{1}{\alpha(t)}\int\alpha(t)\frac{3\mathrm{d}\varepsilon_i^{\mathrm{p}}}{2\alpha(t)\sigma_i^0}\right] \\
&= S_{ij}^0\alpha(t)\left[\frac{1}{2\mu}+\frac{3}{2\alpha(t)\sigma_i^0}\int\mathrm{d}\varepsilon_i^{\mathrm{p}}\right] \\
&= \frac{S_{ij}}{2\mu}+\frac{3\varepsilon_i^{\mathrm{p}}}{2\sigma_i}S_{ij}
\end{aligned}
\tag{3.106}
$$

若令 $\lambda=\dfrac{3\varepsilon_i^{\mathrm{p}}}{2\sigma_i}$，则式(3.105)又可写为

$$
e_{ij}=e_{ij}^{\mathrm{e}}+e_{ij}^{\mathrm{p}}=\frac{1}{2\mu}S_{ij}+\lambda S_{ij} \tag{3.107}
$$

或

$$
e_{ij}=e_{ij}^{\mathrm{e}}+e_{ij}^{\mathrm{p}}=\frac{1+\varphi}{2\mu}S_{ij} \tag{3.108}
$$

式中，$\varphi=\dfrac{3\mu\varepsilon_i^{\mathrm{p}}}{\sigma_i}$。进而有如下的应变表达式：

$$
\varepsilon_{ij}=\frac{1-2\nu}{E}\sigma_{\mathrm{m}}\delta_{ij}+\frac{1}{2\mu}S_{ij}+\lambda S_{ij} \tag{3.109}
$$

这里假定 λ 在加载时为正，其他情形下皆为零。这时应变的塑性部分可表示为

$$
\varepsilon_{ij}^{\mathrm{p}}=e_{ij}^{\mathrm{p}}=\lambda S_{ij} \tag{3.110}
$$

2) Ilyushin 弹塑性全量理论

针对强化材料的微小弹塑性变形情形，Ilyushin 比照广义胡克定律提出如下关于基本要素的假设。

(1) 材料发生变形时，体积变化是弹性的，即

$$
\varepsilon_{ii}=\frac{1-2\nu}{E}\sigma_{ii}\text{或}\sigma_{\mathrm{m}}=\frac{E}{1-2\nu}\cdot\varepsilon_{\mathrm{m}} \tag{3.111}
$$

(2) 应变偏张量和应力偏张量成比例，即

$$
e_{ij}=\lambda\cdot S_{ij} \tag{3.112}
$$

式(3.112)给出了应变和应力的定性关系，即方向关系是应变偏量主轴与应力

偏量主轴重合，也就是应变主轴和应力主轴一致，而分配关系是应变偏量分量与应力偏量分量成比例。但应注意，式(3.112)只在形式上与广义胡克定律是相似的，不同之处是这里的比例系数λ并非一个常数，它和载荷水平及坐标位置有关。对物体中的不同点，λ互不相同；在同一点的不同载荷水平，λ也不同。因此，这样的关系实际上是非线性的，相应地，塑性力学问题就会比弹性力学复杂得多。

进一步由

$$\sigma_i = \sqrt{\frac{3}{2}}\sqrt{S_{ij}S_{ij}}, \quad \varepsilon_i = \sqrt{\frac{2}{3}}\sqrt{e_{ij}e_{ij}} \tag{3.113}$$

两边自乘

$$e_{ij}e_{ij} = \lambda^2 S_{ij}S_{ij} \tag{3.114}$$

即

$$\frac{3}{2}\varepsilon_i^2 = \lambda^2 \cdot \frac{2}{3}\sigma_i^2 \tag{3.115}$$

可得

$$\lambda = \frac{3\varepsilon_i}{2\sigma_i} \tag{3.116}$$

代回，得

$$e_{ij} = \frac{3\varepsilon_i}{2\sigma_i}S_{ij} \tag{3.117}$$

或写为

$$S_{ij} = \frac{2\sigma_i}{3\varepsilon_i}e_{ij} \tag{3.118}$$

(3) 应力强度是应变强度的确定函数，即

$$\sigma_i = \Phi(\varepsilon_i) \tag{3.119}$$

这就是按照单一曲线假设确立的强化条件。

综上所述，全量型塑性本构方程为

$$\begin{cases} \varepsilon_{ii} = \dfrac{1-2\nu}{E}\sigma_{ii} \\ e_{ij} = \dfrac{3\varepsilon_i}{2\sigma_i}S_{ij} \\ \sigma_i = \Phi(\varepsilon_i) \end{cases} \tag{3.120}$$

必须注意，式(3.120)只是描述了加载过程中的弹塑性变形规律。加载的标志是σ_i呈单调增长，即$\mathrm{d}\sigma_i > 0$，$\mathrm{d}\sigma_i < 0$时属于卸载，服从弹性规律，即

$$\begin{cases} \mathrm{d}\varepsilon_{ii} = \dfrac{1-2\nu}{E}\mathrm{d}\sigma_{ii} \\ \mathrm{d}e_{ij} = \dfrac{1}{2\mu}\mathrm{d}S_{ij} \end{cases} \tag{3.121}$$

注意，它们是增量形式的。由式(3.121)可见，当给定应变ε_{ij}时，可依次求得ε_i、σ_i及σ_m，然后可求得应力σ_{ij}；反之，若给定应力σ_{ij}，可依次求得ε_i、σ_i及ε_m，然后可求得应变ε_{ij}。

还需要注意的是，Ilyushin 假设了总应变与应力偏量成比例。

3.4 本章小结

弹塑性本构理论是一种用于描述材料变形行为的理论，在工程学、土木工程、材料科学等领域中得到了广泛应用。弹塑性本构理论能够对多种材料的变形行为进行准确描述，并能够预测材料的实际应力-应变响应。材料在高应力下呈现非线性行为，弹塑性本构理论能够很好地考虑这种非线性行为。可以处理材料在极限载荷下的变形和破坏行为。弹塑性本构理论适用范围广，适用于多种材料，如金属、塑料、岩石等，且可以采用不同的本构模型来描述各种材料。

但弹塑性本构理论中的复杂模型需要进行复杂的计算，特别是在三维应力场下有相当大的计算难度。因此，在实际应用中，需要对模型进行简化或近似计算。弹塑性本构理论中的本构参数需要通过实验来测定。但是，实验条件的控制和材料的不均匀性等因素会对参数测定产生影响，导致参数的精度和可靠性受到影响。同时弹塑性本构理论只能描述单一材料的变形行为，并不能很好地考虑复合材料等多种材料的复杂变形行为。

参考文献

[1] OLDROYD J G. On the formulation of rheological equations of state[J]. Proceedings of the Royal Society of London Series A-Mathematical and Physical Sciences, 1950, 200(1063): 523-541.

[2] NOLL W. A mathematical theory of the mechanical behavior of continuous media[J]. Archive for rational Mechanics and Analysis, 1958, 2(1): 197-226.

[3] WANG C, TRUESDELL C. Introduction to Rational Elasticity[M]. New York: Springer Science & Business Media, 1973.

[4] 爱林根. 连续统力学[M]. 程昌钧, 余焕然, 译. 北京: 科学出版社, 1991.

[5] ERINGEN A C. Nonlocal Continuum Field Theories[M]. New York: Springer, 2002.

[6] 黄筑平, 连续介质力学基础[M]. 北京: 高等教育出版社, 2004.
[7] 李锡夔, 郭旭, 段庆林. 连续介质力学引论[M]. 北京：科学出版社, 2015.
[8] 尚福林. 塑性力学基础[M]. 西安：西安交通大学出版社, 2018.
[9] 杨桂通. 弹性力学[M]. 北京: 高等教育出版社, 2018.
[10] HILL R. The plastic yielding of notched bars under tension[J]. Quarterly Journal of Mechanics and Applied Mathematics, 1949, 2: 40-52.
[11] PRAGER W, DILL E H. An introduction to plasticity[J]. Physics Today, 1960, 13(3): 48-48.
[12] DRUCKER D C. Limit analysis of cylindrical shells under axially symmetric loading[C]. Proceedings of the 1st Midwest Conference on Solid Mechanics, Urbana IL, 1953: 158.

第 4 章　损 伤 本 构

实际工程材料普遍存在位错、空穴、微裂纹等缺陷。对这种内部缺陷作用的研究通常可分为细观尺度和宏观尺度，细观尺度是根据材料的微观组分(基体、颗粒、孔洞)及其单独行为与相互之间的影响建立宏观的动态演化本构关系，已经形成细观力学分支；宏观尺度又可细化为断裂力学模型和损伤力学模型两种。断裂力学模型是指含有一个或多个(有限个)裂纹的力学模型，研究其裂纹尖端附近的应力、应变、位移场和能量释放，并由此确定宏观裂纹的起裂稳定扩展和失稳扩展的判据。但是，断裂力学模型无法给出裂纹出现之前工程材料中的微缺陷或裂纹的形成及其发展对宏观力学性能的影响，如在疲劳和蠕变条件下，形成宏观裂纹前，工程材料往往在其最薄弱处首先出现许多微缺陷(微观空隙等)，而宏观裂纹仅仅是这些微缺陷(微观空隙等)扩大与合并的结果，这一过程通常占整个寿命的大部分。对于工程材料，这类问题的分析处理必须采用与断裂力学完全不同的方法：将材料中存在的微缺陷力学作用通过与应力、应变、温度等场概念类似的连续变量场——损伤场表述，从而形成主要研究工程材料内部微缺陷的产生、发展所引起的宏观力学效应及导致工程材料破坏的过程和规律的连续介质损伤力学(或称为损伤力学)[1]。

4.1　损伤力学及基本研究方法

4.1.1　概述

工程构件在制造、运输、装配和服役过程中不可避免地会在外部作用下发生微观结构、组织的变化。其中有些变化是不可逆的，如产生微观裂纹或孔洞，将会导致材料或结构的力学性能降低，这些微观损伤会在后续的外部作用下不断扩展、合并，最终形成可以使材料力学性能显著降低，甚至发生断裂、失效的宏观缺陷。在连续介质力学里，将这些会导致材料力学性能劣化的微观结构变化称为损伤。如果是在制造和加工过程中产生的，称为初始损伤。材料或结构的使用寿命可以分为两个阶段，微观缺陷的萌生、扩展，直至演变为宏观裂纹或孔洞为第一阶段。这里所谓的宏观尺度视具体研究对象确定。在第二阶段里，宏观裂纹或孔洞进一步拓展、合并，最终导致结构失效。实际上第一阶段通常占构件使用寿命的大部分，因此研究第一阶段损伤演化机理，并进行表征预测在工程实际中具有非常重要的意义。20 世纪 70 年代末，损伤力学只研究第一阶段，第二阶段主要用断裂力学的理论和方法[2]。实际上损伤一旦产生，会对材料的力学性能一直有影响，如会影响裂纹尖端附近的应力和应变分布，甚至对物体内变形、温度等物理场造成影响。因此开发考虑损伤的本构模型，采用耦合的方法，可以对材料和构件的实际变形和寿命进行更有效和更准确的分析。

4.1.2 损伤研究方法

目前损伤力学的研究方法主要分为两类：一类是从材料微观结构出发，在建立的代表性体积单元中将微孔洞或其他缺陷当成夹杂或者非均匀体，通过细观力学方法，如自洽均匀化等，建立这些损伤与材料宏观力学性能之间的联系。另一类是在实验基础上，忽略损伤导致的材料的不连续，将其视作与变形、温度等类似的连续变量场，即损伤场，然后通过实验观测和机理分析，建立其与应力、应变等场量之间的方程，分析损伤演化机理和规律，并进行理论表征。

第 3 章讨论的本构理论均未考虑损伤，即假设材料是完美的，材料性能在变形中不会产生劣化。因此，这些模型不能描述和预测材料或构件损伤演化导致的力学性能的退化和失效。为了合理、准确描述在变形过程中产生的损伤及其演化对材料力学性能的影响，需要结合损伤力学的理论和方法，建立能够表征损伤和变形之间相互影响的本构方程，即耦合损伤的本构方程。

损伤并不是一种独立的物理性质，而是泛指工程材料内部多种物理效应所引起的宏观指标的劣化因素。损伤与所涉及的材料、工作环境密切相关。就其所涉及的工程材料而言，有金属、聚合物、岩石、混凝土、复合材料等；就其变形性质，有弹性损伤、塑性损伤、疲劳损伤、蠕变损伤等；就其外载荷环境，有静载条件、动载条件、常温条件、高温条件等；就其损伤的几何分布，又可分为各向同性损伤、各向异性损伤等。后文主要按工程材料变形性质的分类方式对连续介质损伤建立基本的热力学框架[1-3]。

(1) 弹性损伤分析。采用弹性分析的基本框架，引入描述劣化的损伤变量，从而给出一类工程材料(高强度低韧性金属及合金、高强度混凝土、岩石、陶瓷材料等)的损伤分析。这类变形的特点是没有明显的不可逆变形，因此也称为脆性损伤。

(2) 弹塑性损伤分析。采用弹塑性分析的基本框架，引入描述劣化的损伤变量，从而给出一类工程材料(低强度高韧性金属及合金、中等强度混凝土、复合材料、高分子材料等)的损伤分析。这类损伤的发生同时产生可观察到的残余变形。常温或较高温度下，金属大变形中的损伤属于这类损伤，因此也称为延性塑性损伤。

(3) 蠕变损伤分析。对于金属材料，在温度达到大约 1/3 熔点温度承载条件时，或者由于黏塑性产生和时间相关变形条件时所发生的变形称为蠕变变形。采用蠕变分析的基本框架，引入描述劣化的损伤变量，从而给出金属材料在给定温度(中等温度、高温)下的损伤分析。

(4) 疲劳损伤分析。采用疲劳分析的基本框架，引入描述劣化的损伤变量，从而给出金属材料在不同应力水平下的损伤分析。

对于实际工程问题，还存在各种不同形式的劣化因素，如冲击载荷或高速载荷产生的弹性或弹塑性损伤(剥落损伤或动力损伤)、由腐蚀产生的损伤等。不论是哪一类宏观尺度损伤，连续介质损伤力学总是把实际工程材料中存在的各种劣化因素看作是具有某种连续分布的场——损伤场，且将其视为带有损伤场的连续介质[4]，通过引入适当的损伤变量表征连续损伤介质的宏观物理性质，从而建立连续损伤介质的损伤演变规律(缺陷的形成、扩展、合并过程的规律)。

断裂力学、细观力学、损伤力学都是研究不可逆的破坏过程，但三者对材料破坏过程描述的尺度是不同的。断裂力学中只研究工程材料内部形成宏观裂纹或孔洞(其尺度约 1mm 量级以上)直到工程材料破坏这一过程，而不考虑材料内部裂纹形成和扩展的机制；细观力学是直接研究材料的细观组元(材料在光学或常规电子显微镜下可见的微结构)，利用多尺度的连续介质力学的方法研究经过某种统计平均处理的细观特征；(连续介质)损伤力学则不分别考虑某个微细缺陷(位错、微孔洞、微裂纹等)的影响，而是通过引入损伤变量来描述分布于整个工程材料介质内部的微细缺陷[5]。研究的重点是材料内部微细缺陷(0.01mm 量级)引起工程材料宏观力学性质劣化行为的变化。

宏观的(或称为唯象的)方法以表观现象为依据，建立分析模型。损伤力学作为连续介质的唯象方法，在连续介质的框架内对损伤及损伤对材料力学性能的影响做系统的处理。

4.2 损 伤 变 量

4.2.1 变量选择

正如前文所述，损伤变量表征了工程材料内部力学性能的劣化。在直观物理意义上可理解为工程材料内部微裂纹、孔洞等缺陷在整个工程材料中所占的百分比。在微观和细观尺度上可以选择微缺陷的数、长度、面积、体积等作为度量材料力学性能劣化的损伤变量；在宏观唯象学尺度上可以选择弹性系数、屈服应力、密度等作为度量材料力学性能劣化的损伤变量。在连续介质力学中将损伤变量定义为一种内变量(根据热力学观点，内变量反映了物质结构的不可逆过程)，且其他参数(物理、力学量)受到损伤变量的影响。

在连续介质中，描述材料中损伤状态的场变量，称为损伤变量。对于连续介质损伤力学，损伤变量可根据需要选择为标量、矢量和张量。例如，对于微小无规律的空隙分布或各向分布相同的球孔洞，损伤变量可选为标量 ω；对于微小分布平面裂纹，可选用与裂纹平面垂直方向矢量 $\boldsymbol{\omega}$ 作为损伤变量。但通常情况下损伤变量取为张量 $\boldsymbol{\omega}$，一般为二阶或四阶。

单向拉伸试件的三种状态关系如图 4.1 所示，根据 Kachanov-Rabotnov 经典损伤理论，对于单向拉伸试件(单向均匀应力状态)构造了三种状态：初始无损伤状态、损伤状态、虚拟无损伤状态[1-3]。在承受拉力 $\boldsymbol{P}$ 作用的初始无损伤状态(当前构形)中，杆内应力为 $\boldsymbol{\sigma}$；在承受同一拉力 $\boldsymbol{P}$ 作用的有损伤状态(当前构形中)中，杆内损伤导致承载能力下降(若取横截面面积度量损伤，则相当于有效承载面积减小，即 $A^{-}<A$)，其应力为 $\boldsymbol{\sigma}'>\boldsymbol{\sigma}$。

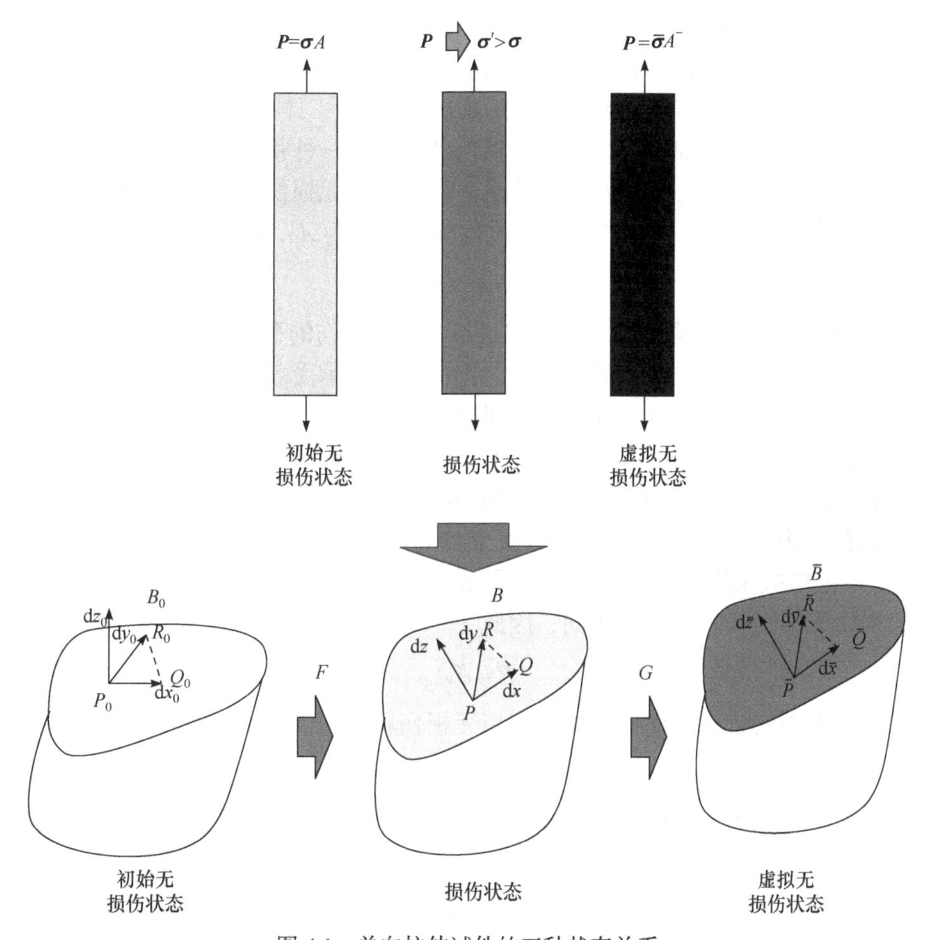

图 4.1　单向拉伸试件的三种状态关系

4.2.2　损伤定义

在损伤萌生和拓展的过程中，伴随着能量的不可逆耗散。从热力学角度，损伤的演化是物质内部结构不可逆的变化过程，因此损伤是一种内变量。损伤变量的定义视研究对象或问题而不同，通常来说，作为物质结构不可逆变化的一种定量表征，并不能像弹性常数那样可以直接测量，一般是采用间接手段确定的。例如，体积 V 内只存在体积为 V_d 的微孔洞一种损伤，损伤变量 D 可以定义为孔洞所占总体积的比，即 $D = V_d/V$。显然，当没有孔洞，即 $V_d = 0$ 时，损伤变量 $D = 0$，意味着没有损伤。当孔洞随着外部加载开始萌生和不断拓展，最终极限情况是孔洞占据所有体积，即 $D = 1$，表示材料完全失效。通常，损伤变量还未到达 1 时构件已经失去承载或者继续服役的能力，因此常采用临界损伤变量 D_{cr} 表示构件实际失效时的损伤变量值。上述定义假设损伤在体积 V 内均匀分布、均匀扩展。如果要考虑损伤发展的各向异性，则需要将损伤变量定义为张量。

接下来介绍另一种常见的损伤定义。根据 Kachanov 和 Rabotnov 提出的经典损伤理论，对于单向均匀应力状态下的物体，构造了三种状态[6-7]。假设构件无初始损伤，在外部作用加载前，对应无损伤状态。另一种状态是在变形后，产生了损伤，故称为损伤状态。同时，构造了一种虚拟的无损伤状态。无损伤状态中，试件在拉力 P 作用下，应力为 σ。若试件横截面积为 A_0，则有

$$P = \sigma A_0 \tag{4.1}$$

在承受同样载荷 P 的情况下，有损伤状态中由于损伤的存在，材料承载力下降。假设损伤是存在于横截面上的微裂纹，则横截面上承受载荷的有效面积由于裂纹的存在而小于初始面积 A_0。用 σ' 表示损伤状态下的应力。对比式(4.1)可知，损伤状态下能够承受载荷的有效横截面积变小，导致应力增大。为了表征这种损伤导致的应力的变化，假设同样处于单轴均匀应力作用下的试件处于无损伤状态，其所受载荷与损伤状态相同，且横截面上均匀应力与损伤状态下的应力相等，即 $\tilde{\sigma} = \sigma'$。记虚拟无损伤状态下能够承受载荷的横截面积为 A_{eff}，由于该状态承受载荷与初始无损伤状态的载荷相同，因此

$$P = \tilde{\sigma} A_{eff} \tag{4.2}$$

假设无损伤状态的横截面积与虚拟无损伤状态的横截面之间存在如下关系：

$$A_{eff} = A_0 - DA_0 \tag{4.3}$$

式中，D 为损伤因子，计算公式为

$$D = \frac{A_0 - A_{eff}}{A_0} \tag{4.4}$$

随着损伤的不断萌生和发展，A_{eff} 逐渐从 A_0 减小为 0，损伤因子 D 也在 0～1 变化。

由式(4.1)～式(4.4)可得到

$$\tilde{\sigma}=\frac{P}{A_{\mathrm{eff}}}=\frac{P}{(1-D)A_0}=\frac{\sigma}{1-D} \tag{4.5}$$

式中，$\tilde{\sigma}$即为等效应力。

需要指出，上述推导在均匀单向应力状态下得到，且假设裂纹在横截面内均匀分布、均匀发展。要将式(4.5)推广到复杂的三维应力状态下，且损伤分布和发展均存在方向性，则标量的损伤变量将不再满足要求。此时需要将损伤变量定义为张量。

假定损伤状态下应变只与有效应力相关，则有如下假设。

在外力作用下，含有损伤的材料的本构关系可以用未发生损伤时的形式表示，但需要把其中的应力换成等效应力。这便是应变等价性假设，即认为损伤状态下由柯西应力计算得到的应变等于虚拟无损伤状态下由等效应力得到的应变。这一假设是将损伤耦合到本构模型中的基础。据此假设，在单轴线弹性变形中，根据胡克定律：

$$\varepsilon=\frac{\tilde{\sigma}}{E}=\frac{\sigma}{(1-D)E} \tag{4.6}$$

式中，E 为弹性模量。若定义有效弹性模量 E_{eff}：

$$E_{\mathrm{eff}}=(1-D)E \tag{4.7}$$

则可以得到实验上常用的测量计算损伤变量的公式：

$$D=1-\frac{E_{\mathrm{eff}}}{E} \tag{4.8}$$

若将有效弹性模量看作单轴拉伸实验中应力-应变曲线中线性段的斜率，则可以通过实验得到其随变形演化情况，进而得到损伤随变形的演化。

损伤变量也可用其他形式表示，如对于疲劳问题，以 N 表示实际循环周次，N_{f}表示极限疲劳寿命，则可以根据具体损伤的演化规律，定义损伤因子为

$$D=f\left(\frac{N}{N_{\mathrm{f}}}\right) \tag{4.9}$$

材料承载力随着疲劳周次线性降低，即损伤随着疲劳周次线性增大，故可以定义损伤因子为

$$D=\frac{N}{N_{\mathrm{f}}} \tag{4.10}$$

式(4.10)即为最简单的疲劳损伤演化关系。

若定义有效应变为

$$\tilde{\varepsilon}=\varepsilon(1-D) \tag{4.11}$$

对比式(4.6)，可以得到

$$\sigma = E\tilde{\varepsilon} \tag{4.12}$$

式(4.12)可以用应力等价性假设表述：

在外力作用下，含有损伤的材料的本构关系可以用未损伤时的形式表示，只需要把其中的应变换成等效应变即可。

应变等价性假设常用于以应变为基本变量的本构损伤耦合模型中，而应力等价性假设可用于以应力为基本变量的本构。

4.3 损伤力学热力学基础

4.3.1 状态变量

在空间中被边界包围的一组粒子称为系统，粒子所占据的区域和该区域的边界分别用 B 和 ∂B 表示。由一组固定粒子组成的系统称为封闭系统。下面先假设一个封闭的系统。系统 B 为所有粒子的集合，或者占据区域 B 的固定质量。

系统的热力学状态可以用一组宏观变量来描述，这些宏观变量有针对性地表征了系统的状态。在这些变量中，仅由系统当前状态指定的变量称为状态变量。此外，根据状态变量是否可以从外部观察到，又将其分为外部变量(或可观察变量)和内部变量(或隐藏变量)。

当一个系统的热力学状态(即状态变量)不随时间变化时，就可以认为这个系统处于热力学平衡状态。另外，如果一个系统的状态在某些因素的作用下发生变化，这种状态的变化称为热力学过程。如果一个系统的状态通过逆转各机构的作用而向过程的相反方向改变，并返回到初始的热力学状态，那么就可以认为这个热力学过程是可逆的。否则，这个过程就是不可逆的。

独立支配状态变化的状态变量称为自变量。由这些自变量的单值函数给出的变量称为因变量。自变量的选择不是唯一的。

4.3.2 损伤局部状态原理

当连续体经历变形过程时，内部状态如应变和温度在连续体中可能因位置而异，并随时间而变化。换句话说，连续体的热力学状态一般是非均匀的，处于非平衡状态，热力学过程是不可逆的。然而，这种非平衡过程不能用经典热力学(即恒温学)来讨论，经典热力学是在均匀和平衡状态的假设下发展起来的。为了解决这个本质问题，提出了相当多的概念和理论，其中连续统热力学中最完善和最常用的理论之一是局部态原理[4-5]或局部平衡假说[6-7]。

取物体某一点上的一个小材料单元，并假定该单元在任何时候的热力学状态完全由一组状态变量表示，那么，即使该元素处于非平衡状态，该元素在任何时刻的状态变量都由与平衡情况相同的热力学关系决定。

该假设假定连续体中处于非平衡状态的物质元素与处于相应平衡状态的物质元素表现出相同的热力学响应。因此，如果材料单元达到其平衡状态的响应时间与连续体的运动学和热力学演化的特征时间相比是短的，那么这个假设总是成立的。也就是说，这一假设意味着运动连续体中的物质元素的热力学过程是其平衡状态的连续过程。

4.3.3 热力学损伤基础

前面已经指出，损伤的萌生和发展是一个不可逆过程。因此，对于损伤演化的描述应当符合不可逆热力学定律。相关热力学基础已在第2章给出，这里探讨其在弹性、非弹性变形中的形式。

当物体发生塑性或黏塑性变形时，需要耗散能量，产生热量。变形过程中单位时间内耗散的能量为

$$\boldsymbol{\sigma}_V:\boldsymbol{\varepsilon}+\boldsymbol{\sigma}_\mathrm{p}:\boldsymbol{\varepsilon}_\mathrm{p} \tag{4.13}$$

式中，$\boldsymbol{\sigma}_V$ 表示非弹性应力张量；$\boldsymbol{\varepsilon}_\mathrm{p}$ 表示黏塑性应变张量；$\boldsymbol{\sigma}_\mathrm{p}$ 表示引起黏塑性变形的应力张量。

变形过程中耗散的能量全部转化为热，这些热量除了部分流失外，其余部分均被物体吸收，导致熵的增加。对于体积为 V 的微元：

$$\int_V \rho\dot{s}\mathrm{d}V=\int_V\frac{1}{T}\left[\boldsymbol{\sigma}_V:\dot{\boldsymbol{\varepsilon}}+\boldsymbol{\sigma}_\mathrm{p}:\dot{\boldsymbol{\varepsilon}}_\mathrm{p}+\dot{A}_i\alpha_i-\nabla\boldsymbol{q}\right]\mathrm{d}V \tag{4.14}$$

式中，T 为微元的温度；α_i 表示引起各种物理或者化学变化的内部状态变量；A_i 表示内变量 α_i 产生单位变化所耗散的能量；$\nabla\boldsymbol{q}$ 为流失的热量。

由式(4.14)可以得到

$$\nabla\boldsymbol{q}=\boldsymbol{\sigma}_V:\dot{\boldsymbol{\varepsilon}}+\boldsymbol{\sigma}_\mathrm{p}:\dot{\boldsymbol{\varepsilon}}_\mathrm{p}+\dot{A}_i\alpha_i-\rho T\dot{s} \tag{4.15}$$

根据能量守恒，结合式(4.15)有

$$\rho\dot{e}-\left(\sigma-\boldsymbol{\sigma}_V\right):\dot{\boldsymbol{\varepsilon}}+\boldsymbol{\sigma}_\mathrm{p}:\dot{\boldsymbol{\varepsilon}}_\mathrm{p}+\dot{A}_i\alpha_i-\rho T\dot{s}=0 \tag{4.16}$$

式中，e 表示内能的质量密度。

对于状态改变比较缓慢的过程，可以用自由能密度函数 $\varPhi$ 表示物质的能量状态。自由能密度函数可以表示为

$$\varPhi=e-Ts \tag{4.17}$$

将式(4.17)两边对时间求导得到

$$\dot{\Phi} = \dot{e} - \dot{T}s - T\dot{s} \tag{4.18}$$

由式(4.16)和式(4.18)可以得出

$$\rho\dot{\Phi} = \left(\boldsymbol{\sigma} - \boldsymbol{\sigma}_V\right) : \dot{\boldsymbol{\varepsilon}} - \boldsymbol{\sigma}_{\mathrm{p}} : \dot{\boldsymbol{\varepsilon}}_{\mathrm{p}} - A_i\alpha_i - \rho T\dot{s} \tag{4.19}$$

自由能是弹性应变张量 ε_{e}、温度 T 和内变量 α_i 的函数。由总应变与弹性和黏塑性应变之间的关系，自由能密度函数可以表示为总应变和黏塑性应变，以及温度和其他内变量的函数：

$$\Phi = \Phi\left(\boldsymbol{\varepsilon}, \boldsymbol{\sigma}_{\mathrm{p}}, T, \alpha_i\right) \tag{4.20}$$

$$\dot{\Phi} = \frac{\partial \Phi}{\partial \boldsymbol{\varepsilon}} : \dot{\boldsymbol{\varepsilon}} + \frac{\partial \Phi}{\partial \boldsymbol{\varepsilon}_{\mathrm{p}}} : \dot{\boldsymbol{\varepsilon}}_{\mathrm{p}} + \frac{\partial \Phi}{\partial \alpha_i}\dot{\alpha}_i + \frac{\partial \Phi}{\partial T}\dot{T} \tag{4.21}$$

由式(4.20)和式(4.19)可以得到

$$\boldsymbol{\sigma} - \boldsymbol{\sigma}_V = \rho\frac{\partial \Phi}{\partial \boldsymbol{\varepsilon}} \tag{4.22}$$

$$\boldsymbol{\varepsilon}_{\mathrm{p}} = -\rho\frac{\partial \Phi}{\partial \boldsymbol{\varepsilon}_{\mathrm{p}}} \tag{4.23}$$

$$s = -\frac{\partial \Phi}{\partial T} \tag{4.24}$$

$$A_i = -\rho\frac{\partial \Phi}{\partial \alpha_i} \tag{4.25}$$

上述即为各个状态变量与其广义力之间用自由能密度函数表示的方程。

4.4　本 章 小 结

在实际工程应用和材料设计中，考虑材料的损伤行为对于准确预测和评估结构的寿命、可靠性和安全性至关重要。

引入损伤的本构模型可以更好地描述材料受力后的力学行为。通过在本构模型中考虑损伤参数，可以模拟材料在不同加载条件下的损伤演化、应力-应变响应和强度下降等现象。这有助于读者理解材料的破坏机制、预测材料寿命和耐久性，以及评估工程结构在长期使用中的可靠性和安全性。同时引入损伤的本构模型还可以为材料设计和工程结构优化提供指导。通过分析材料的损伤特性、确定合适的损伤参数，可以在设计阶段对材料进行合理选择和优化，以提高结构的性能和可靠性。此外，通过模拟损伤演化过程，可以预测结构在不同工况下的寿命，从而制订合理的维护和修复策略。

因此，在本构理论中引入损伤概念对于实际工程应用和材料设计具有重要意义，能够更准确地描述材料的力学行为和结构的性能，为工程设计和结构分析提供更可靠的依据。

参 考 文 献

[1] 刘新东, 郝际平. 连续介质损伤力学[M]. 北京: 国防工业出版社, 2011.

[2] 余天庆, 钱济成. 损伤理论及其应用[M]. 北京: 国防工业出版社, 1993.

[3] 楼志文. 损伤力学基础[M]. 西安: 西安交通大学出版社, 1991.

[4] STUART E B, GAL-OR B, BRAINARD A J, et al. A critical review of thermodynamics[J]. Mono Book Corp, Baltimore, M D, 1970, 275-298.

[5] GERMAIN P. Cours de Mécanique des Milieux Continus[M]. Paris: Masson et Cie, 1973.

[6] DE GROOT S R, MAZUR P. Non-equilibrium Thermodynamics[M]. Amsterdam: North-Holland, 1962.

[7] GLANSDORFF P, PRIGOGINE I. Thermodynamic Theory of Structure, Stability and Fluctuations[M]. London: Wiley, 1971.

第5章 细观本构

5.1 细观力学基本概念

细观力学是 20 世纪力学领域重要的科学研究成果，是一门结合连续介质力学和材料科学形成的学科。连续介质力学假设物质是连续分布的，力学的本构关系在物体的任意体积上都适用。然而，不论是天然材料还是人工材料，其细观结构都是非均质的。所以，连续介质力学的描述只是一种近似，无法建立材料细观结构与宏观性能之间的联系。

细观力学研究宏观均匀但细观非均匀的介质，基于材料细观结构的信息，寻找宏观均匀材料的有效性能，其基本思想是“均匀化”[1-3]。细观力学在连续介质力学的基础之上，引入表征材料细观结构和损伤的内变量，同时建立了从细观到宏观过渡的均匀化方法,从而能够建立细观结构与宏观力学性能之间的定量关系，形成了一套新的理论框架。其应用范围涵盖材料的广泛热力学行为，包括塑性、断裂和疲劳、复合材料以及多晶材料的本构模型等。例如，该方法将弹性和塑性理论应用于研究晶体、合金和复合材料中的缺陷、夹杂和非均匀体，通过理解材料微观结构来研究材料的宏观力学行为。这使研究人员能够在无需进行物理实验的情况下预测新材料的行为。

细观力学为材料设计、制造和分析提供了一种强大的工具，可用于包括多晶材料、复合材料、岩土材料、生物材料和电子材料之中。从宏观到微观的过渡，体现出材料科学的现代发展，通过微观、细观和宏观的多重尺度方法，对材料不同尺寸的现象和特性进行的研究越来越精确有效。

5.1.1 代表性体积单元介绍

一般来说，工程材料在细观结构上都是非均匀的。但是，是否称为非均匀材料依赖于观测时采用的尺度。特定材料中的某些成分或相只有在特定的尺度或以下才能识别。在这个尺度下，每种成分可能是均质的，但在更小的尺度下观察时，成分本身可能会变成非均匀的。以常见的金属材料多晶体铜为例，在肉眼的观察下(分辨率约为 10μm)该材料是均匀的。但是，使用电子背散射衍射技术进行观测(分辨率约为 1μm)可以发现该多晶铜由许多不同晶粒取向的铜晶粒组成。在该尺度下，虽然每一个晶粒都可以看成均匀材料，但是由晶粒组合而成的多晶铜不能再看成均匀材料，其材料性质由晶粒尺寸、晶粒取向及晶界等细观结构特征决定。当使用更小的尺度进行观测时，会发现每一个铜晶粒也具有自己的细观结构，如空隙、位错等，不能再视为均匀材料。

因此，在研究真实材料的性质时，需要定义与研究的性质直接相关的尺度。在这个尺度内无法观测到的微观结构特征可以忽略不计。实际应用中，只有微观结构的平均性质才是需要被关心的。因此，在研究非均匀材料时，可以使用总体性质来表示材料在一定体积内的平均特性。

当使用细观力对材料进行研究时，一般会考虑两个尺度：宏观尺度和细观尺度。在宏观尺度中，连续介质由许多物质点组成，而与该宏观点相关联的细观空间被称为代表性体积单元(representative volume element, RVE)。它是细观力学中的一个基本概念，需要满足尺度的二重性：一方面，在宏观上其尺寸足够小，可以看成一个物质点，因而在 RVE 中的宏观应力、应变场可视为均匀分布的；另一方面，在细观上其尺寸足够大，包含很多细观元素和足量细观结构信息，因而可以代表局部连续介质的统计平均性质。细观应力-应变场只通过它们的体积平均值对材料的宏观性能产生影响。RVE 没有固定的长度尺寸，如何选取 RVE 与被研究的材料以及研究所关心的材料特征相关。一般来说，RVE 的选取必须满足尺度的二重性。非均匀材料组分的特征尺寸(如缺陷、增强相或晶粒等的平均尺寸)用 d 表示；RVE 的尺寸用 l 表示；宏观结构的特征尺寸用 L 表示。L、l 和 d 需满足以下关系。

(1) $l \ll L$：此时 RVE 相对宏观结构足够小，能够看成一个物质点，因此满足连续介质力学的使用条件。

(2) $l \gg d$：此时 RVE 相对特征尺寸足够大，能够包含足够多的细观结构信息，可以代表局部体积的统计平均性质。

5.1.2 局部化

若不考虑体力，假定区域为 Ω 的 RVE 的边界 S 上满足均匀应力或均匀应变边界条件。区域 Ω 内的平均应力定义为

$$\dot{\sigma}_{ij} = \frac{1}{|\Omega|}\int_{\Omega}\sigma_{ij}\mathrm{d}V \text{或} \bar{\boldsymbol{\sigma}} = \frac{1}{|\Omega|}\int_{\Omega}\boldsymbol{\sigma}\mathrm{d}V \tag{5.1}$$

类似地，区域 Ω 内的平均应变定义为

$$\dot{\varepsilon}_{ij} = \frac{1}{|\Omega|}\int_{\Omega}\varepsilon_{ij}\mathrm{d}V \text{或} \bar{\boldsymbol{\varepsilon}} = \frac{1}{|\Omega|}\int_{\Omega}\boldsymbol{\varepsilon}\mathrm{d}V \tag{5.2}$$

该定义对于均值材料或者非均值材料均适用。

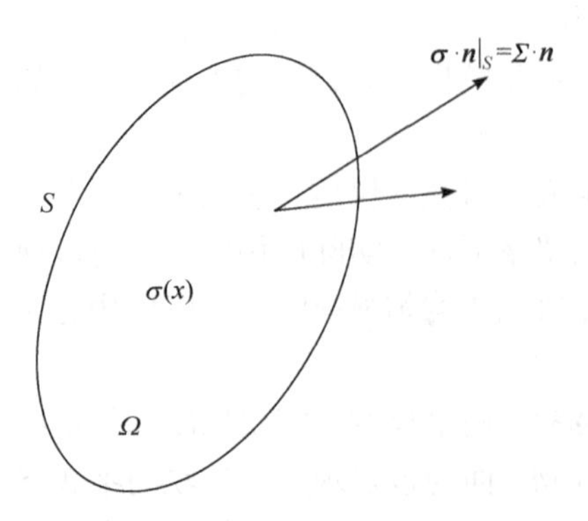

图 5.1　均匀应力边界条件

1) 均匀应力边界条件

平均应力定理　令 Σ_{ij} 为给定的常应力张量,RVE 边界 S 的外法向为 n_j (图 5.1)，假如在边界 S 上作用均匀应力

$$\sigma_{ij}n_j\big|_S = P_j^0 = \Sigma_{ij}n_j\text{或}\boldsymbol{\sigma}\cdot\boldsymbol{n}\big|_S = \boldsymbol{P}^0 = \boldsymbol{\Sigma}\cdot\boldsymbol{n} \tag{5.3}$$

那么，区域 Ω 内的平均应力为

$$\dot{\sigma}_{ij} = \Sigma_{ij}\text{或}\bar{\boldsymbol{\sigma}} = \boldsymbol{\Sigma} \tag{5.4}$$

为了证明该定理，考虑平均应力

$$\dot{\sigma}_{ij} = \frac{1}{|\Omega|}\int_\Omega \sigma_{ij}\mathrm{d}V = \frac{1}{|\Omega|}\int_\Omega \sigma_{ik}\delta_{jk}\mathrm{d}V \tag{5.5}$$

因为 $x_{j,k}=\delta_{jk}$，所以

$$\dot{\sigma}_{ij} = \frac{1}{|\Omega|}\int_\Omega \sigma_{ik}x_{j,k}\ \mathrm{d}V = \frac{1}{|\Omega|}\int_\Omega \left(\sigma_{ik}x_j\right)_{,k} - \sigma_{ik,k}\mathrm{d}V \tag{5.6}$$

当假设不存在体力，那么 $\sigma_{ik,k}=0$。结合散度定理和式(5.3)，可以推导出

$$\dot{\sigma}_{ij} = \frac{1}{|\Omega|}\int_S \sigma_{ik}x_jn_k\mathrm{d}S = \Sigma_{ik}\frac{1}{|\Omega|}\int_S x_jn_k\mathrm{d}S \tag{5.7}$$

再次应用散度定理可得

$$\dot{\sigma}_{ij} = \Sigma_{ik}\frac{1}{|\Omega|}\int_\Omega x_{j,k}\ \mathrm{d}V = \Sigma_{ik}\frac{1}{|\Omega|}\int_\Omega \delta_{jk}\mathrm{d}V = \Sigma_{ij} \tag{5.8}$$

至此，平均应力定理得证。

平均应力定理表明，当一个物体受到的应力边界条件为式(5.6)，且 Σ_{ij} 为常应力张量时，不论局部应力场如何复杂，区域 Ω 内的平均应力等于宏观应力 Σ_{ij}。因此，均匀应力边界条件 Ω 还可以表示为

$$\sigma_{ij}n_j\big|_S = \dot{\sigma}_{ij}n_j\ \text{或}\ \boldsymbol{\sigma}\cdot\boldsymbol{n}\big|_S = \bar{\boldsymbol{\sigma}}\cdot\boldsymbol{n} \tag{5.9}$$

式中，$\bar{\boldsymbol{\sigma}}$ 为 Ω 内的平均应力张量。

2) 均匀应变边界条件

平均应变定理　令 E_{ij} 为给定的常应变张量，RVE 边界 S 的外法向为 n_{ij} (图 5.2)，在边界 S 上为均匀应变，有

$$u_i|_S = E_{ij}x_j \text{ 或 } \boldsymbol{u}|_S = \boldsymbol{E}\cdot\boldsymbol{x} \tag{5.10}$$

那么，Ω 内的平均应变为

$$\dot{\varepsilon}_{ij} = E_{ij} \text{ 或 } \overline{\boldsymbol{\varepsilon}} = \boldsymbol{E} \tag{5.11}$$

为了证明这个定理，考虑平均应变

$$\begin{aligned}\dot{\varepsilon}_{ij} &= \frac{1}{|\Omega|}\int_{\Omega}\varepsilon_{ij}\mathrm{d}V = \frac{1}{2|\Omega|}\int_{\Omega}\left(u_{i,j}+u_{j,i}\right)\mathrm{d}V \\ &= \frac{1}{2|\Omega|}\int_{\Omega}u_{i,j}\mathrm{d}V + \frac{1}{2|\Omega|}\int_{\Omega}u_{j,i}\mathrm{d}V\end{aligned} \tag{5.12}$$

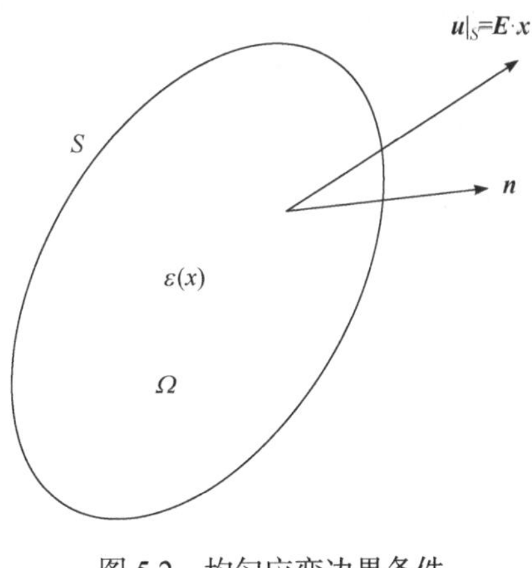

图 5.2　均匀应变边界条件

应用散度定理，式(5.12)变为

$$\dot{\varepsilon}_{ij} = \frac{1}{2|\Omega|}\int_{S}u_i n_j\,\mathrm{d}S + \frac{1}{2|\Omega|}\int_{S}u_j n_i\mathrm{d}S \tag{5.13}$$

代入式(5.10)，可以得到

$$\dot{\varepsilon}_{ij} = \frac{1}{2|\Omega|}\int_{S}E_{ik}x_k n_j\mathrm{d}S + \frac{1}{2|\Omega|}\int_{S}E_{ik}x_k n_i\mathrm{d}S \tag{5.14}$$

再应用散度定理，得

$$\dot{\varepsilon}_{ij} = \frac{1}{2|\Omega|}\int_{V}E_{ik}x_{k,j}\,\mathrm{d}V + \frac{1}{2|\Omega|}\int_{V}E_{jk}x_{k,i}\mathrm{d}V = \frac{1}{2}\left(E_{ij}+E_{ji}\right) = E_{ij} \tag{5.15}$$

至此，平均应变定理得证。

根据平均应变定理，当一个物体受到的均匀应变边界条件为式(5.10)，同时 E_{ij} 为常应变张量时，不论局部应变场如何复杂，Ω 内的平均应变等于宏观应变 E_{ij}。因此，均匀应变边界条件可以写成

$$u_i|_S = \dot{\varepsilon}_{ij}x_j \text{ 或 } \boldsymbol{u}|_S = \overline{\boldsymbol{\varepsilon}}\cdot\boldsymbol{x} \tag{5.16}$$

式中，$\dot{\varepsilon}_{ij}$ 为 Ω 内的平均应变张量。

5.2　Eshelby 特征应变理论与等效夹杂理论

5.2.1　特征应变理论

如图 5.3(a)所示的无限大均匀弹性体介质，其区域表示为 Ω。当局部区域 I 由于某种物理或化学原因(如相变、温度变化或塑性变形等)，在无约束情况下产生应变 ε_{ij}^*，此应变称为特征应变(eigenstrain)。但是实际上，图 5.3(a)中区域 I 内的材料处于无限大弹性体中，受到周围介质的约束，不能自由变形。由于周围介质力的作用，限制了它的变形。对于小应变变形，当连续体内同时存在弹性应变和特征应变，总应变为二者之和，即

$$\varepsilon_{ij} = e_{ij} + \varepsilon_{ij}^* \tag{5.17}$$

式中，ε_{ij} 为总应变；e_{ij} 为弹性应变；ε_{ij}^* 为特征应变。

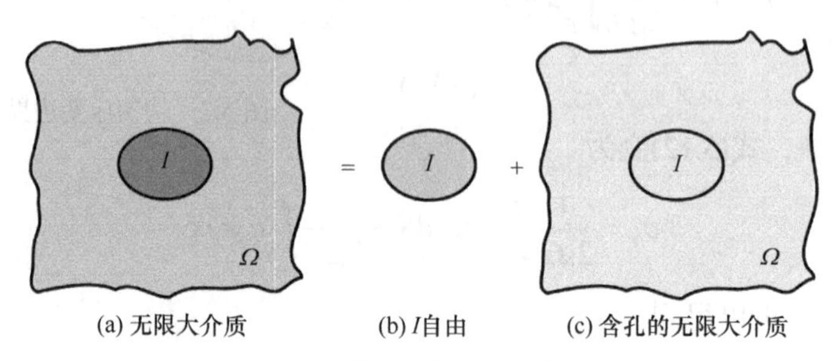

(a) 无限大介质　(b) I自由　(c) 含孔的无限大介质

图 5.3　无限弹性体中的特征应变

考虑材料刚度张量为 L_{ijkl} 的无限域内椭球形子域 Ω 中发生均匀特征应变 ε_{ij}^* 的 Eshelby 问题。设该椭球形子域(图 5.4)为

$$\Omega = \left\{ x_1, x_2, x_3; \left(\frac{x_1}{a_1}\right)^2 + \left(\frac{x_2}{a_2}\right)^2 + \left(\frac{x_3}{a_3}\right)^2 \leqslant 1 \right\} \tag{5.18}$$

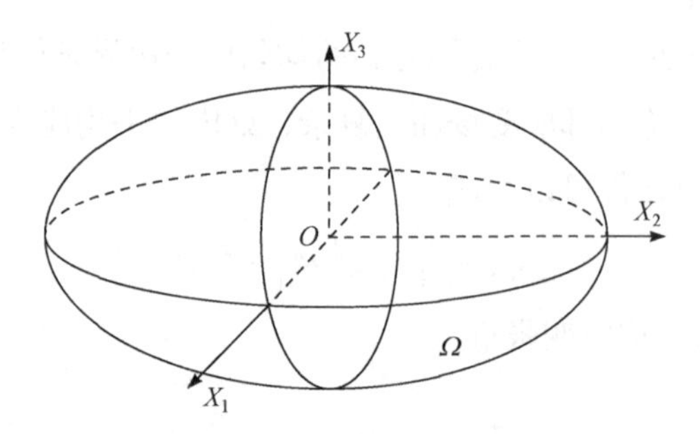

图 5.4　椭球形子域 Ω

式中，a_1、a_2、a_3 为椭球的半轴。

根据特征应变问题解答的格林函数表达式得到

$$\varepsilon_{ij}(\boldsymbol{x}) = S_{ijkl}(\boldsymbol{x})\varepsilon_{kl}^{*} \tag{5.19}$$

式中，四阶张量 S_{ijkl} 为 Eshelby 张量。式(5.18)为 Eshelby 椭球体应变解答。且

$$S_{ijkl} = S_{jikl} = S_{ijlk} \tag{5.20}$$

但是，Eshelby 张量不具有对角对称性，即 $S_{ijkl} \neq S_{klij}$。

Eshelby 张量 S_{ijkl} 仅与基体材料性质和椭球体的形状有关。对于各向异性材料，可用数值方法求出 S_{ijkl} 的积分。对于各向同性材料，该积分可用椭圆积分表示；在某些特定情况下，还可以得到其显式表达式。各向同性材料中球形区域的 Eshelby 张量 S_{ijkl} 可以表示为

$$S_{ijkl} = \gamma\delta_{ij}\delta_{kl} + \delta\left(\delta_{ik}\delta_{jl} + \sigma_{ii}\delta_{jk} - \frac{2}{3}\delta_{ij}\delta_{kl}\right) \tag{5.21}$$

其中，

$$\gamma = \frac{k}{3k+4\mu} = \frac{1+\nu}{9(1-\nu)}, \quad \delta = \frac{3(k+2\mu)}{5(3k+4\mu)} = \frac{4-5\nu}{15(1-\nu)}$$

对于特殊形状，泊松比为 ν 的各向同性材料的 Eshelby 张量 S_{ijkl} 的表达式如下。

(1) 椭球体 $(a_1 > a_2 > a_3)$：

$$\begin{cases} S_{ijkl} = S_{jkl} = S_{ijk} \\ S_{1111} = \dfrac{3}{8\pi(1-\nu)} a_1^2 I_{11} + \dfrac{1-2\nu}{8\pi(1-\nu)} I_1 \\ S_{1122} = \dfrac{1}{8\pi(1-\nu)} a_2^2 I_{12} - \dfrac{1-2\nu}{8\pi(1-\nu)} I_1 \\ S_{1133} = \dfrac{1}{8\pi(1-\nu)} a_3^2 I_{13} - \dfrac{1-2\nu}{8\pi(1-\nu)} I_1 \\ S_{1212} = \dfrac{a_1^2 + a_2^2}{16\pi(1-\nu)} I_{12} + \dfrac{1-2\nu}{16\pi(1-\nu)} (I_1 + I_2) \end{cases} \tag{5.22}$$

所有非零分量可通过(1,2,3)循环排列得到。其他分量为零，如 $S_{1112} = S_{1223} = S_{1232} = 0$。式(5.22)中，

$$\begin{cases} I_1 = \dfrac{4\pi a_1 a_2 a_3}{\left(a_1^2 - a_2^2\right)\left(a_1^2 - a_3^2\right)}\left[F(\theta,\kappa) - E(\theta,\kappa)\right] \\ I_3 = \dfrac{4\pi a_1 a_2 a_3}{\left(a_2^2 - a_3^2\right)\left(a_1^2 - a_3^2\right)^{\frac{1}{2}}}\left[\dfrac{a_2\left(a_1^2 - a_3^2\right)^{\frac{1}{2}}}{a_1 a_3} - E(\theta,\kappa)\right] \end{cases} \tag{5.23}$$

椭圆积分定义为

$$\begin{cases} F(\theta,\kappa) = \displaystyle\int_0^{\theta} \frac{\mathrm{d}w}{\left(1 - \kappa^2 \sin^2 w\right)^{\frac{1}{2}}} \\ E(\theta,\kappa) = \displaystyle\int_0^{\theta} \left(1 - \kappa^2 \sin^2 w\right)^{\frac{1}{2}} \mathrm{d}w \\ \theta = \arcsin\left(1 - \dfrac{a_3^2}{a_1^2}\right)^{\frac{1}{2}}, \quad \kappa = \left(\dfrac{a_1^2 - a_2^2}{a_1^2 - a_3^2}\right)^{\frac{1}{2}} \end{cases} \tag{5.24}$$

而且

$$\begin{cases} I_1 + I_2 + I_3 = 4\pi \\ 3I_{11} + I_{12} + I_{13} = \dfrac{4\pi}{a_1^2} \\ 3a_1^2 I_{11} + a_2^2 I_{12} + a_3^2 I_{13} = 3I_1 \\ I_{12} = \dfrac{I_2 - I_1}{a_1^2 - a_2^2} \end{cases} \tag{5.25}$$

(2) 球体$(a_1 = a_2 = a_3 = a)$：

$$\begin{cases} I_1 = I_2 = I_3 = \dfrac{4\pi}{3} \\ I_{11} = I_{22} = I_{33} = I_{12} = I_{23} = I_{31} = \dfrac{4\pi}{5a^2} \end{cases} \tag{5.26}$$

$$\begin{cases} S_{1111} = S_{2222} = S_{3333} = \dfrac{7 - 5\nu}{15(1-\nu)} \\ S_{1122} = S_{2233} = S_{3311} = S_{1133} = S_{2211} = S_{3322} = \dfrac{5\nu - 1}{15(1-\nu)} \\ S_{1212} = S_{2323} = S_{3131} = \dfrac{4 - 5\nu}{15(1-\nu)} \end{cases} \tag{5.27}$$

(3) 椭圆柱体$(a_3 \to \infty)$：

$$
\begin{cases}
I_1 = \dfrac{4\pi a_2}{a_1 + a_2}, \quad I_2 = \dfrac{4\pi a_1}{a_1 + a_2}, \quad I_3 = 0 \\
I_{12} = \dfrac{4\pi}{(a_1 + a_2)^2}, \quad 3I_{11} = \dfrac{4\pi}{a_1^2} - I_{12} \\
3I_{22} = \dfrac{4\pi}{a_2^2} - I_{12}, \quad I_{13} = I_{23} = I_{33} = 0 \\
a_3^2 I_{13} = I_1, \quad a_3^2 I_{23} = I_2, \quad a_3^2 I_{33} = 0 \\
S_{1111} = \dfrac{1}{2(1-\nu)}\left[\dfrac{a_2^2 + 2a_1 a_2}{(a_1 + a_2)^2} + (1-2\nu)\dfrac{a_2}{a_1 + a_2}\right] \\
S_{2222} = \dfrac{1}{2(1-\nu)}\left[\dfrac{a_1^2 + 2a_1 a_2}{(a_1 + a_2)^2} + (1-2\nu)\dfrac{a_1}{a_1 + a_2}\right] \\
S_{3333} = 0 \\
S_{1122} = \dfrac{1}{2(1-\nu)}\left[\dfrac{a_2^2}{(a_1 + a_2)^2} - (1-2\nu)\dfrac{a_2}{a_1 + a_2}\right] \\
S_{2323} = \dfrac{1}{2(a_1 + a_2)}, \quad S_{3131} = \dfrac{2\nu a_2}{a_1 + a_2}, \quad S_{1133} = \dfrac{1}{2(1-\nu)} \\
S_{2211} = \dfrac{1}{2(1-\nu)}\left[\dfrac{a_1^2}{(a_1 + a_2)^2} - (1-2\nu)\dfrac{a_1}{a_1 + a_2}\right] \\
S_{3322} = 0, \quad S_{1212} = \dfrac{1}{2(1-\nu)}\left[\dfrac{a_1^2 + a_2^2}{2(a_1 + a_2)^2} + \dfrac{1-2\nu}{2}\right]
\end{cases}
\tag{5.28}
$$

(4) 圆盘(钱币形)$(a_1 = a_2 \gg a_3)$：

$$
\begin{cases}
I_1 = I_2 = \dfrac{\pi^2 a_3}{a_1}, \quad I_3 = 4\pi - \dfrac{2\pi^2 a_3}{a_1} \\
I_{12} = I_{21} = \dfrac{3\pi^2 a_3}{4a_1^3} \\
I_{13} = I_{23} = I_{31} = I_{32} = 3\left(\dfrac{4}{3}\pi - \dfrac{\pi^2 a_3}{a_1}\right)\Big/ a_1^2
\end{cases}
\tag{5.29}
$$

$$
\left|\; I_{11}=I_{22}=\frac{3\pi^2 a_3}{4a_1^3},\quad I_{33}=\frac{\frac{4}{3}\pi}{a_3^2}\right.
$$

$$
\begin{cases}
S_{1111}=S_{2222}=\dfrac{13-8\nu}{32(1-\nu)}\pi\dfrac{a_3}{a_1}, & S_{3333}=1-\dfrac{1-2\nu}{1-\nu}\dfrac{\pi}{4}\dfrac{a_3}{a_1}\\
S_{1122}=S_{2211}=\dfrac{8\nu-1}{32(1-\nu)}\pi\dfrac{a_3}{a_1}, & S_{2233}=\dfrac{2\nu-1}{8(1-\nu)}\pi\dfrac{a_3}{a_1}\\
S_{3311}=S_{3322}=\dfrac{\nu}{1-\nu}\left(1-\dfrac{4\nu+1}{8\nu}\pi\dfrac{a_3}{a_1}\right) & \\
S_{1212}=\dfrac{7-8\nu}{32(1-\nu)}\pi\dfrac{a_3}{a_1}, & S_{1313}=S_{2323}=\dfrac{1}{2}\left(1+\dfrac{\nu-2}{1-\nu}\dfrac{\pi}{4}\dfrac{a_3}{a_1}\right)\\
S_{kk11}=S_{kk22}=\dfrac{1-2\nu}{1-\nu}\dfrac{\pi}{4}\dfrac{a_3}{a_1}+\dfrac{\nu}{1-\nu}, & S_{kk33}=1-\dfrac{1-2\nu}{1-\nu}\dfrac{\pi}{2}\dfrac{a_3}{a_1}
\end{cases}
\tag{5.30}
$$

当 a_3=0 时,

$$
\begin{cases}
I_1=I_2=0,\quad I_3=4\pi\\
I_{12}=0,\quad I_{23}=\dfrac{4\pi}{a_2^2},\quad I_{31}=\dfrac{4\pi}{a_1^2}\\
I_{11}=I_{22}=0,\quad a_3^2 I_{33}=\dfrac{4\pi}{3}\\
S_{2323}=S_{3131}=\dfrac{1}{2}\\
S_{3311}=S_{3322}=\dfrac{\nu}{1-\nu}\\
S_{3333}=1,\quad \text{其余}S_{ijkl}=0
\end{cases}
\tag{5.31}
$$

(5) 椭圆盘$\left(a_1>a_2\gg a_3\right)$:

$$
\begin{cases}
I_1=\dfrac{4\pi a_2 a_3\left[F(\kappa)-E(\kappa)\right]}{a_1^2-a_2^2}\\
I_2=\dfrac{4\pi a_3 E(\kappa)}{a_2}-\dfrac{4\pi a_2 a_3\left[F(\kappa)-E(\kappa)\right]}{a_1^2-a_2^2}\\
I_3=4\pi-\dfrac{4\pi a_3 E(\kappa)}{a_2}
\end{cases}
$$

$$\begin{cases} I_{12} = \dfrac{\left[\dfrac{4\pi a_3 E(\kappa)}{a_2} - \dfrac{8\pi a_2 a_3 \{F(\kappa) - E(\kappa)\}}{a_1^2 - a_2^2}\right]}{a_1^2 - a_2^2} \\ I_{23} = \dfrac{\left[4\pi - \dfrac{8\pi a_3 E(\kappa)}{a_2} + \dfrac{4\pi a_2 a_3 \{F(\kappa) - E(\kappa)\}}{a_1^2 - a_2^2}\right]}{a_2^2} \\ I_{31} = \dfrac{\left[4\pi - \dfrac{4\pi a_2 a_3 \{F(\kappa) - E(\kappa)\}}{a_1^2 - a_2^2} - \dfrac{4\pi a_3 E(\kappa)}{a_2}\right]}{a_1^2} \\ I_{33} = \dfrac{4\pi}{3a_3^2} \end{cases} \tag{5.32}$$

式中，$E(\kappa)$和$F(\kappa)$分别为第一类和第二类完全椭圆积分，即

$$\begin{cases} E(\kappa) = \int_0^{\frac{\pi}{2}} \left(1 - \kappa^2 \sin^2\phi\right)^{\frac{1}{2}} \mathrm{d}\phi \\ F(\kappa) = \int_0^{\frac{\pi}{2}} \left(1 - \kappa^2 \sin^2\phi\right)^{-\frac{1}{2}} \mathrm{d}\phi \\ \kappa^2 = \dfrac{a_1^2 - a_2^2}{a_1^2} \end{cases} \tag{5.33}$$

(6) 旋转扁球体$(a_1 = a_2 > a_3)$：

$$\begin{cases} I_1 = I_2 = \dfrac{2\pi a_1^2 a_3}{\left(a_1^2 - a_3^2\right)^{\frac{3}{2}}} \left\{\arccos\dfrac{a_3}{a_1} - \dfrac{a_3}{a_1}\left(1 - \dfrac{a_3^2}{a_1^2}\right)^{\frac{1}{2}}\right\} \\ I_3 = 4\pi - 2I_1, \quad I_{11} = I_{22} = I_{12} \\ I_{12} = \dfrac{\pi}{a_1^2} - \dfrac{1}{4} I_{13} = \dfrac{\pi}{a_1^2} - \dfrac{I_1 - I_3}{4\left(a_3^2 - a_1^2\right)} \\ I_{13} = I_{23} = \dfrac{I_1 - I_3}{a_3^2 - a_1^2}, \quad 3I_{33} = \dfrac{4\pi}{a_3^2} - 2I_{13} \end{cases} \tag{5.34}$$

(7) 旋转椭球体$\left(a_1 > a_2 = a_3\right)$：

$$\begin{cases} I_2 = I_3 = \dfrac{2\pi a_1 a_3^2}{\left(a_1^2 - a_3^2\right)^{3/2}}\left[\dfrac{a_1}{a_3}\left(\dfrac{a_1^2}{a_3^2} - 1\right)^{1/2} - \cosh^{-1}\dfrac{a_1}{a_3}\right] \\ I_1 = 4\pi - 2I_2, \quad I_{12} = \dfrac{I_2 - I_1}{a_1^2 - a_2^2} \\ 3I_{11} = \dfrac{4\pi}{a_1^2} - 2I_{12}, \quad I_{22} = I_{33} = I_{23} \\ 3I_{22} = \dfrac{4\pi}{a_2^2} - I_{23} - \dfrac{I_2 - I_1}{a_1^2 - a_2^2} \\ I_{23} = \dfrac{\pi}{a_2^2} - \dfrac{I_2 - I_1}{4\left(a_1^2 - a_2^2\right)} \end{cases} \tag{5.35}$$

5.2.2 等效夹杂理论

考虑如图 5.5 所示的均匀介质特征应变问题以及夹杂问题两种情况。

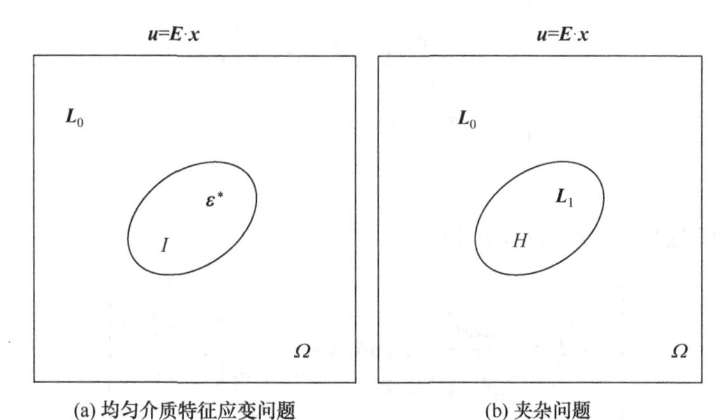

(a) 均匀介质特征应变问题　　(b) 夹杂问题

图 5.5　均匀介质特征应变问题以及夹杂问题

(1) 如图 5.5(a)所示，假设一个无限大的均匀弹性介质刚度张量为$\boldsymbol{L}_0$，空间区域为Ω。其中椭球形区域I内产生均匀特征应变$\boldsymbol{\varepsilon}^*$，无穷远处为均匀应变边界条件$\boldsymbol{u} = \boldsymbol{E} \cdot \boldsymbol{x}$。

(2) 如图 5.5(b)所示，假设一个无限大的均匀弹性介质刚度张量为$\boldsymbol{L}_0$，空间区域为Ω。其中嵌入刚度张量为$\boldsymbol{L}_1$的椭球形夹杂H，无穷远处为均匀应变边界条件$\boldsymbol{u} = \boldsymbol{E} \cdot \boldsymbol{x}$，区域$\boldsymbol{x} \in \left(\Omega - H\right)$与夹杂$\boldsymbol{x} \in H$的交界面上位移连续。

均匀介质特征应变问题的控制方程为

$$\begin{cases}\nabla\cdot(\boldsymbol{L}_0:\boldsymbol{\varepsilon})+\nabla\cdot(-\boldsymbol{L}_0:\boldsymbol{\varepsilon}^*)=0, & \boldsymbol{x}\in I\\ \nabla\cdot(\boldsymbol{L}_0:\boldsymbol{\varepsilon})=0, & \boldsymbol{x}\in(\Omega-I)\\ \boldsymbol{u}=\boldsymbol{E}\cdot\boldsymbol{x}, & |\boldsymbol{x}|\to\infty\end{cases}\tag{5.36}$$

夹杂问题的控制方程为

$$\begin{cases}\nabla\cdot(\boldsymbol{L}_0:\boldsymbol{\varepsilon})+\nabla\cdot\left[(\boldsymbol{L}_1-\boldsymbol{L}_0):\boldsymbol{\varepsilon}\right]=0, & \boldsymbol{x}\in H\\ \nabla(\boldsymbol{L}_0:\boldsymbol{\varepsilon})=0, & \boldsymbol{x}\in(\Omega-H)\\ \boldsymbol{u}=\boldsymbol{E}\cdot\boldsymbol{x}, & |\boldsymbol{x}|\to\infty\end{cases}\tag{5.37}$$

可以发现，当区域 I 和 H 的几何形状相同时，这两个问题唯一不同之处就是第一个方程的第二项。然而特征应变 $\boldsymbol{\varepsilon}^*$ 在区域 I 内是已知的，$(\boldsymbol{L}_1-\boldsymbol{L}_0):\boldsymbol{\varepsilon}$ 在区域 H 内是未知的。

为了对上述两类问题进行类比，假定区域 I 和 H 为形状相同的椭球形。式(5.36)的解答可以分解为在区域 I 内发生特征应变时的 Eshelby 解答，再叠加均匀应变 $\boldsymbol{E}$，即

$$\boldsymbol{\varepsilon}^I=\boldsymbol{E}+\boldsymbol{S}:\boldsymbol{\varepsilon}^*\tag{5.38}$$

如果 $\boldsymbol{\varepsilon}^*$ 满足以下条件：

$$-\boldsymbol{L}_0:\boldsymbol{\varepsilon}^*=(\boldsymbol{L}_1-\boldsymbol{L}_0):\boldsymbol{\varepsilon}^I\tag{5.39}$$

那么，均匀介质问题控制方程的解答也满足夹杂问题的控制方程。

同样的，如果求解了具有一个椭球形区域 H 的夹杂问题的控制方程，只要所选择的 $\boldsymbol{\varepsilon}^*$ 满足式(5.39)，则该解答也满足均匀介质问题的控制方程。

式(5.36)和式(5.37)的解答都是唯一的，为了进一步说明这个问题，将式(5.39)代入式(5.38)，消去 $\boldsymbol{\varepsilon}^*$，得到

$$\boldsymbol{\varepsilon}^I=\boldsymbol{E}-\boldsymbol{S}:\boldsymbol{L}_0^{-1}:(\boldsymbol{L}_1-\boldsymbol{L}_0):\boldsymbol{\varepsilon}^I\tag{5.40}$$

通过 $\boldsymbol{\varepsilon}^I$ 与 $\boldsymbol{\varepsilon}^H$ 的替换，式(5.40)可以改写为

$$\boldsymbol{\varepsilon}^H=\left[\boldsymbol{I}+\boldsymbol{S}:\boldsymbol{L}_0^{-1}:(\boldsymbol{L}_1-\boldsymbol{L}_0)\right]^{-1}:\boldsymbol{E}\tag{5.41}$$

因此，对于无限大弹性介质(刚度张量为 $\boldsymbol{L}_0$)含有一个椭球形夹杂(刚度张量为 $\boldsymbol{L}_1$)，受到无穷远处的均匀应变($\boldsymbol{E}$)的情况，与无限大均匀介质内相同几何形状的椭球区域产生特征应变 $\boldsymbol{\varepsilon}^*$，在无穷远处为均匀应变情况下的问题等效。此时，将式(5.39)代入式(5.38)，消去 $\boldsymbol{\varepsilon}^I$，等效特征应变 $\boldsymbol{\varepsilon}^*$ 为

$$\boldsymbol{\varepsilon}^{*}=-\left[\boldsymbol{S}+\left(\boldsymbol{L}_{1}-\boldsymbol{L}_{0}\right)^{-1}:\boldsymbol{L}_{0}\right]^{-1}:\boldsymbol{E} \tag{5.42}$$

5.3 Hill 定理

考虑一个体积为 V、边界为 S 的代表性体积单元。Hill 引理——在施加的力边界条件或位移边界条件下，RVE 给定点的任意应力场和应变场均可以得到以下关系：

$$\overline{\sigma_{ij}\varepsilon_{ij}}-\bar{\sigma}_{ij}\bar{\varepsilon}_{ij}=\frac{1}{D}\int_{S}\left(u_{i}-x_{j}\bar{\varepsilon}_{ij}\right)\left(\sigma_{ik}n_{k}-\bar{\sigma}_{ik}n_{k}\right)\mathrm{d}S \tag{5.43}$$

式中，上横线表示体积平均，如

$$\overline{\sigma_{ij}\varepsilon_{ij}}=\frac{1}{V}\int_{V}\sigma_{ij}\varepsilon_{ij}\mathrm{d}V$$

为了证明 Hill 引理，首先对式(5.43)等号右边曲面积分的被积函数进行展开：

$$\begin{aligned}&\int_{S}\left(u_{i}-x_{j}\bar{\varepsilon}_{ij}\right)\left(\sigma_{ik}n_{k}-\bar{\sigma}_{ik}n_{k}\right)\mathrm{d}S\\&=\int_{S}\left(u_{i}\sigma_{ik}n_{k}-u_{i}n_{k}\bar{\sigma}_{ik}-\sigma_{ik}n_{k}x_{j}\bar{\varepsilon}_{ij}+x_{j}n_{k}\bar{\varepsilon}_{ij}\bar{\sigma}_{ik}\right)\mathrm{d}S\end{aligned} \tag{5.44}$$

式(5.43)等号右边的曲面积分可以很容易地求出：

$$\int_{S}u_{i}\sigma_{ik}n_{k}\mathrm{d}S=\int_{V}u_{i,j}\sigma_{ij}\mathrm{d}V=\int_{V}\varepsilon_{ij}\sigma_{ij}\mathrm{d}V=D\overline{\sigma_{ij}\varepsilon_{ij}}$$

$$\int_{S}u_{i}n_{k}\bar{\sigma}_{ik}\mathrm{d}S=\bar{\sigma}_{ik}\int_{V}u_{i,k}\mathrm{d}V=D\bar{\sigma}_{ik}\bar{\varepsilon}_{ik}$$

$$\int_{S}\sigma_{ik}n_{k}x_{j}\mathrm{d}S=\int_{V}\sigma_{ik}\delta_{ik}\mathrm{d}V=D\bar{\sigma}_{ij}$$

$$\int_{S}x_{j}n_{k}\mathrm{d}S=\int_{V}\delta_{jk}\mathrm{d}V=D\delta_{jk}$$

将上述求解结果代入式(5.44)，可以得到

$$\begin{aligned}\frac{1}{D}\int_{S}\left(u_{i}-x_{j}\bar{\varepsilon}_{ij}\right)\left(\sigma_{ik}n_{k}-\bar{\sigma}_{ik}n_{k}\right)\mathrm{d}S&=\overline{\sigma_{ij}\varepsilon_{ij}}-\bar{\varepsilon}_{ik}\bar{\sigma}_{ik}-\bar{\sigma}_{ij}\bar{\varepsilon}_{ij}+\bar{\varepsilon}_{ik}\bar{\sigma}_{ik}\\&=\overline{\sigma_{ij}\varepsilon_{ij}}-\bar{\varepsilon}_{ij}\bar{\sigma}_{ij}\end{aligned} \tag{5.45}$$

由此，Hill 引理得证。

Hill 引理的一个推论如下。如果在 RVE 中施加应力边界条件 $\sigma_{ij}n_{j}\big|_{S}=\bar{\sigma}_{ij}n_{j}$，或者位移边界条件 $u_{i}\big|_{S}=\bar{\varepsilon}_{ij}x_{j}$，那么给定点的任意应力场和应变场有以下关系：

$$\overline{\sigma_{ij}\varepsilon_{ij}}=\bar{\varepsilon}_{ij}\bar{\sigma}_{ij} \tag{5.46}$$

换句话说，对于静容许应力场 $\sigma_{ij}n_j\big|_S=\bar{\sigma}_{ij}n_j$，或者运动容许位移场 $u_i\big|_S=\bar{\varepsilon}_{ij}x_j$，$\overline{\sigma_{ij}\varepsilon_{ij}}$ 积的体积平均等于 $\bar{\varepsilon}_{ij}$ 和 $\bar{\sigma}_{ij}$ 体积平均的积。式(5.46)又称为 Hill 宏观均质性条件或 Mandel-Hill 条件。注意 $\sigma_{ij}\varepsilon_{ij}$ 为应变能密度的两倍，式(5.45)表明非均质材料应变能密度的体积平均可以由应力、应变的体积平均获得。因此，均匀化可以被理解为找到一种在能量上与给定的微结构材料等效的均质材料。这一思想将用于定义异构介质的等效性质[4-5]。

5.4 基于 Eshelby 等效夹杂理论的平均场方法

5.4.1 均匀化方法的基本思想

细观力学的任务就是基于非均匀材料的微结构信息来寻找宏观均匀材料的等效性能，即“均匀化”[1-3]。

如图 5.6 所示，引入一个复合材料区域 Ω，由基体相区域 Ω_0 和椭球形非均质区域 $\Omega_1,\Omega_2,\cdots,\Omega_N$ 组成，非均质区域 Ω_r 的体积分数 $c_r=|\Omega_r|/|\Omega|$，并有 $\sum\limits_{r=0}^{N}c_r=1$。令区域的材料刚度为 $\boldsymbol{L}_r(r=0,1,\cdots,N)$。

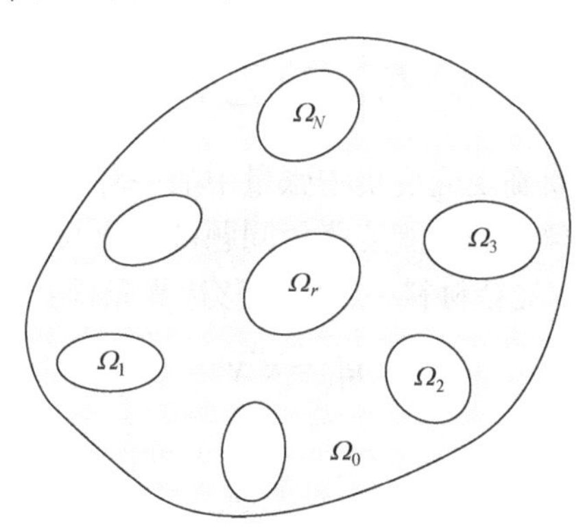

图 5.6 多相复合材料

基于均匀化思想，图 5.6 中复合材料等效刚度的定义为

$$\bar{\boldsymbol{\sigma}}=\bar{\boldsymbol{L}}\bar{\boldsymbol{\varepsilon}} \tag{5.47}$$

式中，$\bar{\boldsymbol{\sigma}}$ 和 $\bar{\boldsymbol{\varepsilon}}$ 分别为复合材料的平均应力张量、平均应变张量；四阶张量 $\bar{\boldsymbol{L}}$ 为复合材料的等效模量或等效刚度张量。RVE 的平均应变定义为

$$\bar{\boldsymbol{\varepsilon}}=\sum_{r=0}^{N}c_r\bar{\boldsymbol{\varepsilon}}_r \tag{5.48}$$

式中，$\bar{\varepsilon}_r$ 为第 r 相非均质的平均应变。引入应变集中张量 $\boldsymbol{A}_r$ 将 $\bar{\boldsymbol{\varepsilon}}$ 和 $\bar{\varepsilon}_r$ 联系起来：

$$\bar{\boldsymbol{\varepsilon}}_r = \boldsymbol{A}_r \bar{\boldsymbol{\varepsilon}} \tag{5.49}$$

而复合材料的平均应力定义为

$$\bar{\boldsymbol{\sigma}} = \sum_{r=0}^{N} c_r \bar{\boldsymbol{\sigma}}_r = c_0 \boldsymbol{L}_0 \bar{\boldsymbol{\varepsilon}}_0 + \sum_{r=1}^{N} c_r \boldsymbol{L}_r \bar{\boldsymbol{\varepsilon}}_r \tag{5.50}$$

式(5.50)包含了每相的胡克定律 $\bar{\boldsymbol{\sigma}}_r = \bar{\boldsymbol{L}}_r \bar{\boldsymbol{\varepsilon}}_r$。通过上述定义可以推导出

$$\bar{\boldsymbol{\sigma}} = \left[\boldsymbol{L}_0 + \sum_{r=1}^{N} c_r \left(\boldsymbol{L}_r - \boldsymbol{L}_0 \right) \boldsymbol{A}_r \right] \bar{\boldsymbol{\varepsilon}} \tag{5.51}$$

由此可得

$$\bar{\boldsymbol{L}} = \boldsymbol{L}_0 + \sum_{r=1}^{N} c_r \left(\boldsymbol{L}_r - \boldsymbol{L}_0 \right) \boldsymbol{A}_r \tag{5.52}$$

因为复合材料的每相非均质都嵌入基体中，因此引入局部集中张量 $\boldsymbol{G}_r$，将第 r 相非均质的平均应变与基体平均应变联系：

$$\bar{\varepsilon}_r = \boldsymbol{G}_r \bar{\varepsilon}_0 \tag{5.53}$$

并通过推导得到整体应变集中化张量与局部应变集中化张量的关系：

$$\boldsymbol{A}_r = \boldsymbol{G}_r \left[c_0 \boldsymbol{I} + \sum_{r=1}^{N} c_r \boldsymbol{G}_r \right]^{-1} \tag{5.54}$$

根据以上关系，只要确定应变集中张量中的一种就足以确定复合材料的等效刚度张量，确定复合材料的等效刚度张量问题被转化为求解应变集中张量。

对于图 5.6 中的多相复合材料，给定位移边界条件：

$$\boldsymbol{u}\big|_S = \boldsymbol{\varepsilon}^0 \boldsymbol{x} \tag{5.55}$$

或者应力边界条件：

$$\boldsymbol{\sigma} \cdot \boldsymbol{n}\big|_S = \boldsymbol{\sigma}^0 \boldsymbol{n} \tag{5.56}$$

二者满足：

$$\boldsymbol{\sigma}^0 = \boldsymbol{L}_0 \boldsymbol{\varepsilon}^0 \tag{5.57}$$

如果区域 Ω 是均匀的，被刚度张量为 $\boldsymbol{L}_0$ 的基体材料充满，则区域 Ω 中的应变和应力分别为 $\boldsymbol{\varepsilon}^0$ 和 $\boldsymbol{\sigma}^0$。复合材料中存在多相非均质，基体和非均质中的应变和应力将不再是 $\boldsymbol{\varepsilon}^0$ 和 $\boldsymbol{\sigma}^0$。Mori-Tanaka 等从物理意义出发，提出了计算非均质中平均应变的方法。对于第 r 相非均质，其他非均质对第 r 相的影响可以看作第 r 相嵌入与基体不同的另一个等效基体中，即作为一个孤立的非均质嵌入一个存在预

应变$\hat{\boldsymbol{\varepsilon}}^0$的虚构基体中，该虚构的基体刚度张量为$\hat{\boldsymbol{L}}_0$。

上述问题变为一个刚度张量为$\boldsymbol{L}_r$的椭球形非均质Ω_r嵌入刚度张量为$\hat{\boldsymbol{L}}_0$、存在预应变$\hat{\boldsymbol{\varepsilon}}^0$的均匀基体中。因此，只有求解出$\hat{\boldsymbol{\varepsilon}}^0$和$\hat{\boldsymbol{L}}_0$的值，才能将两个问题等效。当$\hat{\boldsymbol{\varepsilon}}^0$和$\hat{\boldsymbol{L}}_0$已知后，可以用 Eshelby 法和等效夹杂理论确定无限大弹性体中单相椭球形非均质的应力和应变，等效夹杂方程为

$$\boldsymbol{L}_r(\hat{\boldsymbol{\varepsilon}}^0+\boldsymbol{\varepsilon}_r^{\mathrm{pt}})=\hat{\boldsymbol{L}}_0(\hat{\boldsymbol{\varepsilon}}^0+\boldsymbol{\varepsilon}_r^{\mathrm{pt}}-\boldsymbol{\varepsilon}_r^*) \tag{5.58}$$

根据 Eshelby 法可得

$$\boldsymbol{\varepsilon}_r^{\mathrm{pt}}=\hat{\boldsymbol{S}}_r\boldsymbol{\varepsilon}_r^* \tag{5.59}$$

式中，$\hat{\boldsymbol{S}}_r$为 Eshelby 张量，根据刚度张量$\hat{\boldsymbol{L}}_0$和第r相椭球形非均质Ω_r的几何形状计算；本征应变$\boldsymbol{\varepsilon}_r^*$为

$$\boldsymbol{\varepsilon}_r^*=\left[\left(\boldsymbol{L}_r-\hat{\boldsymbol{L}}_0\right)\hat{\boldsymbol{S}}_r+\hat{\boldsymbol{L}}_0\right]^{-1}\left(\boldsymbol{L}_r-\boldsymbol{L}_0\right)\hat{\boldsymbol{\varepsilon}}^0 \tag{5.60}$$

由此可得第r相椭球形非均质的应变为

$$\boldsymbol{\varepsilon}_r=\hat{\boldsymbol{\varepsilon}}^0+\boldsymbol{\varepsilon}_r^{\mathrm{pt}}=\hat{\boldsymbol{\varepsilon}}^0+\hat{\boldsymbol{S}}_r\boldsymbol{\varepsilon}^*=\hat{\boldsymbol{T}}_r\hat{\boldsymbol{\varepsilon}}^0 \tag{5.61}$$

其中，

$$\hat{\boldsymbol{T}}_r=[\boldsymbol{I}+\hat{\boldsymbol{S}}_r\hat{\boldsymbol{L}}_0^{-1}(\boldsymbol{L}_r-\hat{\boldsymbol{L}}_0)]^{-1} \tag{5.62}$$

因此，第r相椭球形非均质的应力为

$$\boldsymbol{\sigma}_r=\boldsymbol{L}_r\boldsymbol{\varepsilon}_r=\boldsymbol{L}_r\hat{\boldsymbol{T}}_r\hat{\boldsymbol{\varepsilon}}^0 \tag{5.63}$$

现在，已经将第r相非均质的应变和应力场与未知应变场$\hat{\boldsymbol{\varepsilon}}^0$和刚度$\hat{\boldsymbol{L}}_0$的虚构基体材料联系。细观力学采用各种近似方法选择$\hat{\boldsymbol{\varepsilon}}^0$和$\hat{\boldsymbol{L}}_0$，一旦给定$\hat{\boldsymbol{\varepsilon}}^0$和$\hat{\boldsymbol{L}}_0$，就可以求解集中张量，从而确定复合材料的等效性质。

5.4.2 稀疏法

稀疏法也称 Eshelby 法，适用于非均质之间距离较远、可以忽略夹杂之间的相互作用。稀疏法假定非均质的平均应变近似等于孤立的非均质嵌于无限大基体内时的应变，而不考虑在基体中含有的其他非均质的影响。因此，第r相非均质可以看成在刚度为$\boldsymbol{L}_0$的均匀基体中的一个椭球形非均质，该基体在非均质嵌入之前具有均匀应变$\boldsymbol{\varepsilon}^0$，即

$$\hat{\boldsymbol{L}}_0=\boldsymbol{L}_0,\quad \hat{\boldsymbol{\varepsilon}}^0=\boldsymbol{\varepsilon}^0 \tag{5.64}$$

由于 Eshelby 张量的求解只与基体刚度$\boldsymbol{L}_0$和非均质的几何形状有关，可得

$$\hat{\boldsymbol{S}}_r = \boldsymbol{S}_r \tag{5.65}$$

根据式(5.61)，可以得到第 r 相非均质中的应变

$$\boldsymbol{\varepsilon}_r = \boldsymbol{\varepsilon}^0 + \boldsymbol{\varepsilon}_r^{\text{pt}} = \boldsymbol{\varepsilon}^0 + \boldsymbol{S}_r\boldsymbol{\varepsilon}_r^* = \boldsymbol{T}_r\boldsymbol{\varepsilon}^0 \tag{5.66}$$

式中，

$$\boldsymbol{T}_r = [\boldsymbol{I} + \hat{\boldsymbol{S}}_r\hat{\boldsymbol{L}}_0^{-1}(\boldsymbol{L}_r - \hat{\boldsymbol{L}}_0)]^{-1} \tag{5.67}$$

值得注意的是，虽然 $\boldsymbol{T}_r$ 的定义域为 $r>0$，但从式(5.67)可以看出，$\boldsymbol{T}_0 = \boldsymbol{I}$。

现在假设复合材料受到如下位移边界条件：

$$\boldsymbol{u}\big|_S = \boldsymbol{\varepsilon}^0\boldsymbol{x} \tag{5.68}$$

在均匀应变边界条件下，根据平均应变定理，复合材料的平均应变等于 $\boldsymbol{\varepsilon}^0$，即

$$\bar{\boldsymbol{\varepsilon}} = \frac{1}{V}\int_V \boldsymbol{\varepsilon}\mathrm{d}V = \boldsymbol{\varepsilon}^0 \tag{5.69}$$

因此，式(5.66)可以写为

$$\boldsymbol{\varepsilon}_r = \boldsymbol{T}_r\bar{\boldsymbol{\varepsilon}} \tag{5.70}$$

通过比较式(5.49)和式(5.70)，第 r 相非均质的整体应变集中张量为

$$\boldsymbol{A}_r = \boldsymbol{T}_r \tag{5.71}$$

最终得到复合材料的等效刚度张量：

$$\begin{aligned}\bar{\boldsymbol{L}} &= \boldsymbol{L}_0 + \sum_{r=1}^{N} c_r(\boldsymbol{L}_r - \boldsymbol{L}_0)\boldsymbol{T}_r \\ &= \boldsymbol{L}_0 + \sum_{r=1}^{N} c_r(\boldsymbol{L}_r - \boldsymbol{L}_0)\left[\boldsymbol{I} + \boldsymbol{S}_r(\boldsymbol{M}_0\boldsymbol{L}_r - \boldsymbol{I})\right]^{-1}\end{aligned} \tag{5.72}$$

式中，$\bar{\boldsymbol{L}}$ 为复合材料等效刚度张量的稀疏估计。该等效刚度张量基于复合材料中的非均质相距很远以致不能互相影响的假设，因此稀疏估计仅适用于非均质体积分数很低的情况。

5.4.3 Mori-Tanaka 方法

稀疏法没有考虑非均质之间的相互作用，认为非均质的平均应变等于无限大基体中单颗非均质的应变。Mori-Tanaka 等通过改变远处应变或应力的方法考虑非均质间的相互作用[4-7]。

复合材料中平均应变和平均应力的定义为

$$\bar{\boldsymbol{\varepsilon}} = \frac{1}{D}\int_D \boldsymbol{\varepsilon}\mathrm{d}V = \sum_{r=0}^{N}\bar{\boldsymbol{\varepsilon}}_r,\quad \bar{\boldsymbol{\sigma}} = \frac{1}{D}\int_D \boldsymbol{\sigma}\mathrm{d}V = \sum_{r=0}^{N}\bar{\boldsymbol{\sigma}}_r \tag{5.73}$$

式中，$\bar{\boldsymbol{\varepsilon}}_r$ 和 $\bar{\boldsymbol{\sigma}}_r$ 分别是第 r 相非均质应变张量和应力张量的平均值。

$$\bar{\boldsymbol{\varepsilon}}_r = \frac{1}{\Omega_r}\int_{\Omega_r} \boldsymbol{\varepsilon} \mathrm{d}V_r, \quad \bar{\boldsymbol{\sigma}}_r = \frac{1}{\Omega_r}\int_{\Omega_r} \boldsymbol{\sigma} \mathrm{d}V_r \tag{5.74}$$

$$\bar{\boldsymbol{\sigma}}_r = \boldsymbol{L}_r : \bar{\boldsymbol{\varepsilon}}_r \tag{5.75}$$

考虑图 5.6 所示复合材料，对于刚度为 $\boldsymbol{L}_r (r > 0)$的典型非均质，其他非均质的影响通过周围基体的应变和应力场互相传递。当大量的非均质存在并随机分布在基体中时，尽管基体中的应变和应力场在不同的位置有不同的分布，基体应变和应力的平均值 $\bar{\boldsymbol{\varepsilon}}_0$ 和 $\bar{\boldsymbol{\sigma}}_0$ 可以很好地近似每个非均质周围基体中的真实场。因此，可以假设将一个非均质从基体中取出，不会影响复合材料的整体弹性行为。换句话说，当去除第 r 个非均质并用基体材料代替时，基体的平均应变 $\bar{\boldsymbol{\varepsilon}}_0$ 和平均应力 $\bar{\boldsymbol{\sigma}}_0$ 将会保持不变。对于第 r 相非均质，可以被认为是嵌入刚度张量为 $\boldsymbol{L}_0$ 的均匀基体中的刚度张量为 $\boldsymbol{L}_r$ 的椭球形非均质，该基体在非均质嵌入前具有均匀应变 $\bar{\boldsymbol{\varepsilon}}_0$。因此，在式(5.72)中，选择

$$\hat{\boldsymbol{L}}_0 = \boldsymbol{L}_0, \quad \hat{\boldsymbol{\varepsilon}}^0 = \bar{\boldsymbol{\varepsilon}}_0 \tag{5.76}$$

可得 Eshelby 张量

$$\hat{\boldsymbol{S}}_r = \boldsymbol{S}_r \tag{5.77}$$

将上述公式代入式(5.61)中，可得第 r 相非均质的应变：

$$\boldsymbol{\varepsilon}_r = \bar{\boldsymbol{\varepsilon}}_0 + \boldsymbol{\varepsilon}_r^{\mathrm{pt}} = \bar{\boldsymbol{\varepsilon}}_0 + \boldsymbol{S}_r \boldsymbol{\varepsilon}_r^* = \boldsymbol{T}_r \bar{\boldsymbol{\varepsilon}}_0 \tag{5.78}$$

其中，$\boldsymbol{T}_r$ 已由式(5.67)给出。虽然式(5.70)和式(5.78)形式相似，但是式(5.70)表示非均质应变和复合材料平均应变的关系，而式(5.78)表示非均质应变和其周围基体平均应变的关系，因此式(5.70)中的张量 $\boldsymbol{T}_r$ 为整体应变集中张量，而式(5.78)中的张量 $\boldsymbol{T}_r$ 为局部应变集中张量，即

$$\boldsymbol{G}_r = \boldsymbol{T}_r \tag{5.79}$$

从而求得整体应变集中张量：

$$\boldsymbol{A}_r = \boldsymbol{G}_r \left[c_0 \boldsymbol{I} + \sum_{n=1}^{N} c_n \boldsymbol{G}_n \right]^{-1} = \boldsymbol{T}_r \left[\sum_{n=0}^{N} c_n \boldsymbol{T}_n \right]^{-1} \tag{5.80}$$

式中，$\boldsymbol{T}_0 = \boldsymbol{I}$。复合材料的等效刚度张量为

$$\bar{\boldsymbol{L}} = \boldsymbol{L}_0 + \sum_{r=1}^{N} c_r (\boldsymbol{L}_r - \boldsymbol{L}_0) \boldsymbol{A}_r = \sum_{r=0}^{N} c_r \boldsymbol{L}_r \boldsymbol{T}_r \left[\sum_{n=0}^{N} c_n \boldsymbol{T}_n \right]^{-1} \tag{5.81}$$

式中，$\bar{\boldsymbol{L}}$ 为复合材料的等效刚度张量的 Mori-Tanaka 估计。

5.4.4 多晶材料的自洽方法

在确定复合材料等效性质的自洽中，假定复合材料有明显的基体，其他非均质嵌入在该基体中。然而对于某些非均匀材料，如多晶材料，并没有明显的基体相，每个晶粒都可以被看成嵌入剩余晶粒中的非均质，所有晶粒具有相同的重要性。

首先，考虑含有 N 个随机分布晶粒的多晶材料，不同的相就是取向不同的单晶(对于单相多晶材料)。假设第 r 个晶粒的体积分数为 c_r，在均匀应变和应力边界条件下，多晶体中的平均应变和平均应力为

$$\bar{\boldsymbol{\varepsilon}} = \sum_{r=0}^{N} c_r \bar{\boldsymbol{\varepsilon}}_r, \quad \bar{\boldsymbol{\sigma}} = \sum_{r=0}^{N} c_r \bar{\boldsymbol{\sigma}}_r \tag{5.82}$$

式中，$\bar{\boldsymbol{\varepsilon}}_r$ 和 $\bar{\boldsymbol{\sigma}}_r$ 分别为第 r 个晶粒的应变张量和应力张量的平均值，第 r 个晶粒的整体应变集中张量为

$$\bar{\boldsymbol{\varepsilon}}_r = \boldsymbol{A}_r \bar{\varepsilon} \tag{5.83}$$

根据胡克定律可得

$$\bar{\boldsymbol{\sigma}} = \sum_{r=1}^{N} c_r \bar{\boldsymbol{\sigma}}_r = \sum_{r=1}^{N} c_r \boldsymbol{L}_r \bar{\boldsymbol{\varepsilon}}_r = \sum_{r=1}^{N} c_r \boldsymbol{L}_r \boldsymbol{A}_r \bar{\boldsymbol{\varepsilon}} \tag{5.84}$$

因此有

$$\bar{\boldsymbol{L}} = \sum_{r=1}^{N} c_r \boldsymbol{L}_r \boldsymbol{A}_r \tag{5.85}$$

显然，对于多晶材料，若已知应变集中张量 $\boldsymbol{A}_r$，可以根据式(5.85)计算等效刚度张量 $\bar{\boldsymbol{L}}$。以上即为多晶材料的自洽方法。一般来说，除非给出 $\boldsymbol{A}_r$ 的精确表达式，否则难以由式(5.84)及式(5.85)直接求出等效刚度张量。

5.5 本 章 小 结

细观力学的目的是研究材料微观结构与宏观力学性质之间的关系。在构建固体本构关系方面，细观力学具有重要意义。

通过细观力学的研究，可以揭示材料微观结构对宏观力学性质的影响机制。例如，晶体材料中晶格结构和缺陷对弹性、塑性、断裂等宏观行为的影响。通过理解这些微观机制，可以更好地解释材料的宏观行为。细观力学提供了构建固体本构关系的基础。通过研究材料的微观结构和相互作用，可以将微观尺度的信息转化为宏观力学模型的参数和形式。这样，可以建立起描述材料宏观行为的数学

模型，并用于预测材料的宏观响应。基于细观力学的本构模型，可以预测材料在不同应力、温度和加载条件下的性能。这对于材料设计和工程应用具有重要意义。例如，通过细观力学模型可以预测材料的强度、刚度、疲劳寿命等性能，从而指导材料的选择和使用。细观力学的研究为材料的设计和优化提供了依据。通过理解材料微观结构与宏观性能之间的关系，可以针对特定应用需求进行材料设计和改进。例如，通过调控晶体结构、控制缺陷分布等方法，可以优化材料的强度、韧性、耐腐蚀性等性能。

总之，细观力学在构建固体本构关系方面具有重要意义，可以解释宏观行为、提供本构模型、预测材料性能以及指导材料设计与优化。通过细观力学的研究，可以更好地理解和控制材料的宏观力学性质。

参考文献

[1] 张研，韩林. 细观力学基础[M]. 北京：科学出版社, 2014.
[2] 张研，张子明. 材料细观力学[M]. 北京：科学出版社, 2008.
[3] QU J, CHERKAOUI M. Fundamentals of Micromechanics of Solids[M]. Hoboken: Wiley, 2006.
[4] HE X, LIU L, ZENG T, et al. Micromechanical modeling of work hardening for coupling microstructure evolution, dynamic recovery and recrystallization: Application to high entropy alloys[J]. International Journal of Mechanical Sciences, 2020, 177: 105567.
[5] LIU L, YAO Y, ZENG T. A micromechanical analysis to the elasto-viscoplastic behavior of solder alloys[J]. International Journal of Solids and Structures, 2019, 159: 211-220.
[6] ZECEVIC M, KNEZEVIC M. A dislocation density based elasto-plastic self-consistent model for the prediction of cyclic deformation: Application to AA6022-T4[J]. International Journal of Plasticity, 2015, 72: 200-217.
[7] ZENG T, SHAO J F, XU W. A self-consistent approach for micro-macro modeling of elastic-plastic deformation in polycrystalline geomaterials: Polycrystalline model[J]. International Journal of Numerical Analysis Methods in Geomechanics, 2015, 39: 1735-1752.

参考文献

应　用　篇

第 6 章　本构关系数值实现

前 5 章建立了比较完整的本构理论框架。通过合理的假定及变形机理分析，可以描述材料受力过程中的复杂行为。本构关系一般采用偏微分方程(组)描述，而获得偏微分方程(组)的理论解是困难的，这就需要引入相应的数值算法[1-3]。

6.1　基本概念

为了后述方便，本节以一维弹塑性本构关系为例，着重讲解数值算法中的若干基本概念和数值实现过程。

6.1.1　微分方程数值解法

考虑如下初值问题：

$$\begin{cases} \dot{x}(t)=\dfrac{\mathrm{d}x}{\mathrm{d}t}=f\left(x(t)\right) \\ x(t=0)=x_0 \end{cases},\quad t\in[0,T] \tag{6.1}$$

式中，$f(x)$已知。由数值分析知识可知[1]，当函数$x(t)$适当光滑，如$x(t)$满足 Lipschitz 条件，理论上可以保证初值问题的解存在且唯一。

所谓数值解法，就是确定函数$x(t)$在一系列离散节点 t 上的近似值$x_1, x_2, x_3,\cdots, x_n$：

$$0=t_0<t_1<\cdots<t_{n-1}<t_n=T \tag{6.2}$$

假定$x_n \cong x(t_n)$，表示数值解x_n对精确解$x(t_n)$的近似。相邻两个时刻的间距$\Delta t=t_n-t_{n-1}$称为步长。后文若不特别说明，总是假定步长为定值$\Delta t=T/k$，节点$t_n=t_0+n\Delta t,\ n=0,\ 1,\ 2,\cdots,k$。考虑到非线性问题一般采用增量加载，材料当前的应力状态与材料受荷历史相关。这与数值解法所采用的“步进式”求解策略相对应，即求解过程顺着节点排列的次序一步一步地向前推进，只要给出已知信息(历史信息)$x_{n-1}, x_{n-2},\cdots, x_0$即可计算$x_n$。

对于类似于式(6.1)的微分方程，往往采用以下单参数的积分算法，称为广义中点法(generalized midpoint method)：

$$\begin{cases} x_{n+1} = x_n + \Delta t \cdot f\left(x_{n+\theta}\right) \\ x_{n+\theta} = \left(1-\theta\right)x_n + \theta x_{n+1} \end{cases}, \quad \theta \in [0,1] \tag{6.3}$$

不同的θ值决定了数值算法的稳定性、精度和收敛速度。实际中，θ常用取值如下：

$$\begin{cases} \theta = 0, & \text{欧拉前插法（显式）} \\ \theta = \dfrac{1}{2}, & \text{中点欧拉法（隐式）} \\ \theta = 1, & \text{欧拉后插法（隐式）} \end{cases} \tag{6.4}$$

当$\theta = 0$，$x_{n+1} = x_n + \Delta t \cdot f\left(x_n\right)$。由此可见，若$x_0$已知，所有时刻的数值解可通过遍历整个时间历程$\left[0,T\right]$获得，如图 6.1 所示。可以看出，欧拉前插法(又称向前欧拉法)是一种显式方法，其增量方向取前一时刻结束时的切线方向。这种方法计算效率高，可直接求解。然而缺点也比较明显，参照图 6.1 所示，如果不对数值解进行修正，容易产生漂移，是一种不稳定的求解算法。为了保证求解精度，步长往往取得很小，这无疑会增加计算开销。

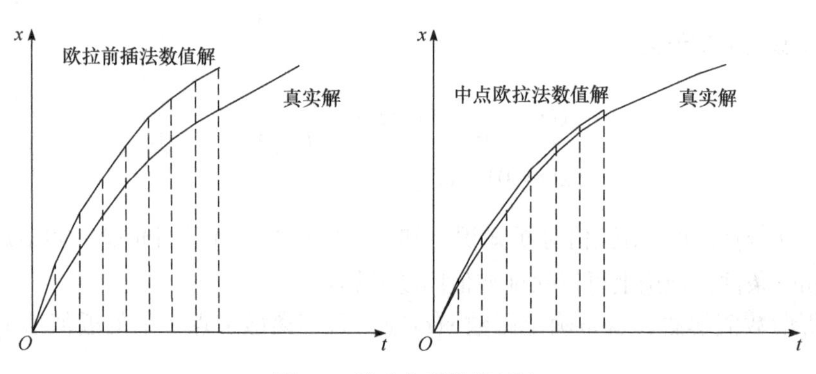

图 6.1　微分方程数值解法

当$\theta \neq 0$时，有

$$x_{n+1} = x_n + \Delta t \cdot f\left(x_{n+\theta}\right) = x_n + \Delta t \cdot f\left(\left(1-\theta\right)x_n + \theta x_{n+1}\right) \tag{6.5}$$

很明显，式(6.5)左右两侧都含有x_{n+1}，是一非线性方程，需采用迭代法求解。研究表明，为了保证数值算法的稳定性，θ应不小于$1/2$（$\theta \geqslant 1/2$）。实践中，θ一般取$1/2$和1。当$\theta = 1/2$时，对应数值算法中的中点欧拉法，即取$\left[x_n, x_{n+1}\right]$的中点对应的切线方向作为增量的方向。中点欧拉法具有二阶精度。当然，采用该算法的代价是计算中存储的状态变量会有所增加，数值实现过程也相对复杂。

另一种更为简单且无条件稳定的方法是取$\theta = 1$，即取未知时刻x_{n+1}对应的切线方向作为增量的方向，该方法对应数值算法中的欧拉后插法。该方法精度与欧拉前插法精度相同，都只有一阶精度。但是，欧拉后插法的优点是误差不会累积且无条件稳定，数值实现过程也较中点欧拉法简单。因此，该方法应用较为广泛。

6.1.2　牛顿迭代法

本构方程数值积分涉及较多的非线性方程(组)的求解。从求解效率而言，一般采用牛顿迭代法，其又称为牛顿-拉弗森法(Newton-Raphson method，NR法)。该方法是一种在实数域和复数域上近似求解方程根的方法，其最大的优点是在方程(组)根附近具有平方收敛性。

对于单个方程 $g(x)=0$，假定方程存在若干个根，x^r 为其某一个根。NR 法求解 x^r 的基本步骤如下：

(1) 在 x^r 附近取迭代初值 $x^{(0)}$。

(2) 若 $g\left(x^{(k)}\right)<\text{Tol}$ (Tol 是误差容许值，根据研究问题的复杂度，Tol 取 10^{-5}～10^{-3} 即可获得较好的精度)，则可将 $x^{(k)}$ 作为方程的根，括号中的数字表示当前的迭代步 k (k 的初始值为 0)。若 $g\left(x^{(k)}\right)\geqslant\text{Tol}$，则需要对 $x^{(k)}$ 进行进一步的修正。假定修正后的值更接近于方程的根，则修正值可通过将 $g(x)$ 在 $x^{(k)}$ 处作一阶泰勒展开并迫使其为零获得，即

$$g(x)\approx g\left(x^{(k)}\right)+\left.\frac{\mathrm{d}g}{\mathrm{d}x}\right|_{x=x^{(k)}}\left(x-x^{(k)}\right)=g\left(x^{(k)}\right)+g'\left(x^{(k)}\right)\left(x-x^{(k)}\right) \tag{6.6}$$

(3) 令 $g(x)=0$，则得到 $x^{(k)}$ 的修正值：

$$g(x)\approx g\left(x^{(k)}\right)+g'\left(x^{(k)}\right)\left(x-x^{(k)}\right)=0\Rightarrow x=x^{(k)}-\frac{g\left(x^{(k)}\right)}{g'\left(x^{(k)}\right)} \tag{6.7}$$

修正迭代变量：$k+1\rightarrow k$，$x\rightarrow x^{(k)}$。继续步骤(2)直至满足收敛准则。

对于非线性方程组 $\boldsymbol{g}(\boldsymbol{x})=\left[g_1(\boldsymbol{x}),g_2(\boldsymbol{x}),g_3(\boldsymbol{x}),\cdots,g_n(\boldsymbol{x})\right]^{\mathrm{T}}=\boldsymbol{0}$，即

$$\boldsymbol{g}(\boldsymbol{x})=\begin{bmatrix}g_1(x_1,x_2,x_3,\cdots,x_n)\\g_2(x_1,x_2,x_3,\cdots,x_n)\\g_3(x_1,x_2,x_3,\cdots,x_n)\\\vdots\\g_n(x_1,x_2,x_3,\cdots,x_n)\end{bmatrix}=\begin{bmatrix}0\\0\\0\\\vdots\\0\end{bmatrix} \tag{6.8}$$

未知数向量为 $\boldsymbol{x}=\left[x_1,x_2,x_3,\cdots,x_n\right]^{\mathrm{T}}$。非线性方程组的求解思路与单个方程基本相同，步骤如下：

(1) 取迭代初值$\boldsymbol{x}^{(0)}$。

(2) 若$\left\|\boldsymbol{g}\left(\boldsymbol{x}^{(k)}\right)\right\| < \text{Tol}$，则认为方程的根$\boldsymbol{x}^r = \boldsymbol{x}^{(k)}$，$\|\bullet\|$表示对向量取 2-范数。否则，将$\boldsymbol{g}(\boldsymbol{x})$在$\boldsymbol{x}^{(k)}$作一阶泰勒展开，得到

$$\boldsymbol{g}(\boldsymbol{x}) \approx \boldsymbol{g}\left(\boldsymbol{x}^{(k)}\right) + \left.\frac{\partial\left(g_1, g_2, g_3, \cdots, g_n\right)}{\partial\left(x_1, x_2, x_3, \cdots, x_n\right)}\right|_{x=x^{(k)}} \left(\boldsymbol{x} - \boldsymbol{x}^{(k)}\right) = g\left(\boldsymbol{x}^{(k)}\right) + \left[\boldsymbol{J}^{(k)}\right]\left(\boldsymbol{x} - \boldsymbol{x}^{(k)}\right) \tag{6.9}$$

$$\left[\boldsymbol{J}^{(k)}\right] = \left.\frac{\partial\left(g_1, g_2, g_3, \cdots, g_n\right)}{\partial\left(x_1, x_2, x_3, \cdots, x_n\right)}\right|_{\boldsymbol{x}=\boldsymbol{x}^{(k)}} = \begin{bmatrix} \dfrac{\partial g_1}{\partial x_1} & \dfrac{\partial g_1}{\partial x_2} & \dfrac{\partial g_1}{\partial x_3} & \cdots & \dfrac{\partial g_1}{\partial x_n} \\ \dfrac{\partial g_2}{\partial x_1} & \dfrac{\partial g_2}{\partial x_2} & \dfrac{\partial g_2}{\partial x_3} & \cdots & \dfrac{\partial g_2}{\partial x_n} \\ \dfrac{\partial g_3}{\partial x_1} & \dfrac{\partial g_3}{\partial x_2} & \dfrac{\partial g_3}{\partial x_3} & \cdots & \dfrac{\partial g_3}{\partial x_n} \\ \vdots & \vdots & \vdots & & \vdots \\ \dfrac{\partial g_n}{\partial x_1} & \dfrac{\partial g_n}{\partial x_2} & \dfrac{\partial g_n}{\partial x_3} & \cdots & \dfrac{\partial g_n}{\partial x_n} \end{bmatrix}$$

式中，$\left[\boldsymbol{J}^{(k)}\right]$是第$k^{\text{th}}$迭代步的雅可比矩阵(Jacobian matrix)。令$\boldsymbol{g}(\boldsymbol{x}) = 0$，得到$\boldsymbol{x}^{(k)}$的修正值：

$$\boldsymbol{g}(\boldsymbol{x}) \approx \boldsymbol{g}\left(\boldsymbol{x}^{(k)}\right) + \left[\boldsymbol{J}^{(k)}\right]\left(\boldsymbol{x} - \boldsymbol{x}^{(k)}\right) = \boldsymbol{0} \Rightarrow \boldsymbol{x} = \boldsymbol{x}^{(k)} - \left[\boldsymbol{J}^{(k)}\right]^{-1} \boldsymbol{g}\left(\boldsymbol{x}^{(k)}\right) \tag{6.10}$$

(3) 修正迭代变量$k+1 \to k$，$x \to x^{(k)}$。继续步骤(2)直至满足相应的收敛准则。

NR 法有收敛快的优点，但也存在着缺点，如收敛性依赖于初值的选取。如初值选取不当，则会导致数值求解发散。另外，雅可比矩阵的求解过程较为繁琐，而且其正定性也不一定得到保证。在实际使用过程中，可尝试使用 NR 法的改进方法，如牛顿下山法可较好地防止迭代发散、利用迭代过程的历史信息确定雅可比矩阵的弦截法或抛物线法等[1]。

6.1.3 一维弹塑性本构模型

本章只考虑小应变的情况。根据叠加原理，总应变ε是弹性应变ε^{e}和塑性应变ε^{p}之和，即

$$\varepsilon = \varepsilon^{\text{e}} + \varepsilon^{\text{p}} \tag{6.11}$$

柯西应力σ和弹性应变ε^{e}的关系由胡克定律给出，即

$$\sigma = E \cdot \varepsilon^{\text{e}} = E \cdot \left(\varepsilon - \varepsilon^{\text{p}}\right) \tag{6.12}$$

对于弹塑性模型，柯西应力 σ 的绝对值不能超过材料屈服应力 σ_{y}，下标 y 表示屈服(yield)。假定材料抗拉强度和抗压强度一致，则柯西应力 σ 的容许范围为 $\left[-\sigma_{\mathrm{y}},\sigma_{\mathrm{y}}\right]$。不导致材料破坏的应力称为容许应力，其集合可表示为

$$E_{\sigma}=\left\{\sigma\in\mathbb{R}\middle|f(\sigma,\alpha)=|\sigma|-\sigma_{\mathrm{y}}(\alpha)\leqslant 0\right\} \tag{6.13}$$

式中，f 为屈服函数；α 为反映材料硬化的内变量，一般与材料塑性变形相关。

当应力 σ 的绝对值小于屈服应力，材料未进入塑性流动阶段，即 $\varepsilon^{\mathrm{p}}=0$。一旦应力达到屈服应力($f=0$)，材料将发生塑性流动。根据流动法则，塑性变形可表示为

$$\dot{\varepsilon}^{\mathrm{p}}=\dot{\gamma}\frac{\partial F}{\partial\sigma} \tag{6.14}$$

式中，$\dot{\gamma}$ 为一非负变量，称为塑性乘子；F 为塑性势函数。当采用关联准则时 $(F=f)$：

$$\dot{\varepsilon}^{\mathrm{p}}=\dot{\gamma}\frac{\partial F}{\partial\sigma}=\dot{\gamma}\frac{\partial f}{\partial\sigma}=\begin{cases}+\dot{\gamma}, & \sigma=\sigma_{\mathrm{y}}>0\\ -\dot{\gamma}, & \sigma=-\sigma_{\mathrm{y}}<0\end{cases} \tag{6.15}$$

引入符号函数 $\operatorname{sign}(x)$：

$$\operatorname{sign}(x)=\begin{cases}+1, & x>0\\ -1, & x<0\end{cases} \tag{6.16}$$

则式(6.15)改写为

$$\dot{\varepsilon}^{\mathrm{p}}=\dot{\gamma}\operatorname{sign}(\sigma),\quad \sigma=\sigma_{y} \tag{6.17}$$

$\dot{\gamma}$ 和 σ 需满足如下单边约束条件(unilateral constraints)。

① $f(\sigma)\leqslant 0$ 且 $\dot{\gamma}\geqslant 0$。② $\dot{\gamma}\cdot f=0$，这一条件包含两层意思：(a) $f<0$，则 $\dot{\gamma}=0\Rightarrow\dot{\varepsilon}^{\mathrm{p}}=0$；(b) $f=0$，则 $\dot{\gamma}>0$。条件(a)和(b)又称为库恩–塔克(Kuhn-Tucker)互补条件[2]。③ $\dot{\gamma}\cdot\dot{f}=0$，这一条件包含两层意思：(a) $\dot{f}=0\Rightarrow\dot{\gamma}>0$；(b) $\dot{f}<0\Rightarrow\dot{\gamma}=0$。值得注意的是 $\dot{f}$ 不可能为一正值。原因如下：由于当前应力状态位于屈服面上，即 $f=0$。若 $\dot{f}>0$，会导致下一加载步 $f>0$，这与条件(a)不符。相应的证明可通过泰勒展开实现。通过以上三个一致性条件，就可以确定 $\dot{\gamma}$。

6.1.4　率形式的应力-应变关系

一维弹塑性模型应力-应变的率形式可以通过库恩–塔克互补条件和一致性条件确定。有如下两种情况。

(1) $\dot{\gamma}=0$，材料仍处于弹性阶段，$\dot{\varepsilon}^{\mathrm{p}}=0$。将式(6.12)两边对时间求导可得

$$\dot{\sigma}=E\cdot\left(\dot{\varepsilon}-\dot{\varepsilon}^{\mathrm{p}}\right) \tag{6.18}$$

因此，弹性状态下的应力–应变关系为

$$\dot{\sigma}=E\cdot\dot{\varepsilon}^{\mathrm{e}} \tag{6.19}$$

假定材料参数 E 是一常数，跟材料状态无关。

(2) $f=0$，$\dot{\gamma}>0$。由一致性条件可知 $\dot{f}=0$，从而

$$\dot{f}=\frac{\partial f}{\partial\sigma}\dot{\sigma}+\frac{\partial f}{\partial\sigma_{\mathrm{y}}}\frac{\partial\sigma_{\mathrm{y}}}{\partial\gamma_{\mathrm{p}}}\dot{\gamma}_{\mathrm{p}}=\frac{\partial f}{\partial\sigma}\cdot E\cdot\left(\dot{\varepsilon}-\dot{\varepsilon}^{\mathrm{p}}\right)-\frac{\partial\sigma_{\mathrm{y}}}{\partial\alpha}\dot{\alpha}=0 \tag{6.20}$$

一般，材料的硬化与其塑性变形相关。对于最简单的情形，假定 $\dot{\alpha}=\left|\dot{\varepsilon}^{\mathrm{p}}\right|=\dot{\gamma}$。当然，更准确的函数形式则由材料的变形机理确定。考虑到式(6.17)，式(6.20)可简化为

$$\begin{aligned}\dot{f}&=\frac{\partial f}{\partial\sigma}\cdot E\cdot\left(\dot{\varepsilon}-\dot{\varepsilon}^{\mathrm{p}}\right)-\frac{\partial\sigma_{\mathrm{y}}}{\partial\alpha}\dot{\alpha}\\&=\operatorname{sign}(\sigma)\cdot E\cdot\dot{\varepsilon}-E\cdot\dot{\gamma}-\frac{\partial\sigma_{\mathrm{y}}}{\partial\alpha}\dot{\gamma}=0\Rightarrow\dot{\gamma}=\frac{\operatorname{sign}(\sigma)\cdot E\cdot\dot{\varepsilon}}{E+\dfrac{\partial\sigma_{\mathrm{y}}}{\partial\alpha}}\end{aligned} \tag{6.21}$$

将式(6.21)、式(6.17)代入式(6.18)并化简，得

$$\dot{\sigma}=\frac{E\cdot\dfrac{\partial\sigma_{\mathrm{y}}}{\partial\alpha}}{E+\dfrac{\partial\sigma_{\mathrm{y}}}{\partial\alpha}}\cdot\dot{\varepsilon}=E^{\mathrm{ep}}\cdot\dot{\varepsilon},\quad E^{\mathrm{ep}}=\frac{E\cdot\dfrac{\partial\sigma_{\mathrm{y}}}{\partial\alpha}}{E+\dfrac{\partial\sigma_{\mathrm{y}}}{\partial\alpha}} \tag{6.22}$$

式(6.22)即是材料屈服后，率形式的应力–应变关系。式(6.22)中，E^{ep} 为连续型弹塑性模量。考虑两种特殊情况：

(1) 理想塑性(无硬化)，即 $\partial\sigma_{\mathrm{y}}/\partial\alpha=0$，此时 $\dot{\sigma}=0$。

(2) 线性硬化，即 $\partial\sigma_{\mathrm{y}}/\partial\alpha=K$，$K$ 为各向同性硬化模量，此时 E^{ep} 为

$$E^{\mathrm{ep}}=\frac{E\cdot K}{E+K} \tag{6.23}$$

以上两种情形下应力–应变响应如图 6.2 所示。

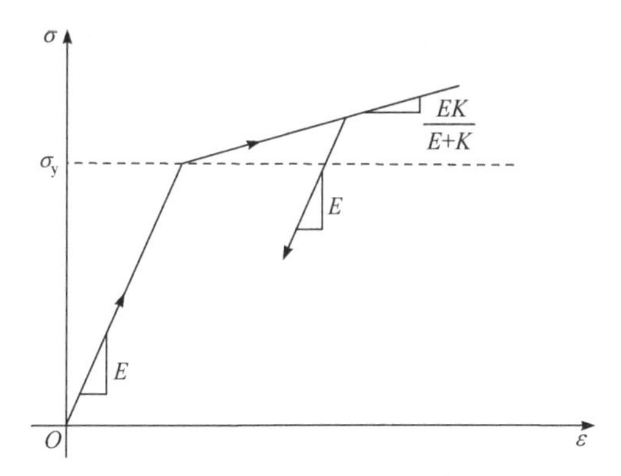

图 6.2　一维弹塑性模型应力–应变响应(理想塑性和线性硬化)

6.1.5　含运动硬化率形式的应力–应变关系

当材料受循环荷载作用，屈服面的中心不再固定，会沿着塑性流动的方向运动，如图 6.3 所示。屈服面中心点的移动会引起材料拉压性能不一致，这一现象被称为包辛格效应(Bauschinger effect，BE)。为了反映这一效应，在屈服函数中引入一额外的变量 q：

$$f(\sigma,q,\alpha)=|\sigma-q|-\sigma_{\mathrm{y}}(\alpha)\leqslant 0 \tag{6.24}$$

式中，q 称为背应力(back stress)，用于确定屈服面中心位置，其大小可以根据 Ziegler 定理确定：

$$\dot{q}=H\dot{\varepsilon}^{\mathrm{p}}=H\cdot\gamma\cdot\frac{\partial f}{\partial\sigma}=H\cdot\gamma\cdot\mathrm{sign}(\sigma-q) \tag{6.25}$$

式中，H 为运动硬化模量。

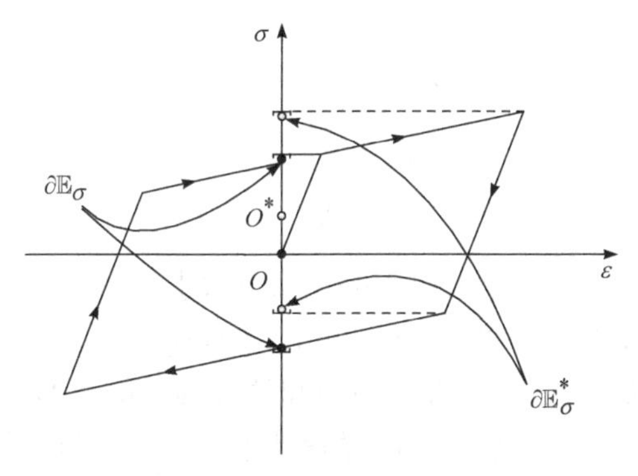

图 6.3　一维弹塑性模型应力–应变响应(运动硬化和线性硬化)

参照 6.1.4 小节，含运动硬化的连续型弹塑性切线模量推导过程如下：

$$\begin{aligned}\dot{f} &= \frac{\partial f}{\partial \sigma}\dot{\sigma} + \frac{\partial f}{\partial q}\dot{q} + \frac{\partial f}{\partial \sigma_{\mathrm{y}}}\frac{\partial \sigma_{\mathrm{y}}}{\partial \gamma_{\mathrm{p}}}\dot{\gamma}_{\mathrm{p}} \\ &= \mathrm{sign}(\sigma - q)\cdot E\cdot\left(\dot{\varepsilon} - \dot{\varepsilon}^{\mathrm{p}}\right) - \mathrm{sign}(\sigma - q)\cdot H\cdot\dot{\gamma}\cdot\mathrm{sign}(\sigma - q) - \frac{\partial \sigma_{\mathrm{y}}}{\partial \alpha}\dot{\gamma} \\ &= \mathrm{sign}(\sigma - q)\cdot E\cdot\dot{\varepsilon} - E\cdot\dot{\gamma} - H\cdot\dot{\gamma} - \frac{\partial \sigma_{\mathrm{y}}}{\partial \alpha}\dot{\gamma} = 0 \Rightarrow \dot{\gamma} = \frac{\mathrm{sign}(\sigma - q)\cdot E\cdot\dot{\varepsilon}}{E + H + \dfrac{\partial \sigma_{\mathrm{y}}}{\partial \alpha}}\end{aligned} \tag{6.26}$$

将式(6.26)、式(6.17)代入式(6.18)并化简，得

$$\dot{\sigma} = \frac{E\cdot\left(H + \dfrac{\partial \sigma_{\mathrm{y}}}{\partial \alpha}\right)}{E + H + \dfrac{\partial \sigma_{\mathrm{y}}}{\partial \alpha}}\cdot\dot{\varepsilon} = E^{\mathrm{ep}}\cdot\dot{\varepsilon}, \quad E^{\mathrm{ep}} = \frac{E\cdot\left(H + \dfrac{\partial \sigma_{\mathrm{y}}}{\partial \alpha}\right)}{E + H + \dfrac{\partial \sigma_{\mathrm{y}}}{\partial \alpha}} \tag{6.27}$$

对于含线性硬化、运动硬化的材料，应力–应变响应如图 6.3 所示。

$$E^{\mathrm{ep}} = \frac{E\cdot(H + K)}{E + H + K} \tag{6.28}$$

6.1.6 控制方程的增量形式

一维弹塑性模型涉及的控制方程如下：

$$\begin{cases}\dot{\sigma} = E\cdot\dot{\varepsilon}^{\mathrm{e}} = E\cdot\left(\dot{\varepsilon} - \dot{\varepsilon}^{\mathrm{p}}\right) \\ \dot{\varepsilon}^{\mathrm{p}} = \dot{\gamma}\mathrm{sign}(\sigma - q) \\ \dot{\alpha} = \dot{\gamma} \\ \dot{q} = H\cdot\dot{\gamma}\mathrm{sign}(\sigma - q) \\ f(\sigma, q, \alpha) = |\sigma - q| - \sigma_{\mathrm{y}}(\alpha) \leqslant 0 \\ \dot{\gamma} > 0, \quad f = 0, \quad \dot{\gamma}f = 0\end{cases} \tag{6.29}$$

在有限元中，非线性问题一般需采用增量法求解。假定总的加载时间为T，考虑 $t\in[0,T]$ 时间段内某一增量步$[t_n,t_{n+1}]$，$\Delta t = t_{n+1} - t_n$，假定在t_n时刻式(6.29)所涉及的所有状态变量已知，外荷载所引起的位移增量为$\Delta U = U_{n+1} - U_n$，相应应变增量为$\Delta\varepsilon_{n+1} = \varepsilon_{n+1} - \varepsilon_n$，数值求解弹塑性本构方程的目标是获得$t_{n+1}$时刻所有的状态变量。

采用 6.1.1 小节提到的欧拉后插法，将式(6.29)离散为

$$
\begin{cases}
\dfrac{\sigma_{n+1}-\sigma_n}{\Delta t}=E\cdot\left(\dfrac{\varepsilon_{n+1}-\varepsilon_n}{\Delta t}-\dfrac{\varepsilon_{n+1}^{\mathrm{p}}-\varepsilon_n^{\mathrm{p}}}{\Delta t}\right)=E\cdot\left(\dfrac{\varepsilon_{n+1}-\varepsilon_{n+1}^{\mathrm{p}}-\varepsilon_n^{\mathrm{e}}}{\Delta t}\right)\\
\dfrac{\varepsilon_{n+1}^{\mathrm{p}}-\varepsilon_n^{\mathrm{p}}}{\Delta t}=\dfrac{\Delta\gamma}{\Delta t}\operatorname{sign}\left(\sigma_{n+1}-q_{n+1}\right)\\
\dfrac{\alpha_{n+1}-\alpha_n}{\Delta t}=\dfrac{\Delta\gamma}{\Delta t}\\
\dfrac{q_{n+1}-q_n}{\Delta t}=H\cdot\dfrac{\Delta\gamma}{\Delta t}\operatorname{sign}\left(\sigma_{n+1}-q_{n+1}\right)\\
f\left(\sigma_{n+1},q_{n+1},\alpha_{n+1}\right)=\left|\sigma_{n+1}-q_{n+1}\right|-\sigma_{\mathrm{y}}\left(\alpha_{n+1}\right)\leqslant 0\\
\Delta\gamma\geqslant 0,\quad f_{n+1}=0,\quad \Delta\gamma f_{n+1}=0
\end{cases}
\tag{6.30}
$$

式中，$(\cdot)_{n+1}=(\cdot)_n+\Delta(\cdot)_{n+1}$ (括号中代表任意的状态变量)，下标分别表示 t_n 时刻和 t_{n+1} 时刻的值；$\Delta\gamma=\dot{\gamma}\cdot\Delta t$ 。式(6.30)前四式进一步化简为

$$
\begin{cases}
\sigma_{n+1}=\sigma_n+E\cdot\left(\Delta\varepsilon_{n+1}-\Delta\varepsilon_{n+1}^{\mathrm{p}}\right)\\
\varepsilon_{n+1}^{\mathrm{p}}=\varepsilon_n^{\mathrm{p}}+\Delta\gamma\operatorname{sign}\left(\sigma_{n+1}-q_{n+1}\right)\\
\alpha_{n+1}=\alpha_n+\Delta\gamma\\
q_{n+1}=q_n+H\cdot\Delta\gamma\operatorname{sign}\left(\sigma_{n+1}-q_{n+1}\right)
\end{cases}
\tag{6.31}
$$

相应的，状态变量 σ_{n+1}、$\varepsilon_{n+1}^{\mathrm{p}}$、$\alpha_{n+1}$、$q_{n+1}$ 需要满足屈服准则和库恩-塔克互补条件，即式(6.31)后两式。

6.1.7　基于弹性预测/塑性修正的求解算法

由于屈服准则和库恩-塔克互补条件的存在，上述非线性方程组的求解不能采用偏微分方程初值问题的求解策略。目前，式(6.30)的求解可采用经典的弹性预测(elastic predictor)/塑性修正(plastic corrector)算法。主要思路如下为：①弹性预测。当施加应变增量 $\Delta\varepsilon_{n+1}$，假定材料仍处于弹性状态，即 $\Delta\gamma=0$ ($\Delta\varepsilon_{n+1}^{\mathrm{p}}=0$)。此时的状态变量为 $\sigma_{n+1}^{\mathrm{trial}}=\sigma_n+E\cdot\Delta\varepsilon_{n+1}$，$\varepsilon_{n+1}^{\mathrm{p,trial}}$，$\alpha_{n+1}^{\mathrm{trial}}$，$q_{n+1}^{\mathrm{trial}}$，上标 trial 表示预测。若 $f_{n+1}^{\mathrm{trial}}=f\left(\sigma_{n+1}^{\mathrm{trial}},q_{n+1}^{\mathrm{trial}},\alpha_{n+1}^{\mathrm{trial}}\right)<0$，则弹性预测的状态即是材料的真实状态，即 $\sigma_{n+1}=\sigma_{n+1}^{\mathrm{trial}}$，$\varepsilon_{n+1}^{\mathrm{p}}=\varepsilon_{n+1}^{\mathrm{p,trial}}$，$\alpha_{n+1}=\alpha_{n+1}^{\mathrm{trial}}$，$q_{n+1}=q_{n+1}^{\mathrm{trial}}$。②塑性修正。$f_{n+1}^{\mathrm{trial}}=\left(\sigma_{n+1}^{\mathrm{trial}},q_{n+1}^{\mathrm{trial}},\alpha_{n+1}^{\mathrm{trial}}\right)>0$，即当前的应力状态位于屈服面之外，需要通过塑性修正使应力状态重新回到屈服面之上，如图 6.4 所示。

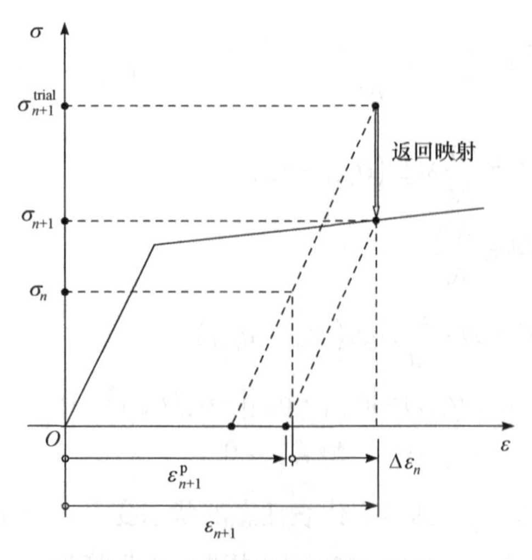

图 6.4　弹性预测/塑性修正算法

塑性修正的目的即寻找既满足屈服准则又满足库恩–塔克互补条件的状态变量。为了达到上述目的，需求解如下非线性方程组：

$$\begin{cases} \sigma_{n+1} = E \cdot \left(\varepsilon_{n+1} - \varepsilon_{n+1}^{\text{p}}\right) \\ \varepsilon_{n+1}^{\text{p}} = \varepsilon_n^{\text{p}} + \Delta\gamma \text{sign}\left(\sigma_{n+1} - q_{n+1}\right) \\ \alpha_{n+1} = \alpha_n + \Delta\gamma \\ q_{n+1} = q_n + H \cdot \Delta\gamma \text{sign}\left(\sigma_{n+1} - q_{n+1}\right) \\ f_{n+1} = \left|\sigma_{n+1} - q_{n+1}\right| - \sigma_{\text{y}}\left(\alpha_{n+1}\right) \end{cases} \Rightarrow \begin{cases} \sigma_{n+1} = E \cdot \left(\varepsilon_{n+1} - \varepsilon_{n+1}^{\text{p}}\right) \\ \varepsilon_{n+1}^{\text{p}} = \varepsilon_n^{\text{p}} + \Delta\gamma \text{sign}\left(\xi_{n+1}\right) \\ \alpha_{n+1} = \alpha_n + \Delta\gamma \\ q_{n+1} = q_n + H \cdot \Delta\gamma \text{sign}\left(\xi_{n+1}\right) \\ f_{n+1} = \left|\xi_{n+1}\right| - \sigma_{\text{y}}\left(\alpha_{n+1}\right) \end{cases} \tag{6.32}$$

式中，$\varepsilon_{n+1} = \varepsilon_n + \Delta\varepsilon_{n+1}$，$\xi_{n+1} = \sigma_{n+1} - q_{n+1}$。方程组中共有 5 个变量，$\sigma_{n+1}$、$\varepsilon_{n+1}^{\text{p}}$、$\alpha_{n+1}$、$q_{n+1}$、$\Delta\gamma$。方程数量和未知数数量相同，方程组闭合。采用 NR 法求解上述非线性方程组。

将式(6.32)改写为

$$\begin{cases} g_1\left(\sigma_{n+1}, \varepsilon_{n+1}^{\text{p}}, \alpha_{n+1}, q_{n+1}, \Delta\gamma\right) = \dfrac{1}{E}\sigma_{n+1} - \varepsilon_{n+1} - \varepsilon_{n+1}^{\text{p}} = 0 \\ g_2\left(\sigma_{n+1}, \varepsilon_{n+1}^{\text{p}}, \alpha_{n+1}, q_{n+1}, \Delta\gamma\right) = \varepsilon_{n+1}^{\text{p}} - \varepsilon_n^{\text{p}} - \Delta\gamma \text{sign}\left(\xi_{n+1}\right) = 0 \\ g_3\left(\sigma_{n+1}, \varepsilon_{n+1}^{\text{p}}, \alpha_{n+1}, q_{n+1}, \Delta\gamma\right) = \alpha_{n+1} - \alpha_n - \Delta\gamma = 0 \\ g_4\left(\sigma_{n+1}, \varepsilon_{n+1}^{\text{p}}, \alpha_{n+1}, q_{n+1}, \Delta\gamma\right) = \dfrac{1}{H} q_{n+1} - \dfrac{1}{H} q_n - \Delta\gamma \text{sign}\left(\xi_{n+1}\right) = 0 \\ g_2\left(\sigma_{n+1}, \varepsilon_{n+1}^{\text{p}}, \alpha_{n+1}, q_{n+1}, \Delta\gamma\right) = \left|\xi_{n+1}\right| - \sigma_{\text{y}}\left(\alpha_{n+1}\right) = 0 \end{cases} \tag{6.33}$$

式中，$g_i\left(\sigma_{n+1},\varepsilon_{n+1}^{\mathrm{p}},\alpha_{n+1},q_{n+1},\Delta\gamma\right),i=1,2,3,4,5$ 都是独立的非线性方程组。将式写为更紧凑的形式：

$$\boldsymbol{g}(\boldsymbol{x})=0 \tag{6.34}$$

其中

$$\boldsymbol{g}(\boldsymbol{x})=\left[g_1(\boldsymbol{x}),g_2(\boldsymbol{x}),g_3(\boldsymbol{x}),g_4(\boldsymbol{x}),g_5(\boldsymbol{x})\right]^{\mathrm{T}}$$

$$\boldsymbol{x}=\left[x_1,x_2,x_3,x_4,x_5\right]^{\mathrm{T}}=\left[\sigma_{n+1},\varepsilon_{n+1}^{\mathrm{p}},\alpha_{n+1},q_{n+1},\Delta\gamma\right]^{\mathrm{T}}$$

式中，上标T表示转置。为了应用NR法，需要求解相应的雅可比矩阵，即

$$\left[\boldsymbol{J}(\boldsymbol{x})\right]=\begin{bmatrix} \frac{\partial g_1(\boldsymbol{x})}{\partial x_1} & \frac{\partial g_1(\boldsymbol{x})}{\partial x_2} & \frac{\partial g_1(\boldsymbol{x})}{\partial x_3} & \frac{\partial g_1(\boldsymbol{x})}{\partial x_4} & \frac{\partial g_1(\boldsymbol{x})}{\partial x_5} \\ \frac{\partial g_2(\boldsymbol{x})}{\partial x_1} & \frac{\partial g_2(\boldsymbol{x})}{\partial x_2} & \frac{\partial g_2(\boldsymbol{x})}{\partial x_3} & \frac{\partial g_2(\boldsymbol{x})}{\partial x_4} & \frac{\partial g_2(\boldsymbol{x})}{\partial x_5} \\ \frac{\partial g_3(\boldsymbol{x})}{\partial x_1} & \frac{\partial g_3(\boldsymbol{x})}{\partial x_2} & \frac{\partial g_3(\boldsymbol{x})}{\partial x_3} & \frac{\partial g_3(\boldsymbol{x})}{\partial x_4} & \frac{\partial g_3(\boldsymbol{x})}{\partial x_5} \\ \frac{\partial g_4(\boldsymbol{x})}{\partial x_1} & \frac{\partial g_4(\boldsymbol{x})}{\partial x_2} & \frac{\partial g_4(\boldsymbol{x})}{\partial x_3} & \frac{\partial g_4(\boldsymbol{x})}{\partial x_4} & \frac{\partial g_4(\boldsymbol{x})}{\partial x_5} \\ \frac{\partial g_5(\boldsymbol{x})}{\partial x_1} & \frac{\partial g_5(\boldsymbol{x})}{\partial x_2} & \frac{\partial g_5(\boldsymbol{x})}{\partial x_3} & \frac{\partial g_5(\boldsymbol{x})}{\partial x_4} & \frac{\partial g_5(\boldsymbol{x})}{\partial x_5} \end{bmatrix}$$
$$=\begin{bmatrix} 1/E & -1 & 0 & 0 & 0 \\ 0 & 1 & 0 & 0 & -\operatorname{sign}(\xi_{n+1}) \\ 0 & 0 & 1 & 0 & -1 \\ 0 & 0 & 0 & 1/H & -\operatorname{sign}(\xi_{n+1}) \\ \operatorname{sign}(\xi_{n+1}) & 0 & -\frac{\partial\sigma_{\mathrm{y}}}{\partial\alpha} & -\operatorname{sign}(\xi_{n+1}) & 0 \end{bmatrix} \tag{6.35}$$

NR 法的初始值为 $\boldsymbol{x}^{(0)}=\left[\sigma_{n+1}^{(0)},\varepsilon_{n+1}^{p,(0)},\alpha_{n+1}^{(0)},q_{n+1}^{(0)},\Delta\gamma^{0}\right]=\left[\sigma_{n+1}^{\mathrm{trial}},\varepsilon_{n}^{\mathrm{p}},\alpha_n,q_n,0\right]$。对于第 $k+1$ 个迭代步，相应的解为

$$\boldsymbol{x}_{n+1}^{(k+1)}=\boldsymbol{x}_{n+1}^{(k)}-\left[\boldsymbol{J}\left(\boldsymbol{x}_{n+1}^{(k)}\right)\right]^{-1}\boldsymbol{g}\left(\boldsymbol{x}_{n+1}^{(k)}\right) \tag{6.36}$$

若 $\left\|\boldsymbol{g}\left(\boldsymbol{x}_{n+1}^{(k+1)}\right)\right\|\geqslant \mathrm{Tol}$ (Tol 是误差容许值)，则程序继续相应的迭代，直至 $\left\|\boldsymbol{g}\left(\boldsymbol{x}_{n+1}^{(k+1)}\right)\right\|<\mathrm{Tol}$。相应的求解流程如下。

Ⅰ）弹性预测

$$\varepsilon_{n+1}^{\mathrm{trial}} = \varepsilon_n + \Delta\varepsilon_{n+1} \qquad \varepsilon_{n+1}^{\mathrm{p,trial}} = \varepsilon_n^{\mathrm{p}}$$

$$\sigma_{n+1}^{\mathrm{trial}} = E\cdot\left(\varepsilon_{n+1}^{\mathrm{trial}} - \varepsilon_{n+1}^{\mathrm{p,trial}}\right) \qquad \alpha_{n+1}^{\mathrm{trial}} = \alpha_n$$

$$q_{n+1}^{\mathrm{trial}} = q_n \qquad \varsigma_{n+1}^{\mathrm{trial}} = \alpha_{n+1}^{\mathrm{trial}} - q_{n+1}^{\mathrm{trial}}$$

Ⅱ）塑性预测

If $f_{n+1}^{\mathrm{trial}} = f\left(\sigma_{n+1}^{\mathrm{trial}}, q_{n+1}^{\mathrm{trial}}, \alpha_{n+1}^{\mathrm{trial}}\right) < 0$ then

　$(\cdot)_{n+1} = (\cdot)_{n+1}^{\mathrm{trial}}$

　Goto step Ⅳ)

Else

　Goto step Ⅲ)

End

Ⅲ）塑性修正(应力迭代)

Do while $k < k_{\max}$（$k_{\max}$为循环终值）

　　计算式(6.35)左侧的残差

　　If $\|g(x)\| < \mathrm{Tol}$ then

　　　$(\cdot)_{n+1} = (\cdot)_{n+1}^{(k)}$

　　　Goto step Ⅳ)

　　End

　　按照雅可比矩阵和残差求解修正量

　　按式(6.36)更新状态变量

End

Ⅳ）求解一致性弹塑性模型、返回主程序

6.1.8　一致性弹塑性模量

6.1.7小节中推导了连续型弹塑性模量，本节将推导一致性弹塑性模量。所谓一致性，是指模量的求解和本构模型的应力迭代算法一致。而且一致性弹塑性模量联系的是应力增量和应变增量之间的关系(而非连续型弹塑性模量所联系的应力率和应变率之间的关系)，如

$$E_{\mathrm{c},n+1}^{\mathrm{ep}} = \frac{\partial\sigma_{n+1}}{\partial\varepsilon_{n+1}} = \frac{\partial\Delta\sigma_{n+1}}{\partial\Delta\varepsilon_{n+1}} \tag{6.37}$$

式中，下标c是consistent(一致性)的缩写。为了推导一致性弹塑性模量，对式(6.32)取全导数，得

$$\begin{bmatrix} \dfrac{1}{E}\mathrm{d}\sigma_{n+1}-\mathrm{d}\varepsilon_{n+1}^{\mathrm{p}} \\ \mathrm{d}\varepsilon_{n+1}^{\mathrm{p}}-\mathrm{d}\Delta\gamma\mathrm{sign}\left(\xi_{n+1}\right) \\ \mathrm{d}\alpha_{n+1}-\mathrm{d}\Delta\gamma \\ \mathrm{d}q_{n+1}-H\cdot\mathrm{d}\Delta\gamma\mathrm{sign}\left(\xi_{n+1}\right) \\ \mathrm{d}\sigma_{n+1}\mathrm{sign}\left(\xi_{n+1}\right)-\sigma_y'\left(\alpha_{n+1}\right)\mathrm{d}\alpha_{n+1}-\mathrm{d}q_{n+1}\mathrm{sign}\left(\xi_{n+1}\right) \end{bmatrix}=\begin{bmatrix} \mathrm{d}\varepsilon_{n+1} \\ 0 \\ 0 \\ 0 \\ 0 \end{bmatrix} \tag{6.38}$$

将式(6.38)整理为

$$\begin{bmatrix} 1/E & -1 & 0 & 0 & 0 \\ 0 & 1 & 0 & 0 & -\mathrm{sign}\left(\xi_{n+1}\right) \\ 0 & 0 & 1 & 0 & -1 \\ 0 & 0 & 0 & 1/H & -\mathrm{sign}\left(\xi_{n+1}\right) \\ \mathrm{sign}\left(\xi_{n+1}\right) & 0 & -\dfrac{\partial\sigma_{\mathrm{y}}}{\partial\alpha} & -\mathrm{sign}\left(\xi_{n+1}\right) & 0 \end{bmatrix}\begin{bmatrix} \mathrm{d}\sigma_{n+1} \\ \mathrm{d}\varepsilon_{n+1}^{p} \\ \mathrm{d}\alpha_{n+1} \\ \mathrm{d}q_{n+1} \\ \mathrm{d}\Delta\gamma \end{bmatrix}=\begin{bmatrix} \mathrm{d}\varepsilon_{n+1} \\ 0 \\ 0 \\ 0 \\ 0 \end{bmatrix} \tag{6.39}$$

式(6.39)中的所有变量都是$n+1$步最终的状态变量，即应力迭代收敛值。对式(6.39)求逆，得

$$\begin{bmatrix} \mathrm{d}\sigma_{n+1} \\ \mathrm{d}\varepsilon_{n+1}^{\mathrm{p}} \\ \mathrm{d}\alpha_{n+1} \\ \mathrm{d}q_{n+1} \\ \mathrm{d}\Delta\gamma \end{bmatrix}=\begin{bmatrix} A_{11} & A_{12} & A_{13} & A_{14} & A_{15} \\ A_{21} & A_{22} & A_{23} & A_{24} & A_{25} \\ A_{31} & A_{32} & A_{33} & A_{34} & A_{35} \\ A_{41} & A_{42} & A_{43} & A_{44} & A_{45} \\ A_{51} & A_{52} & A_{53} & A_{54} & A_{55} \end{bmatrix}\begin{bmatrix} \mathrm{d}\varepsilon_{n+1} \\ 0 \\ 0 \\ 0 \\ 0 \end{bmatrix} \tag{6.40}$$

其中，

$$[\boldsymbol{A}]^{-1}=\begin{bmatrix} 1/E & -1 & 0 & 0 & 0 \\ 0 & 1 & 0 & 0 & -\mathrm{sign}\left(\xi_{n+1}\right) \\ 0 & 0 & 1 & 0 & -1 \\ 0 & 0 & 0 & 1/H & -\mathrm{sign}\left(\xi_{n+1}\right) \\ \mathrm{sign}\left(\xi_{n+1}\right) & 0 & -\dfrac{\partial\sigma_{\mathrm{y}}}{\partial\alpha} & -\mathrm{sign}\left(\xi_{n+1}\right) & 0 \end{bmatrix}$$

由式(6.37)定义可知，弹塑性一致性切线模量为

$$E_{\mathrm{c},n+1}^{\mathrm{ep}}=\frac{\partial\sigma_{n+1}}{\partial\varepsilon_{n+1}}=A_{11} \tag{6.41}$$

另外

$$\frac{\mathrm{d}\alpha_{n+1}}{\mathrm{d}\varepsilon_{n+1}} = A_{31}, \quad \frac{\mathrm{d}q_{n+1}}{\mathrm{d}\varepsilon_{n+1}} = A_{41} \tag{6.42}$$

分别建立了内变量增量和背应力增量与应变增量的关系。就有限元计算而言，一致性弹塑性模量可以保证牛顿迭代法在方程(组)解附近固有的平方收敛特性。但是，只要计算收敛，一致性弹塑性模量不会影响计算结果的精度。

对比式(6.39)与式(6.35)发现，等式左侧与雅可比矩阵$[\boldsymbol{J}]$一致。因此，实际计算中，可直接对收敛的雅可比矩阵$[\boldsymbol{J}]$求逆，相应逆矩阵的子矩阵即是所需的一致性弹塑性模量。程序调试阶段一致性弹塑性模量可直接采用弹性模量，在确保应力积分算法收敛后，再将雅可比矩阵逆矩阵的子矩阵赋给一致性弹塑性模量。

6.2 三维弹塑性模型及数值求解框架

6.2.1 模型概述

三维弹塑性模型和一维弹塑性模型的框架基本一致。因此，这里只简述相关内容。

(1) 小应变情况下，根据叠加原理，总应变张量$\boldsymbol{\varepsilon}$是弹性应变张量$\boldsymbol{\varepsilon}^{\mathrm{e}}$和塑性应变张量$\boldsymbol{\varepsilon}^{\mathrm{p}}$之和：

$$\boldsymbol{\varepsilon} = \boldsymbol{\varepsilon}^{\mathrm{e}} + \boldsymbol{\varepsilon}^{\mathrm{p}}, \quad \varepsilon_{ij} = \varepsilon_{ij}^{\mathrm{e}} + \varepsilon_{ij}^{\mathrm{p}}, \quad i,j = 1,2,3 \tag{6.43}$$

(2) 应力张量$\boldsymbol{\sigma}$与弹性应变张量$\boldsymbol{\varepsilon}^{\mathrm{e}}$之间的关系由胡克定律确定，即

$$\boldsymbol{\sigma} = \mathbb{C}:\boldsymbol{\varepsilon}^{\mathrm{e}} = \mathbb{C}:\left(\boldsymbol{\varepsilon} - \boldsymbol{\varepsilon}^{\mathrm{p}}\right), \quad \sigma_{ij} = C_{ijkl}:\left(\varepsilon_{kl} - \varepsilon_{kl}^{\mathrm{p}}\right) \tag{6.44}$$

式中，$\mathbb{C}$是四阶弹性张量。

(3) 内变量向量$\boldsymbol{\alpha} = \{\alpha_1, \alpha_2, \alpha_3, \cdots, \alpha_m\}$，如一维弹塑性模型中反映硬化的内变量和背应力张量。$f(\boldsymbol{\sigma}, \boldsymbol{\alpha})$为屈服函数，对于弹塑性模型，应力状态不可能位于屈服面之外，定义如下容许应力状态的集合：

$$\mathbb{E}_{\sigma} = \left\{(\boldsymbol{\sigma}, \boldsymbol{\alpha}) \in \mathbb{S} \times \mathbb{R}^m \middle| f(\boldsymbol{\sigma}, \boldsymbol{\alpha}) \leqslant 0\right\} \tag{6.45}$$

弹性区域$\mathrm{int}(\mathbb{E}_{\sigma})$为

$$\mathrm{int}(\mathbb{E}_{\sigma}) = \left\{(\boldsymbol{\sigma}, \boldsymbol{\alpha}) \in \mathbb{S} \times \mathbb{R}^m \middle| f(\boldsymbol{\sigma}, \boldsymbol{\alpha}) < 0\right\} \tag{6.46}$$

应力空间的屈服面$\partial(\mathbb{E}_{\sigma})$为

$$\partial(\mathbb{E}_{\sigma}) = \left\{(\boldsymbol{\sigma}, \boldsymbol{\alpha}) \in \mathbb{S} \times \mathbb{R}^m \middle| f(\boldsymbol{\sigma}, \boldsymbol{\alpha}) = 0\right\} \tag{6.47}$$

(4) 流动法则和硬化法则如下：

$$\begin{cases}\dot{\boldsymbol{\varepsilon}}^{\mathrm{p}}=\dot{\gamma}\boldsymbol{r}(\boldsymbol{\sigma},\boldsymbol{\alpha})\\ \dot{\boldsymbol{\alpha}}=-\dot{\gamma}\boldsymbol{h}(\boldsymbol{\sigma},\boldsymbol{\alpha})\end{cases}\tag{6.48}$$

式中，$\boldsymbol{r}$ 和 $\boldsymbol{h}$ 是自定义函数，一般需要通过实验确定，当采用关联流动法则，$\boldsymbol{r}(\boldsymbol{\sigma},\boldsymbol{\alpha})=\partial f/\partial\boldsymbol{\sigma}$；$\gamma$ 是非负乘子，由库恩–塔克互补条件(也称为加载/卸载条件)和一致性条件确定：

$$\begin{cases}\dot{\gamma}\geqslant 0,\quad f(\boldsymbol{\sigma},\boldsymbol{\alpha})\leqslant 0,\quad \dot{\gamma}f(\boldsymbol{\sigma},\boldsymbol{\alpha})=0\\ \dot{\gamma}\dot{f}(\boldsymbol{\sigma},\boldsymbol{\alpha})=0\end{cases}\tag{6.49}$$

参照 6.1.3 小节的内容，如果应力状态位于弹性区域，即 $\{\boldsymbol{\sigma},\boldsymbol{\alpha}\}\in\mathrm{int}(\mathbb{E}_{\sigma})$，则 $f(\boldsymbol{\sigma},\boldsymbol{\alpha})<0$，由库恩–塔克互补条件可知 $\dot{\gamma}=0$。如果应力状态位于屈服面上，即 $\{\boldsymbol{\sigma},\boldsymbol{\alpha}\}\in\partial(\mathbb{E}_{\sigma})$，$f(\boldsymbol{\sigma},\boldsymbol{\alpha})=0$，此时 γ 的值由一致性条件确定。

(1) $\dot{f}(\boldsymbol{\sigma},\boldsymbol{\alpha})<0\Rightarrow\dot{\boldsymbol{\gamma}}=0$。此时，材料由屈服状态转至弹性状态，表明材料经历了弹性卸载。

(2) $\dot{f}(\boldsymbol{\sigma},\boldsymbol{\alpha})=0$，一致性条件自动满足。由于 $\dot{\gamma}$ 是一非负的乘子，则会对应以下两种情况：① $\dot{\gamma}>0$，则材料由当前的塑性状态进入新的塑性状态，即所谓的塑型加载；② $\dot{\gamma}=0$，材料应力状态从屈服面的当前位置移动到同一个屈服面的另一个位置，即所谓的中性加载。

三维弹塑性模型相关的方程如下。

弹性应力–应变关系：

$$\boldsymbol{\sigma}=\mathbb{C}:\boldsymbol{\varepsilon}^{\mathrm{e}}=\mathbb{C}:(\boldsymbol{\varepsilon}-\boldsymbol{\varepsilon}^{\mathrm{p}})$$

弹性域：

$$\mathrm{int}(\mathbb{E}_{\sigma})=\{(\boldsymbol{\sigma},\boldsymbol{\alpha})\in\mathbb{S}\times\mathbb{R}^{m}\mid f(\boldsymbol{\sigma},\boldsymbol{\alpha})<0\}$$

流动法则和硬化法则：

$$\begin{cases}\dot{\boldsymbol{\varepsilon}}^{\mathrm{p}}=\dot{\boldsymbol{\gamma}}\boldsymbol{r}(\boldsymbol{\sigma},\boldsymbol{\alpha})\\ \dot{\alpha}=-\dot{\boldsymbol{\gamma}}\boldsymbol{h}(\boldsymbol{\sigma},\boldsymbol{\alpha})\end{cases}$$

库恩–塔克条件和一致性条件：

$$\begin{cases}\dot{\boldsymbol{\gamma}}\geqslant 0,\quad f(\boldsymbol{\sigma},\boldsymbol{\alpha})\leqslant 0,\quad \dot{\boldsymbol{\gamma}}f(\boldsymbol{\sigma},\boldsymbol{\alpha})=0\\ \dot{\boldsymbol{\gamma}}\dot{f}(\boldsymbol{\sigma},\boldsymbol{\alpha})=0\end{cases}$$

6.2.2　率形式的应力–应变关系

弹性状态下，应力率和应变率的关系如下：

$$\dot{\boldsymbol{\sigma}}=\mathbb{C}:\dot{\boldsymbol{\varepsilon}}\tag{6.50}$$

塑性加载状态下，应力率和应变率的关系满足：

$$\dot{\boldsymbol{\sigma}} = \mathbb{C}:\left(\dot{\boldsymbol{\varepsilon}} - \dot{\boldsymbol{\varepsilon}}^{\mathrm{p}}\right) \tag{6.51}$$

由一致性条件得

$$\begin{aligned}\dot{f}\left(\boldsymbol{\sigma},\boldsymbol{\alpha}\right) &= \frac{\partial f}{\partial \boldsymbol{\sigma}}\dot{\boldsymbol{\sigma}} + \frac{\partial f}{\partial \boldsymbol{\alpha}}\dot{\boldsymbol{\alpha}} = \frac{\partial f}{\partial \boldsymbol{\sigma}}:\mathbb{C}:\left(\dot{\boldsymbol{\varepsilon}} - \dot{\boldsymbol{\varepsilon}}^{\mathrm{p}}\right) + \frac{\partial f}{\partial \boldsymbol{\alpha}}\dot{\boldsymbol{\alpha}} \\ &= \frac{\partial f}{\partial \boldsymbol{\sigma}}:\mathbb{C}:\dot{\boldsymbol{\varepsilon}} - \dot{\gamma}\left(\frac{\partial f}{\partial \boldsymbol{\sigma}}:\mathbb{C}:\boldsymbol{r} + \frac{\partial f}{\partial \boldsymbol{\alpha}}\cdot\boldsymbol{h}\right) = 0\end{aligned} \tag{6.52}$$

由此可得塑性乘子的表达式为

$$\dot{\gamma} = \frac{\dfrac{\partial f}{\partial \boldsymbol{\sigma}}:\mathbb{C}:\dot{\boldsymbol{\varepsilon}}}{\left(\dfrac{\partial f}{\partial \boldsymbol{\sigma}}:\mathbb{C}:\boldsymbol{r} + \dfrac{\partial f}{\partial \boldsymbol{\alpha}}\cdot\boldsymbol{h}\right)} \tag{6.53}$$

将式(6.53)、式(6.48)代入式(6.51)可得应力率和应变率的关系式：

$$\dot{\boldsymbol{\sigma}} = \mathbb{C}^{\mathrm{ep}}:\dot{\boldsymbol{\varepsilon}} \tag{6.54}$$

式中，$\mathbb{C}^{\mathrm{ep}}$ 为连续型弹塑性模量：

$$\mathbb{C}^{\mathrm{ep}} = \mathbb{C} - \frac{\mathbb{C}:\boldsymbol{r}\otimes\mathbb{C}:\dfrac{\partial f}{\partial \boldsymbol{\sigma}}}{\dfrac{\partial f}{\partial \boldsymbol{\sigma}}:\mathbb{C}:\boldsymbol{r} + \dfrac{\partial f}{\partial \boldsymbol{\alpha}}\cdot\boldsymbol{h}} \tag{6.55}$$

$\mathbb{C}^{\mathrm{ep}}$ 当且仅当 $\boldsymbol{r}\left(\boldsymbol{\sigma},\boldsymbol{\alpha}\right) = \partial_{\boldsymbol{\sigma}} f\left(\boldsymbol{\sigma},\boldsymbol{\alpha}\right)$ 才是对称的，即塑性势函数和屈服函数一致(关联准则)。

6.2.3 基于弹性预测/塑性修正的求解算法

和三维弹塑性模型相关的方程如下：

$$\begin{cases}\dot{\boldsymbol{\sigma}} = \mathbb{C}:\left(\dot{\boldsymbol{\varepsilon}} - \dot{\boldsymbol{\varepsilon}}^{\mathrm{p}}\right) \\ \dot{\boldsymbol{\varepsilon}}^{\mathrm{p}} = \dot{\gamma}\boldsymbol{r}\left(\boldsymbol{\sigma},\boldsymbol{\alpha}\right) \\ \dot{\boldsymbol{\alpha}} = -\dot{\gamma}\boldsymbol{h}\left(\boldsymbol{\sigma},\boldsymbol{\alpha}\right) \\ f\left(\boldsymbol{\sigma},\boldsymbol{\alpha}\right) \leqslant 0 \\ \dot{\gamma} > 0, \quad f = 0, \quad \dot{\gamma} f = 0\end{cases} \tag{6.56}$$

仿照欧拉后插法，将式(6.56)离散为

$$
\begin{cases}
\boldsymbol{\sigma}_{n+1}=\mathbb{C}:\left(\boldsymbol{\varepsilon}_{n+1}-\boldsymbol{\varepsilon}_{n+1}^{\mathrm{p}}\right) \\
\boldsymbol{\varepsilon}_{n+1}^{\mathrm{p}}=\boldsymbol{\varepsilon}_{n}^{\mathrm{p}}+\Delta\gamma\boldsymbol{r}\left(\boldsymbol{\sigma}_{n+1},\boldsymbol{\alpha}_{n+1}\right)=\boldsymbol{\varepsilon}_{n}^{\mathrm{p}}+\Delta\gamma\boldsymbol{r}_{n+1} \\
\boldsymbol{\alpha}_{n+1}=\boldsymbol{\alpha}_{n}-\Delta\gamma\boldsymbol{h}\left(\boldsymbol{\sigma}_{n+1},\boldsymbol{\alpha}_{n+1}\right)=\boldsymbol{\alpha}_{n}-\Delta\gamma\boldsymbol{h}_{n+1} \\
f\left(\boldsymbol{\sigma}_{n+1},\boldsymbol{\alpha}_{n+1}\right)=f_{n+1}\leqslant 0 \\
\Delta\gamma>0,\quad f_{n+1}=0,\quad \Delta\gamma f_{n+1}=0
\end{cases}
\tag{6.57}
$$

图 6.5 给出了弹性预测/塑性修正算法的图解形式。将 6.1.7 小节提到的弹性预测和塑性修正算法应用于式(6.57)，塑性加载条件下，最终需要求解的方程组为

$$
\begin{cases}
\mathbb{C}^{-1}:\boldsymbol{\sigma}_{n+1}-\boldsymbol{\varepsilon}_{n+1}+\boldsymbol{\varepsilon}_{n+1}^{\mathrm{p}}=0 \\
\boldsymbol{\varepsilon}_{n+1}^{\mathrm{p}}=\boldsymbol{\varepsilon}_{n}^{\mathrm{p}}+\Delta\gamma\boldsymbol{r}\left(\boldsymbol{\sigma}_{n+1},\boldsymbol{\alpha}_{n+1}\right)=\boldsymbol{\varepsilon}_{n}^{\mathrm{p}}+\Delta\gamma\boldsymbol{r}_{n+1} \\
\boldsymbol{\alpha}_{n+1}=\boldsymbol{\alpha}_{n}-\Delta\gamma\boldsymbol{h}\left(\boldsymbol{\sigma}_{n+1},\boldsymbol{\alpha}_{n+1}\right)=\boldsymbol{\alpha}_{n}-\Delta\gamma\boldsymbol{h}_{n+1} \\
f\left(\boldsymbol{\sigma}_{n+1},\boldsymbol{\alpha}_{n+1}\right)=f_{n+1}=0
\end{cases}
\tag{6.58}
$$

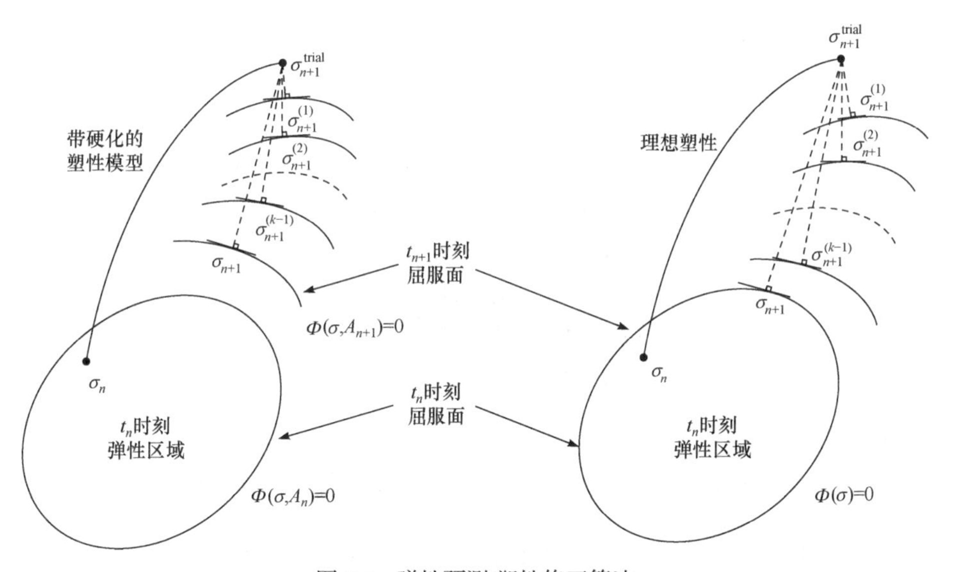

图 6.5　弹性预测/塑性修正算法

采用牛顿法求解上述非线性方程组。将式(6.59)改写为

$$
\boldsymbol{g}\left(\boldsymbol{x}_{n+1}\right)=
\begin{cases}
\boldsymbol{g}_1\left(\boldsymbol{\sigma}_{n+1},\boldsymbol{\varepsilon}_{n+1}^{\mathrm{p}},\boldsymbol{\alpha}_{n+1},\Delta\gamma\right)=\mathbb{C}^{-1}:\boldsymbol{\sigma}_{n+1}-\boldsymbol{\varepsilon}_{n+1}+\boldsymbol{\varepsilon}_{n+1}^{\mathrm{p}}=\boldsymbol{0} \\
\boldsymbol{g}_2\left(\boldsymbol{\sigma}_{n+1},\boldsymbol{\varepsilon}_{n+1}^{\mathrm{p}},\boldsymbol{\alpha}_{n+1},\Delta\gamma\right)=\boldsymbol{\varepsilon}_{n+1}^{\mathrm{p}}-\boldsymbol{\varepsilon}_{n}^{\mathrm{p}}-\Delta\gamma\boldsymbol{r}_{n+1}=\boldsymbol{0} \\
\boldsymbol{g}_3\left(\boldsymbol{\sigma}_{n+1},\boldsymbol{\varepsilon}_{n+1}^{\mathrm{p}},\boldsymbol{\alpha}_{n+1},\Delta\gamma\right)=\boldsymbol{\alpha}_{n+1}-\boldsymbol{\alpha}_{n}+\Delta\gamma\boldsymbol{h}_{n+1}=\boldsymbol{0} \\
g_4\left(\boldsymbol{\sigma}_{n+1},\boldsymbol{\varepsilon}_{n+1}^{\mathrm{p}},\boldsymbol{\alpha}_{n+1},\Delta\gamma\right)=f_{n+1}=0
\end{cases}
\tag{6.59}
$$

式中，$\boldsymbol{g}_1$、$\boldsymbol{g}_2$、$\boldsymbol{g}_3$和g_4分别表示 6、6、m 和 1 个独立的非线性方程。将式写为更紧凑的形式如下：

$$\boldsymbol{g}(\boldsymbol{x})=0 \tag{6.60}$$

其中，

$$\boldsymbol{g}(\boldsymbol{x})=\left[\boldsymbol{g}_1(\boldsymbol{x}),\boldsymbol{g}_2(\boldsymbol{x}),\boldsymbol{g}_3(\boldsymbol{x}),g_4(\boldsymbol{x})\right]^{\mathrm{T}}$$

$$\boldsymbol{x}=[\boldsymbol{x}_1,\boldsymbol{x}_2,\boldsymbol{x}_3,x_4]^{\mathrm{T}}=\left[\boldsymbol{\sigma},\boldsymbol{\varepsilon}^{\mathrm{p}},\boldsymbol{\alpha},\Delta\gamma\right]^{\mathrm{T}}$$

未知数向量 $\boldsymbol{x}$ 同样含有 m+13 个未知变量，方程组闭合。为了应用 NR 法，相应的雅可比矩阵$\left[\boldsymbol{J}(\boldsymbol{x})\right]$为

$$\left[\boldsymbol{J}(\boldsymbol{x})\right]=\begin{bmatrix} \dfrac{\partial \boldsymbol{g}_1(\boldsymbol{x})}{\partial \boldsymbol{x}_1} & \dfrac{\partial \boldsymbol{g}_1(\boldsymbol{x})}{\partial \boldsymbol{x}_2} & \dfrac{\partial \boldsymbol{g}_1(\boldsymbol{x})}{\partial \boldsymbol{x}_3} & \dfrac{\partial \boldsymbol{g}_1(\boldsymbol{x})}{\partial x_4} \\ \dfrac{\partial \boldsymbol{g}_2(\boldsymbol{x})}{\partial \boldsymbol{x}_1} & \dfrac{\partial \boldsymbol{g}_2(\boldsymbol{x})}{\partial \boldsymbol{x}_2} & \dfrac{\partial \boldsymbol{g}_2(\boldsymbol{x})}{\partial \boldsymbol{x}_3} & \dfrac{\partial \boldsymbol{g}_2(\boldsymbol{x})}{\partial x_4} \\ \dfrac{\partial \boldsymbol{g}_3(\boldsymbol{x})}{\partial \boldsymbol{x}_1} & \dfrac{\partial \boldsymbol{g}_3(\boldsymbol{x})}{\partial \boldsymbol{x}_2} & \dfrac{\partial \boldsymbol{g}_3(\boldsymbol{x})}{\partial \boldsymbol{x}_3} & \dfrac{\partial \boldsymbol{g}_3(\boldsymbol{x})}{\partial x_4} \\ \dfrac{\partial g_4(\boldsymbol{x})}{\partial \boldsymbol{x}_1} & \dfrac{\partial g_4(\boldsymbol{x})}{\partial \boldsymbol{x}_2} & \dfrac{\partial g_4(\boldsymbol{x})}{\partial \boldsymbol{x}_3} & \dfrac{\partial g_4(\boldsymbol{x})}{\partial x_4} \end{bmatrix} =\begin{bmatrix} \boldsymbol{A}_1 & \boldsymbol{A}_2 & \boldsymbol{A}_3 & \boldsymbol{A}_4 \\ \boldsymbol{B}_1 & \boldsymbol{B}_2 & \boldsymbol{B}_3 & \boldsymbol{B}_4 \\ \boldsymbol{C}_1 & \boldsymbol{C}_2 & \boldsymbol{C}_3 & \boldsymbol{C}_4 \\ \boldsymbol{D}_1 & \boldsymbol{D}_2 & \boldsymbol{D}_3 & \boldsymbol{D}_4 \end{bmatrix} \tag{6.61}$$

其中，

$$\boldsymbol{A}_1=[\boldsymbol{C}^{-1}]_{6\times6}\,,\quad \boldsymbol{A}_2=[\boldsymbol{I}^s]_{6\times6}\,,\quad \boldsymbol{A}_3=[\boldsymbol{0}]_{6\times m}\,,\quad \boldsymbol{A}_4=0$$

$$\boldsymbol{B}_1=\left[-\frac{\partial \boldsymbol{r}}{\partial \boldsymbol{\sigma}}\right]_{6\times6},\quad \boldsymbol{B}_2=[\boldsymbol{I}^s]_{6\times6}\,,\quad \boldsymbol{B}_3=\left[-\frac{\partial \boldsymbol{r}}{\partial \boldsymbol{\alpha}}\right]_{6\times m},\quad \boldsymbol{B}_4=[-\boldsymbol{r}]_{6\times1}$$

$$\boldsymbol{C}_1=\left[-\frac{\partial \boldsymbol{h}}{\partial \boldsymbol{\sigma}}\right]_{m\times6},\quad \boldsymbol{C}_2=[\boldsymbol{0}]_{m\times6}\,,\quad \boldsymbol{C}_3=[\boldsymbol{I}]_{m\times m}\,,\quad \boldsymbol{C}_4=[\boldsymbol{h}]_{m\times1}$$

$$\boldsymbol{D}_1=\left[\frac{\partial f}{\partial \boldsymbol{\sigma}}\right]_{1\times6},\quad \boldsymbol{D}_2=[\boldsymbol{0}]_{1\times6}\,,\quad \boldsymbol{D}_3=\left[\frac{\partial f}{\partial \boldsymbol{\alpha}}\right]_{1\times m},\quad \boldsymbol{D}_4=0$$

式中，6×6 矩阵是对应四阶张量的 Voigt 形式；1×6 矩阵是对应二阶张量的 Voigt 形式。$\boldsymbol{I}^s$ 和 $\boldsymbol{I}$ 是四阶单位对称张量和四阶单位张量的 Voigt 形式。

NR 法的初始值为 $\boldsymbol{x}_{n+1}^{(0)}=\left[\boldsymbol{\sigma}_{n+1}^{(0)},\boldsymbol{\varepsilon}_{n+1}^{\mathrm{p},(0)},\boldsymbol{\alpha}_{n+1}^{(0)},\Delta\boldsymbol{\gamma}_{n+1}^{(0)}\right]=\left[\boldsymbol{\sigma}_{n+1}^{\mathrm{trial}},\boldsymbol{\varepsilon}_{n}^{\mathrm{p}},\boldsymbol{\alpha}_{n},0\right]$。对于第 $k+1$ 个迭代步，相应的解为

$$\boldsymbol{x}_{n+1}^{(k+1)}=\boldsymbol{x}_{n+1}^{(k)}-\left[\boldsymbol{J}\left(\boldsymbol{x}_{n+1}^{(k)}\right)\right]^{-1}\boldsymbol{g}\left(\boldsymbol{x}_{n+1}^{(k)}\right) \tag{6.62}$$

若 $\left\|\boldsymbol{g}\left(\boldsymbol{x}_{n+1}^{(k+1)}\right)\right\|\geqslant \mathrm{Tol}$，Tol 是误差容许值，则程序继续相应的迭代，直至 $\left\|\boldsymbol{g}\left(\boldsymbol{x}_{n+1}^{(k+1)}\right)\right\|<\mathrm{Tol}$。相应的算法流程如下。

Ⅰ）弹性预测

$$\varepsilon_{n+1}^{\mathrm{trial}}=\varepsilon_n+\Delta\varepsilon_{n+1} \qquad \varepsilon_{n+1}^{\mathrm{p,trial}}=\varepsilon_n^{\mathrm{p}}$$

$$\sigma_{n+1}^{\mathrm{trial}}=\mathbb{C}:\left(\varepsilon_{n+1}^{\mathrm{trial}}-\varepsilon_{n+1}^{\mathrm{p,trial}}\right) \qquad \alpha_{n+1}^{\mathrm{trial}}=\alpha_n$$

Ⅱ）检查应力状态

If　$f_{n+1}^{\mathrm{trial}}=f\left(\sigma_{n+1}^{\mathrm{trial}},\alpha_{n+1}^{\mathrm{trial}}\right)<0$　then

　　$(\cdot)_{n+1}=(\cdot)_{n+1}^{\mathrm{trial}}$

　　Goto step Ⅳ）

Else

　　Goto step Ⅲ）

End

Ⅲ）塑性修正（应力迭代）

Do while $k<k_{\max}$（$k_{\max}$ 为循环终值）

　　计算式（6.60）左侧的残差

　　If　$\|g(x)\|<\mathrm{Tol}$　then

　　　　$(\cdot)_{n+1}=(\cdot)_{n+1}^{(k)}$

　　　　Goto step Ⅳ）

　　End

　　按照雅可比矩阵和残差求解修正量

　　按式（6.62）更新状态变量

End

Ⅳ）求解一致性弹塑性模型、返回主程序

6.2.4　一致性弹塑性模量

本节将推导三维一致性弹塑性模量，其定义如下：

$$\mathbb{C}_{\mathrm{c},n+1}^{\mathrm{ep}}=\frac{\partial\boldsymbol{\sigma}_{n+1}}{\partial\boldsymbol{\varepsilon}_{n+1}}=\frac{\partial\Delta\boldsymbol{\sigma}_{n+1}}{\partial\Delta\boldsymbol{\varepsilon}_{n+1}} \tag{6.63}$$

对式(6.58)求全微分，可得

$$\left[\boldsymbol{J}_{n+1}(\boldsymbol{x})\right]\begin{bmatrix}\mathrm{d}\boldsymbol{\sigma}_{n+1}\\ \mathrm{d}\boldsymbol{\varepsilon}_{n+1}^{\mathrm{p}}\\ \mathrm{d}\boldsymbol{\alpha}_{n+1}\\ \mathrm{d}\Delta\gamma\end{bmatrix}=\begin{bmatrix}\mathrm{d}\boldsymbol{\varepsilon}_{n+1}\\ \boldsymbol{0}\\ \boldsymbol{0}\\ 0\end{bmatrix} \tag{6.64}$$

按照弹塑性一致性切线模量对应于收敛雅可比矩阵$[\boldsymbol{J}]$逆矩阵的子矩阵，令

$$\left[\boldsymbol{J}_{n+1}(\boldsymbol{x})\right]^{-1}=\begin{bmatrix}\boldsymbol{A}_{1,n+1} & \boldsymbol{A}_{2,n+1} & \boldsymbol{A}_{3,n+1} & \boldsymbol{A}_{4,n+1}\\ \boldsymbol{B}_{1,n+1} & \boldsymbol{B}_{2,n+1} & \boldsymbol{B}_{3,n+1} & \boldsymbol{B}_{4,n+1}\\ \boldsymbol{C}_{1,n+1} & \boldsymbol{C}_{2,n+1} & \boldsymbol{C}_{3,n+1} & \boldsymbol{C}_{4,n+1}\\ \boldsymbol{D}_{1,n+1} & \boldsymbol{D}_{2,n+1} & \boldsymbol{D}_{3,n+1} & \boldsymbol{D}_{4,n+1}\end{bmatrix} \tag{6.65}$$

由弹塑性一致性切线模量的定义可知：

$$\mathbb{C}_{\mathrm{c},n+1}^{\mathrm{ep}}=\frac{\partial\boldsymbol{\sigma}_{n+1}}{\partial\boldsymbol{\varepsilon}_{n+1}}=\frac{\partial\Delta\boldsymbol{\sigma}_{n+1}}{\partial\Delta\boldsymbol{\varepsilon}_{n+1}}=\left[\boldsymbol{A}_{1,n+1}\right]_{6\times6} \tag{6.66}$$

6.3 含屈服面的三维弹黏塑性模型及求解框架

6.3.1 模型概述

三维弹黏塑性模型和弹塑性模型的主要内容基本一致。总应变张量$\boldsymbol{\varepsilon}$是弹性应变张量$\boldsymbol{\varepsilon}^{\mathrm{e}}$和黏塑性应变张量$\boldsymbol{\varepsilon}^{\mathrm{vp}}$之和：

$$\boldsymbol{\varepsilon}=\boldsymbol{\varepsilon}^{\mathrm{e}}+\boldsymbol{\varepsilon}^{\mathrm{vp}},\quad \varepsilon_{ij}=\varepsilon_{ij}^{\mathrm{e}}+\varepsilon_{ij}^{\mathrm{vp}},\quad i,j=1,2,3 \tag{6.67}$$

应力张量$\boldsymbol{\sigma}$与弹性应变张量$\boldsymbol{\varepsilon}^{\mathrm{e}}$之间的关系仍由胡克定律确定：

$$\boldsymbol{\sigma}=\mathbb{C}:\boldsymbol{\varepsilon}^{\mathrm{e}}=\mathbb{C}:\left(\boldsymbol{\varepsilon}-\boldsymbol{\varepsilon}^{\mathrm{vp}}\right),\quad \sigma_{ij}=C_{ijkl}:\left(\varepsilon_{kl}-\varepsilon_{kl}^{\mathrm{vp}}\right) \tag{6.68}$$

式中，$\mathbb{C}$是四阶弹性张量。

内变量向量$\boldsymbol{\alpha}=\{\alpha_1,\alpha_2,\alpha_3,\cdots,\alpha_m\}$。$f(\boldsymbol{\sigma},\boldsymbol{\alpha})$为屈服函数，对于弹黏塑性模型，应力状态可以位于屈服面之外。定义$\mathrm{int}(\mathbb{E}_\sigma)$为弹性区域：

$$\mathrm{int}(\mathbb{E}_\sigma)=\left\{(\boldsymbol{\sigma},\boldsymbol{\alpha})\in\mathbb{S}\times\mathbb{R}^m\,\middle|\,f(\boldsymbol{\sigma},\boldsymbol{\alpha})<0\right\} \tag{6.69}$$

$\partial(\mathbb{E}_\sigma)$为应力空间的屈服面：

$$\partial(\mathbb{E}_{\sigma}) = \left\{ (\boldsymbol{\sigma}, \boldsymbol{\alpha}) \in \mathbb{S} \times \mathbb{R}^m \middle| f(\boldsymbol{\sigma}, \boldsymbol{\alpha}) = 0 \right\} \tag{6.70}$$

流动法则和硬化法则如下：

$$\begin{cases} \dot{\boldsymbol{\varepsilon}}^{\mathrm{vp}} = \dot{\gamma} \boldsymbol{r}(\boldsymbol{\sigma}, \boldsymbol{\alpha}) \\ \dot{\boldsymbol{\alpha}} = -\dot{\gamma} \boldsymbol{h}(\boldsymbol{\sigma}, \boldsymbol{\alpha}) \end{cases} \tag{6.71}$$

若采用关联流动法则，$\boldsymbol{r}(\boldsymbol{\sigma}, \boldsymbol{\alpha}) = \partial f / \partial \boldsymbol{\sigma}$。

与弹塑性模型不同，弹黏塑性模型中不存在连续型切线模量，即应力率和应变率不存在以下关系：

$$\dot{\boldsymbol{\sigma}} \neq \mathbb{C}^{\mathrm{evp}} : \dot{\boldsymbol{\varepsilon}} \tag{6.72}$$

6.3.2　塑性乘子的定义

黏塑性模型与弹塑性模型的另一个显著区别是对于塑性乘子的定义。在弹塑性模型中，应力状态不能位于屈服面之外，塑性乘子由库恩–塔克互补条件和一致性条件确定。在黏塑性模型中，塑性乘子是应力状态的显式函数，由与时间相关的变形机理确定[3]，即

$$\dot{\gamma} = \dot{\gamma}(\boldsymbol{\sigma}, \boldsymbol{\alpha}) \tag{6.73}$$

结合式(6.71)，此时流动法则为

$$\begin{cases} \dot{\boldsymbol{\varepsilon}}^{\mathrm{p}} = \dot{\gamma} \boldsymbol{r}(\boldsymbol{\sigma}, \boldsymbol{\alpha}) \\ \dot{\boldsymbol{\alpha}} = -\dot{\gamma} \boldsymbol{h}(\boldsymbol{\sigma}, \boldsymbol{\alpha}) \end{cases} \tag{6.74}$$

$\dot{\gamma}(\boldsymbol{\sigma}, \boldsymbol{\alpha})$ 在弹性区域内或屈服面上为零，在弹性区域外非零。因此，$\boldsymbol{\varepsilon}^{\mathrm{p}}$ 和 $\boldsymbol{\alpha}$ 的演化只可能发生在 $f(\boldsymbol{\sigma}, \boldsymbol{\alpha}) > 0$ 的状态下。

本质上，塑性乘子的显式函数反映黏塑性应变率随应力水平的变化。文献中已有较多关于塑性乘子的显式表达式。例如，Bingham 模型，塑性乘子是 Mises 有效应力的线性函数；Perzyna 模型，塑性乘子是 Mises 有效应力线性函数的幂函数。特别的，当 Perzyna 模型的幂指数取极限值时，黏塑性模型退化为弹塑性模型。考虑到模型的灵活性，Perzyna 模型应用较为广泛。

三维弹塑性模型相关的方程如下。

弹性应力–应变关系：

$$\boldsymbol{\sigma} = \mathbb{C} : \boldsymbol{\varepsilon}^{\mathrm{e}} = \mathbb{C} : (\boldsymbol{\varepsilon} - \boldsymbol{\varepsilon}^{\mathrm{p}})$$

弹性域：

$$\mathrm{int}(\mathbb{E}_{\sigma}) = \left\{ (\boldsymbol{\sigma}, \boldsymbol{\alpha}) \in \mathbb{S} \times \mathbb{R}^m \mid f(\boldsymbol{\sigma}, \boldsymbol{\alpha}) < 0 \right\}$$

流动法则和硬化法则：

$$\begin{cases}\dot{\boldsymbol{\varepsilon}}^{\mathrm{p}}=\dot{\gamma}\boldsymbol{r}(\boldsymbol{\sigma},\boldsymbol{\alpha})\\ \dot{\boldsymbol{\alpha}}=-\dot{\gamma}\boldsymbol{h}(\boldsymbol{\sigma},\boldsymbol{\alpha})\end{cases}$$

式中，塑性乘子定义如下：

$$\dot{\gamma}=\dot{\gamma}(\boldsymbol{\sigma},\boldsymbol{\alpha})$$

6.3.3　基于弹性预测/塑性修正的求解算法

鉴于塑性乘子的定义，黏塑性模型的数值求解过程也可以采用弹性预测/塑性修正算法。主要步骤为：①弹性预测。施加应变增量$\Delta\boldsymbol{\varepsilon}_{n+1}$，假定材料处于弹性状态，$\Delta\boldsymbol{\gamma}=0$（$\Delta\boldsymbol{\varepsilon}_{n+1}^{\mathrm{vp}}=0$）。此时的状态变量为$\boldsymbol{\sigma}_{n+1}^{\mathrm{trial}}$、$\boldsymbol{\varepsilon}_{n+1}^{\mathrm{vp,trial}}$、$\boldsymbol{\alpha}_{n+1}^{\mathrm{trial}}$。若$f_{n+1}^{\mathrm{trial}}=\left(\boldsymbol{\sigma}_{n+1}^{\mathrm{trial}},\boldsymbol{\alpha}_{n+1}^{\mathrm{trial}}\right)<0$，则弹性预测的状态就是材料的真实状态，即$\boldsymbol{\sigma}_{n+1}=\boldsymbol{\sigma}_{n+1}^{\mathrm{trial}}$，$\boldsymbol{\varepsilon}_{n+1}^{\mathrm{vp}}=\boldsymbol{\varepsilon}_{n+1}^{\mathrm{p,trial}}$，$\boldsymbol{\alpha}_{n+1}=\boldsymbol{\alpha}_{n+1}^{\mathrm{trial}}$。② $f_{n+1}^{\mathrm{trial}}=\left(\boldsymbol{\sigma}_{n+1}^{\mathrm{trial}},\boldsymbol{\alpha}_{n+1}^{\mathrm{trial}}\right)>0$，材料产生黏塑性流动，$\boldsymbol{\varepsilon}_{n+1}^{\mathrm{vp}}$和$\boldsymbol{\alpha}_{n+1}$的演化通过欧拉后插法确定。

塑性流动状态下，和三维弹黏塑性模型相关的方程如下：

$$\begin{cases}\dot{\boldsymbol{\sigma}}=\mathbb{C}:\left(\dot{\boldsymbol{\varepsilon}}-\dot{\boldsymbol{\varepsilon}}^{\mathrm{p}}\right)\\ \dot{\boldsymbol{\varepsilon}}^{\mathrm{p}}=\dot{\gamma}\boldsymbol{r}(\boldsymbol{\sigma},\boldsymbol{\alpha})\\ \dot{\boldsymbol{\alpha}}=-\dot{\gamma}\boldsymbol{h}(\boldsymbol{\sigma},\boldsymbol{\alpha})\\ \dot{\gamma}=\dot{\gamma}(\boldsymbol{\sigma},\boldsymbol{\alpha})\end{cases}\tag{6.75}$$

采用的欧拉后插法，将式(6.75)离散为

$$\begin{cases}\mathbb{C}^{-1}:\boldsymbol{\sigma}_{n+1}-\boldsymbol{\varepsilon}_{n+1}+\boldsymbol{\varepsilon}_{n+1}^{\mathrm{vp}}=0\\ \boldsymbol{\varepsilon}_{n+1}^{\mathrm{vp}}=\boldsymbol{\varepsilon}_{n}^{\mathrm{vp}}+\Delta\gamma\boldsymbol{r}(\boldsymbol{\sigma}_{n+1},\boldsymbol{\alpha}_{n+1})=\boldsymbol{\varepsilon}_{n}^{\mathrm{vp}}+\Delta\gamma\boldsymbol{r}_{n+1}\\ \boldsymbol{\alpha}_{n+1}=\boldsymbol{\alpha}_{n}-\Delta\gamma\boldsymbol{h}(\boldsymbol{\sigma}_{n+1},\boldsymbol{\alpha}_{n+1})=\boldsymbol{\alpha}_{n}-\Delta\gamma\boldsymbol{h}_{n+1}\\ \Delta\gamma=\dot{\gamma}(\boldsymbol{\sigma}_{n+1},\boldsymbol{\alpha}_{n+1})\Delta t\end{cases}\tag{6.76}$$

式(6.76)也是非线性方程组，需采用牛顿法求解。按照 6.2 节弹塑性模型处理的思路，将式(6.76)改写为

$$\boldsymbol{g}(\boldsymbol{x}_{n+1})=\begin{cases}\boldsymbol{g}_1\left(\boldsymbol{\sigma}_{n+1},\boldsymbol{\varepsilon}_{n+1}^{\mathrm{vp}},\boldsymbol{\alpha}_{n+1},\Delta\gamma\right)=\mathbb{C}^{-1}:\boldsymbol{\sigma}_{n+1}-\boldsymbol{\varepsilon}_{n+1}+\boldsymbol{\varepsilon}_{n+1}^{\mathrm{p}}=\boldsymbol{0}\\ \boldsymbol{g}_2\left(\boldsymbol{\sigma}_{n+1},\boldsymbol{\varepsilon}_{n+1}^{\mathrm{vp}},\boldsymbol{\alpha}_{n+1},\Delta\gamma\right)=\boldsymbol{\varepsilon}_{n+1}^{\mathrm{vp}}-\boldsymbol{\varepsilon}_{n}^{\mathrm{vp}}-\Delta\gamma\boldsymbol{r}_{n+1}=\boldsymbol{0}\\ \boldsymbol{g}_3\left(\boldsymbol{\sigma}_{n+1},\boldsymbol{\varepsilon}_{n+1}^{\mathrm{vp}},\boldsymbol{\alpha}_{n+1},\Delta\gamma\right)=\boldsymbol{\alpha}_{n+1}-\boldsymbol{\alpha}_{n}+\Delta\gamma\boldsymbol{h}_{n+1}=\boldsymbol{0}\\ g_4\left(\boldsymbol{\sigma}_{n+1},\boldsymbol{\varepsilon}_{n+1}^{\mathrm{vp}},\boldsymbol{\alpha}_{n+1},\Delta\gamma\right)=\Delta\gamma-\dot{\gamma}(\boldsymbol{\sigma}_{n+1},\boldsymbol{\alpha}_{n+1})\Delta t=0\end{cases}\tag{6.77}$$

式中，$\boldsymbol{g}_1$、$\boldsymbol{g}_2$、$\boldsymbol{g}_3$和g_4分别表示 6，6，m和 1 个独立的非线性方程。将式写为

更紧凑的形式如下：

$$\boldsymbol{g}(\boldsymbol{x})=0 \tag{6.78}$$

其中，

$$\boldsymbol{g}(\boldsymbol{x})=\left[\boldsymbol{g}_1(\boldsymbol{x}),\boldsymbol{g}_2(\boldsymbol{x}),\boldsymbol{g}_3(\boldsymbol{x}),g_4(\boldsymbol{x})\right]^{\mathrm{T}}$$

$$\boldsymbol{x}=\left[\boldsymbol{x}_1,\boldsymbol{x}_2,\boldsymbol{x}_3,x_4\right]^{\mathrm{T}}=\left[\boldsymbol{\sigma},\boldsymbol{\varepsilon}^{\mathrm{vp}},\boldsymbol{\alpha},\Delta\gamma\right]^{\mathrm{T}}$$

未知数向量 $\boldsymbol{x}$ 同样含有 m+13 个未知变量，方程组闭合。为了应用 NR 法，相应的雅可比矩阵$\left[\boldsymbol{J}(\boldsymbol{x})\right]$为

$$\left[\boldsymbol{J}(\boldsymbol{x})\right]=\begin{bmatrix} \dfrac{\partial \boldsymbol{g}_1(\boldsymbol{x})}{\partial \boldsymbol{x}_1} & \dfrac{\partial \boldsymbol{g}_1(\boldsymbol{x})}{\partial \boldsymbol{x}_2} & \dfrac{\partial \boldsymbol{g}_1(\boldsymbol{x})}{\partial \boldsymbol{x}_3} & \dfrac{\partial \boldsymbol{g}_1(\boldsymbol{x})}{\partial x_4} \\ \dfrac{\partial \boldsymbol{g}_2(\mathrm{x})}{\partial \boldsymbol{x}_1} & \dfrac{\partial \boldsymbol{g}_2(\boldsymbol{x})}{\partial \boldsymbol{x}_2} & \dfrac{\partial \boldsymbol{g}_2(\boldsymbol{x})}{\partial \boldsymbol{x}_3} & \dfrac{\partial \boldsymbol{g}_2(\boldsymbol{x})}{\partial x_4} \\ \dfrac{\partial \boldsymbol{g}_3(\boldsymbol{x})}{\partial \boldsymbol{x}_1} & \dfrac{\partial \boldsymbol{g}_3(\boldsymbol{x})}{\partial \boldsymbol{x}_2} & \dfrac{\partial \boldsymbol{g}_3(\boldsymbol{x})}{\partial \boldsymbol{x}_3} & \dfrac{\partial \boldsymbol{g}_3(\boldsymbol{x})}{\partial x_4} \\ \dfrac{\partial g_4(\boldsymbol{x})}{\partial \boldsymbol{x}_3} & \dfrac{\partial g_4(\boldsymbol{x})}{\partial \boldsymbol{x}_2} & \dfrac{\partial g_4(\boldsymbol{x})}{\partial \boldsymbol{x}_3} & \dfrac{\partial g_4(\boldsymbol{x})}{\partial x_4} \end{bmatrix} =\begin{bmatrix} \boldsymbol{A}_1 & \boldsymbol{A}_2 & \boldsymbol{A}_3 & \boldsymbol{A}_4 \\ \boldsymbol{B}_1 & \boldsymbol{B}_2 & \boldsymbol{B}_3 & \boldsymbol{B}_4 \\ \boldsymbol{C}_1 & \boldsymbol{C}_2 & \boldsymbol{C}_3 & \boldsymbol{C}_4 \\ \boldsymbol{D}_1 & \boldsymbol{D}_2 & \boldsymbol{D}_3 & \boldsymbol{D}_4 \end{bmatrix} \tag{6.79}$$

式中，

$$\boldsymbol{A}_1=[\boldsymbol{C}^{-1}]_{6\times6},\quad \boldsymbol{A}_2=[\boldsymbol{I}^{s}]_{6\times6},\quad \boldsymbol{A}_3=[\boldsymbol{0}]_{6\times m},\quad \boldsymbol{A}_4=0$$

$$\boldsymbol{B}_1=\left[-\frac{\partial \boldsymbol{r}}{\partial \boldsymbol{\sigma}}\right]_{6\times6},\quad \boldsymbol{B}_2=[\boldsymbol{I}^{s}]_{6\times6},\quad \boldsymbol{B}_3=\left[-\frac{\partial \boldsymbol{r}}{\partial \boldsymbol{\alpha}}\right]_{6\times m},\quad \boldsymbol{B}_4=[\boldsymbol{r}]_{6\times1}$$

$$\boldsymbol{C}_1=\left[-\frac{\partial \boldsymbol{h}}{\partial \boldsymbol{\sigma}}\right]_{m\times6},\quad \boldsymbol{C}_2=[\boldsymbol{0}]_{m\times6},\quad \boldsymbol{C}_3=[\boldsymbol{I}]_{m\times m},\quad \boldsymbol{C}_4=[\boldsymbol{h}]_{m\times1}$$

$$\boldsymbol{D}_1=\left[-\frac{\partial \dot{\gamma}}{\partial \boldsymbol{\sigma}}\right]_{1\times6},\quad \boldsymbol{D}_2=[\boldsymbol{0}]_{1\times6},\quad \boldsymbol{D}_3=\left[\frac{\partial f}{\partial \boldsymbol{\alpha}}\right]_{1\times m},\quad \boldsymbol{D}_4=0$$

下标的含义同弹塑性模型的对应部分。

NR 法的初始值为 $\boldsymbol{x}_{n+1}^{(0)}=\left[\boldsymbol{\sigma}_{n+1}^{(0)},\boldsymbol{\varepsilon}_{n+1}^{\mathrm{vp},(0)},\boldsymbol{\alpha}_{n+1}^{(0)},\Delta\gamma_{n+1}^{(0)}\right]=\left[\boldsymbol{\sigma}_{n+1}^{\mathrm{trial}},\boldsymbol{\varepsilon}_{n}^{\mathrm{vp}},\boldsymbol{\alpha}_{n},0\right]$。对于第 $k+1$ 个迭代步，相应的解为

$$\boldsymbol{x}_{n+1}^{(k+1)}=\boldsymbol{x}_{n+1}^{(k)}-\left[\boldsymbol{J}\left(\boldsymbol{x}_{n+1}^{(k)}\right)\right]^{-1}\boldsymbol{g}\left(\boldsymbol{x}_{n+1}^{(k)}\right) \tag{6.80}$$

若 $\left\|\boldsymbol{g}\left(\boldsymbol{x}_{n+1}^{(k+1)}\right)\right\| \geqslant \mathrm{Tol}$（Tol 是误差容许值），则程序继续相应的迭代，直至 $\left\|\boldsymbol{g}\left(\boldsymbol{x}_{n+1}^{(k+1)}\right)\right\| < \mathrm{Tol}$。相应的算法流程如下所示。

Ⅰ）弹性预测

$$\varepsilon_{n+1}^{\text{trial}}=\varepsilon_n+\Delta\varepsilon_{n+1} \qquad \varepsilon_{n+1}^{\text{vp,trial}}=\varepsilon_n^{\text{vp}}$$

$$\sigma_{n+1}^{\text{trial}}=\mathbb{C}:\left(\varepsilon_{n+1}^{\text{trial}}-\varepsilon_{n+1}^{\text{vp,trial}}\right) \qquad \alpha_{n+1}^{\text{trial}}=\alpha_n$$

Ⅱ）检查应力状态

If $f_{n+1}^{\text{trial}}=f\left(\sigma_{n+1}^{\text{trial}},\alpha_{n+1}^{\text{trial}}\right)<0$ then

$(\cdot)_{n+1}=(\cdot)_{n+1}^{\text{trial}}$

Goto step Ⅳ)

Else

Goto step Ⅲ)

End

Ⅲ）塑性修正（应力迭代）

Do while $k<k_{\max}$（$k_{\max}$为循环终值）

计算式(6.78)左侧的残差

If $\|g(x)\|<\mathrm{Tol}$ then

$(\cdot)_{n+1}=(\cdot)_{n+1}^{(k)}$

Goto step Ⅳ)

End

按照雅可比矩阵和残差求解修正量

按式(6.80)更新状态变量

End

Ⅳ）求解一致性弹塑性模型、返回主程序

三维弹黏塑性模型的一致性切线模量定义如下：

$$\mathbb{C}_{\mathrm{c},n+1}^{\mathrm{evp}}=\frac{\partial\boldsymbol{\sigma}_{n+1}}{\partial\boldsymbol{\varepsilon}_{n+1}}=\frac{\partial\Delta\boldsymbol{\sigma}_{n+1}}{\partial\Delta\boldsymbol{\varepsilon}_{n+1}} \tag{6.81}$$

按结论，弹塑性一致性切线模量对应于收敛的雅可比矩阵[$\boldsymbol{J}$]逆矩阵的子矩阵，令

$$\left[\boldsymbol{J}_{n+1}(\boldsymbol{x})\right]^{-1}=\begin{bmatrix}\boldsymbol{A}_{1,n+1} & \boldsymbol{A}_{2,n+1} & \boldsymbol{A}_{3,n+1} & \boldsymbol{A}_{4,n+1}\\ \boldsymbol{B}_{1,n+1} & \boldsymbol{B}_{2,n+1} & \boldsymbol{B}_{3,n+1} & \boldsymbol{B}_{4,n+1}\\ \boldsymbol{C}_{1,n+1} & \boldsymbol{C}_{2,n+1} & \boldsymbol{C}_{3,n+1} & \boldsymbol{C}_{4,n+1}\\ \boldsymbol{D}_{1,n+1} & \boldsymbol{D}_{2,n+1} & \boldsymbol{D}_{3,n+1} & \boldsymbol{D}_{4,n+1}\end{bmatrix} \tag{6.82}$$

由弹黏塑性一致性切线模量的定义可知：

$$\mathbb{C}_{\mathrm{c},n+1}^{\mathrm{evp}}=\frac{\partial\boldsymbol{\sigma}_{n+1}}{\partial\boldsymbol{\varepsilon}_{n+1}}=\frac{\partial\Delta\boldsymbol{\sigma}_{n+1}}{\partial\Delta\boldsymbol{\varepsilon}_{n+1}}=\left[\boldsymbol{A}_{1,n+1}\right]_{6\times6} \tag{6.83}$$

6.4　三维弹塑性损伤模型及求解框架

本节中讨论的弹塑性损伤本构模型是基于有效应力的概念，以及应变等效、损伤仅与弹性耦合的假定。本构方程中引入的状态变量可用于描述材料内部损伤的演化以及非线性各向同性硬化和运动硬化。

6.4.1　模型概述

小应变情况下，根据叠加原理，总应变张量 $\boldsymbol{\varepsilon}$ 是弹性应变张量 $\boldsymbol{\varepsilon}^{\mathrm{e}}$ 和塑性应变张量 $\boldsymbol{\varepsilon}^{\mathrm{p}}$ 之和：

$$\boldsymbol{\varepsilon}=\boldsymbol{\varepsilon}^{\mathrm{e}}+\boldsymbol{\varepsilon}^{\mathrm{p}},\quad \varepsilon_{ij}=\varepsilon_{ij}^{\mathrm{e}}+\varepsilon_{ij}^{\mathrm{p}},\quad i,j=1,2,3 \tag{6.84}$$

应力张量 $\boldsymbol{\sigma}$ 与弹性应变张量 $\boldsymbol{\varepsilon}^{\mathrm{e}}$ 之间的关系由胡克定律确定，即

$$\boldsymbol{\sigma}=(1-D)\mathbb{C}:\boldsymbol{\varepsilon}^{\mathrm{e}}=(1-D)\mathbb{C}:\left(\boldsymbol{\varepsilon}-\boldsymbol{\varepsilon}^{\mathrm{p}}\right),\quad \sigma_{ij}=(1-D)C_{ijkl}:\left(\varepsilon_{kl}-\varepsilon_{kl}^{\mathrm{p}}\right) \tag{6.85}$$

式中，$\mathbb{C}$ 是四阶弹性张量；D 是描述材料各向同性损伤的变量。有效应力张量 $\boldsymbol{\sigma}^{\mathrm{eff}}$ 的定义如下：

$$\boldsymbol{\sigma}^{\mathrm{eff}}=\mathbb{C}:\boldsymbol{\varepsilon}^{\mathrm{e}}=\mathbb{C}:\left(\boldsymbol{\varepsilon}-\boldsymbol{\varepsilon}^{\mathrm{p}}\right),\quad \sigma_{ij}^{\mathrm{eff}}=C_{ijkl}:\left(\varepsilon_{kl}-\varepsilon_{kl}^{\mathrm{p}}\right) \tag{6.86}$$

因此，应力张量 $\boldsymbol{\sigma}$ 和有效应力张量 $\boldsymbol{\sigma}^{\mathrm{eff}}$ 的关系为

$$\boldsymbol{\sigma}=(1-D)\boldsymbol{\sigma}^{\mathrm{eff}}\quad 或\quad \boldsymbol{\sigma}^{\mathrm{eff}}=\boldsymbol{\sigma}/(1-D) \tag{6.87}$$

内变量向量为 $\boldsymbol{\alpha}=\{D,\alpha_1,\alpha_2\}$，$\alpha_1$ 和 α_2 分别用于表征各向同性硬化和运动硬化。$f(\boldsymbol{\sigma},\boldsymbol{\alpha})$ 为屈服函数，对于弹塑性损伤模型，定义如下容许应力状态的集合：

$$\mathbb{E}_{\sigma}=\left\{(\boldsymbol{\sigma},\boldsymbol{\alpha})\in\mathbb{S}\times\mathbb{R}^3 \,\middle|\, f(\boldsymbol{\sigma},\boldsymbol{\alpha})\leqslant 0\right\} \tag{6.88}$$

$\mathrm{int}(\mathbb{E}_{\sigma})$ 表示弹性区域：

$$\operatorname{int}(\mathbb{E}_{\sigma})=\left\{(\boldsymbol{\sigma},\boldsymbol{\alpha})\in\mathbb{S}\times\mathbb{R}^{3}\,\middle|\, f(\boldsymbol{\sigma},\boldsymbol{\alpha})<0\right\} \tag{6.89}$$

$\partial(\mathbb{E}_{\sigma})$ 表示应力空间的屈服面：

$$\partial(\mathbb{E}_{\sigma})=\left\{(\boldsymbol{\sigma},\boldsymbol{\alpha})\in\mathbb{S}\times\mathbb{R}^{2}\,\middle|\, f(\boldsymbol{\sigma},\boldsymbol{\alpha})=0\right\} \tag{6.90}$$

流动法则、损伤演化法则和硬化法则为

$$\begin{cases}\dot{\boldsymbol{\varepsilon}}^{\mathrm{p}}=\dot{\gamma}\boldsymbol{r}(\boldsymbol{\sigma},\boldsymbol{\alpha})\\ \dot{\boldsymbol{\alpha}}=-\dot{\gamma}\boldsymbol{h}(\boldsymbol{\sigma},\boldsymbol{\alpha})\end{cases} \tag{6.91}$$

式中，$\boldsymbol{r}$ 和 $\boldsymbol{h}$ 是自定义函数；$\dot{\gamma}$ 是非负乘子，由库恩–塔克互补条件(也称为加载/卸载条件)和一致性条件确定：

$$\begin{cases}\dot{\gamma}\geqslant 0,\quad f(\boldsymbol{\sigma},\boldsymbol{\alpha})\leqslant 0,\quad \dot{\gamma}f(\boldsymbol{\sigma},\boldsymbol{\alpha})=0\\ \dot{\gamma}\dot{f}(\boldsymbol{\sigma},\boldsymbol{\alpha})=0\end{cases} \tag{6.92}$$

当累积塑性应变较低时，弹性模量降低较少。因此，可认为损伤演化只有当累积塑性应变(记为 $\bar{\varepsilon}^{\mathrm{p}}$)超过临界值才开始，这个临界值被称为损伤阈值(damage threshold)，记为 $\bar{\varepsilon}_{D}^{\mathrm{p}}$。

6.4.2　基于弹性预测/塑性修正的求解算法

本节涉及的弹塑性损伤模型可看作是弹塑性模型的一个特例。因此，6.4.1 小节提到的算法只要稍加修改即可应用于弹塑性损伤模型。

假定在 t 时刻式(6.75)所有状态变量已知，外荷载引起的位移增量 ΔU_{n+1} 以及相应的应变增量 $\Delta\varepsilon_{n+1}$ 已知。数值算法流程如下。

(1) 若 $\bar{\varepsilon}_{n}^{\mathrm{p}}<\bar{\varepsilon}_{D}^{\mathrm{p}}$。首先，假定当前应变增量 $\Delta\varepsilon_{n+1}$ 作用下，材料不发生损伤，即

$$D_{n+1}=D_{n}=0 \tag{6.93}$$

此情况下，表征损伤演化的方程将不参与迭代，参照 6.3 节，参与求解的非线性方程组为

$$\begin{cases}\mathbb{C}^{-1}:\boldsymbol{\sigma}_{n+1}-\boldsymbol{\varepsilon}_{n+1}+\boldsymbol{\varepsilon}_{n+1}^{\mathrm{p}}=0\\ \boldsymbol{\varepsilon}_{n+1}^{\mathrm{p}}=\boldsymbol{\varepsilon}_{n}^{\mathrm{p}}+\Delta\gamma\boldsymbol{r}(\boldsymbol{\sigma}_{n+1},\alpha_{1,n+1},\alpha_{2,n+1})=\boldsymbol{\varepsilon}_{n}^{\mathrm{p}}+\Delta\gamma\boldsymbol{r}_{n+1}\\ \alpha_{1,n+1}=\alpha_{1,n}-\Delta\gamma h_{2}(\boldsymbol{\sigma}_{n+1},\alpha_{1,n+1},\alpha_{2,n+1})=\alpha_{1,n}-\Delta\gamma h_{2}\\ \alpha_{2,n+1}=\alpha_{2,n}-\Delta\gamma h_{3}(\boldsymbol{\sigma}_{n+1},\alpha_{1,n+1},\alpha_{2,n+1})=\alpha_{2,n}-\Delta\gamma h_{3}\\ f(\boldsymbol{\sigma}_{n+1},\alpha_{1,n+1},\alpha_{2,n+1})=f_{n+1}=0\end{cases} \tag{6.94}$$

参照应力迭代收敛后计算 $\bar{\varepsilon}_{n+1}^{\mathrm{p}}$。为了验证此前的假定，还需进行以下额外的检验：

若 $\bar{\varepsilon}_{n+1}^{\mathrm{p}} < \bar{\varepsilon}_D^{\mathrm{p}}$，假设合理，将迭代收敛的状态变量作为第 $n+1$ 步的最终变量。

若 $\bar{\varepsilon}_{n+1}^{\mathrm{p}} \geqslant \bar{\varepsilon}_D^{\mathrm{p}}$，假设不合理，材料在当前应变增量作用下已经发生了损伤。需要将表征损伤演化的方程纳入应力迭代重新进行迭代计算：

$$\begin{cases} \mathbb{C}^{-1}:\boldsymbol{\sigma}_{n+1}-(1-D)\boldsymbol{\varepsilon}_{n+1}+(1-D)\boldsymbol{\varepsilon}_{n+1}^{\mathrm{p}}=0 \\ \boldsymbol{\varepsilon}_{n+1}^{\mathrm{p}}=\boldsymbol{\varepsilon}_{n}^{\mathrm{p}}+\Delta\gamma\boldsymbol{r}\left(\boldsymbol{\sigma}_{n+1},D,\alpha_{1,n+1},\alpha_{2,n+1}\right)=\boldsymbol{\varepsilon}_{n}^{\mathrm{p}}+\Delta\gamma\boldsymbol{r}_{n+1} \\ D_{n+1}=D_n-\Delta\gamma h_1\left(\boldsymbol{\sigma}_{n+1},D,\alpha_{1,n+1},\alpha_{2,n+1}\right)=D_n-\Delta\gamma h_1 \\ \alpha_{1,n+1}=\alpha_{1,n}-\Delta\gamma h_2\left(\boldsymbol{\sigma}_{n+1},D,\alpha_{1,n+1},\alpha_{2,n+1}\right)=\alpha_{1,n}-\Delta\gamma h_2 \\ \alpha_{2,n+1}=\alpha_{2,n}-\Delta\gamma h_3\left(\boldsymbol{\sigma}_{n+1},D,\alpha_{1,n+1},\alpha_{2,n+1}\right)=\alpha_{2,n}-\Delta\gamma h_3 \\ f\left(\boldsymbol{\sigma}_{n+1},D,\alpha_{1,n+1},\alpha_{2,n+1}\right)=f_{n+1}=0 \end{cases} \tag{6.95}$$

(2) 若 $\bar{\varepsilon}_{n}^{\mathrm{p}} \geqslant \bar{\varepsilon}_D^{\mathrm{p}}$。损伤在前一步已经发生。本书中不考虑损伤的恢复，因此损伤在当前应变增量作用下将进一步增加。求解非线性方程组(6.95)得到第 $n+1$ 步的最终变量。

6.4.3　相关数值问题

和弹塑性模型相比，损伤的演化一方面影响了数值算法的精度，另一方面 NR 法的收敛性也会受影响。原因如下：

(1) 塑性乘子在应力迭代中可能收敛于负值，这与塑性乘子的定义相违背；随着损伤的增加，NR 法的收敛域会缩小。

(2) 对于材料高度损伤的情况，某个高斯积分点应力迭代不收敛会导致主程序重新开始进行迭代计算，会引起计算成本的大幅增加，尤其是大型结构分析。

为了解决以上问题，相关学者提出了一系列解决方案，具体如下。

(1) 在标准 NR 迭代算法中引入线性搜索算法(line-search method)。

(2) 选择合理的初值。若 $\boldsymbol{x}_{n+1}^{(0)}=\left[\boldsymbol{\sigma}_{n+1}^{\mathrm{trial}},\boldsymbol{\varepsilon}_{n}^{\mathrm{p}},\boldsymbol{\alpha}_{n},0\right]$ 不收敛，则将初值设置为 $\boldsymbol{x}_{n+1}^{(0)}=\left[\boldsymbol{\sigma}_{n+1}^{\mathrm{proj}},\boldsymbol{\varepsilon}_{n}^{\mathrm{p}},\boldsymbol{\alpha}_{n},0\right]$，$\boldsymbol{\sigma}_{n+1}^{\mathrm{proj}}$ 是下面方程的根：

$$f\left(\boldsymbol{\sigma}_{n+1}^{\mathrm{proj}},\boldsymbol{\alpha}_{n}\right)=f\left(\boldsymbol{\sigma}_{n+1}^{\mathrm{proj}},D_n,\alpha_{1,n},\alpha_{2,n}\right)=0 \tag{6.96}$$

式(6.96)的几何意义为：不考虑屈服面的演化，在屈服面上找到试应力 $\boldsymbol{\sigma}_{n+1}^{\mathrm{trial}}$ 的投影点 $\boldsymbol{\sigma}_{n+1}^{\mathrm{proj}}$。

(3) 子增量法，即将当前应变增量 $\Delta\varepsilon_{n+1}$ 划分若干子增量，即

$$\Delta\boldsymbol{\varepsilon}_{n+1}=\Delta\boldsymbol{\varepsilon}_{n+1,1}+\Delta\boldsymbol{\varepsilon}_{n+1,2}+\Delta\boldsymbol{\varepsilon}_{n+1,3}+\cdots+\Delta\boldsymbol{\varepsilon}_{n+1,m} \tag{6.97}$$

然后将子应变对应的荷载逐步加载直至与当前应变增量相同。一致性弹塑性损伤模量推导如下。

若 $f\left(\boldsymbol{\sigma}_{n+1}, \boldsymbol{\alpha}_{n+1}\right)<0$，材料处于弹性区域或者处于弹性卸载状态，此时

$$\boldsymbol{\sigma}_{n+1}=\left(1-D_{n+1}\right)\mathbb{C}:\boldsymbol{\varepsilon}_{n+1}^{\mathrm{e}} \Rightarrow \mathbb{C}_{\mathrm{c},n+1}^{\mathrm{edp}}=\left(1-D_{n+1}\right)\mathbb{C} \tag{6.98}$$

若 $f\left(\boldsymbol{\sigma}_{n+1}, \boldsymbol{\alpha}_{n+1}\right)=0$，材料处于塑性加载阶段。按照 6.3 节的思路，应力迭代收敛后，对相应的非线性方程组求全导数并化简，得

$$\left[J_{n+1}(x)\right]\begin{bmatrix} \mathrm{d}\boldsymbol{\sigma}_{n+1} \\ \mathrm{d}\boldsymbol{\varepsilon}_{n+1}^{\mathrm{p}} \\ \mathrm{d}D_{n+1} \\ \mathrm{d}\alpha_{1,n+1} \\ \mathrm{d}\alpha_{2,n+1} \\ \mathrm{d}\Delta\gamma \end{bmatrix}=\begin{bmatrix} \left(1-D_{n+1}\right)\mathrm{d}\boldsymbol{\varepsilon}_{n+1} \\ 0 \\ 0 \\ 0 \\ 0 \\ 0 \end{bmatrix} \Rightarrow \begin{bmatrix} \mathrm{d}\boldsymbol{\sigma}_{n+1} \\ \mathrm{d}\boldsymbol{\varepsilon}_{n+1}^{\mathrm{p}} \\ \mathrm{d}D_{n+1} \\ \mathrm{d}\alpha_{1,n+1} \\ \mathrm{d}\alpha_{2,n+1} \\ \mathrm{d}\Delta\gamma \end{bmatrix}=\left[J_{n+1}(x)\right]^{-1}\begin{bmatrix} \left(1-D_{n+1}\right)\mathrm{d}\boldsymbol{\varepsilon}_{n+1} \\ 0 \\ 0 \\ 0 \\ 0 \\ 0 \end{bmatrix} \tag{6.99}$$

由一致性切线模量的定义可知

$$\mathbb{C}_{\mathrm{c},n+1}^{\mathrm{edp}}=\frac{\partial\boldsymbol{\sigma}_{n+1}}{\partial\boldsymbol{\varepsilon}_{n+1}}=\frac{\partial\Delta\boldsymbol{\sigma}_{n+1}}{\partial\Delta\boldsymbol{\varepsilon}_{n+1}}=\left[\boldsymbol{A}_{1,n+1}\right]_{6\times6} \tag{6.100}$$

式中，$\left[\boldsymbol{A}_{1,n+1}\right]_{6\times6}$ 是雅可比矩阵逆矩阵的子矩阵。

6.5 基于 ABAQUS 的自定义本构

ABAQUS 是一款通用的有限元分析软件，可用于机械、土木、电子等相关专业开展复杂材料或结构力学分析。ABAQUS 最早是美国 HKS 公司的产品，2005 年被法国达索公司购买，因此又被称为达索 SIMULIA[4]。

ABAQUS 具有友好的前后处理界面、强大的非线性求解器、种类丰富的功能模块以及完善的接口扩展功能。本章涉及的内容主要和 ABAQUS 的 UMAT 模块(用户自定义材料本构)相关。通过 UMAT 接口，用户可以根据自定义材料本构理论编写相应的程序，同时将自定义材料本构赋予程序中的已有单元，借助于通用分析程序强大的非线性求解器完成特定的分析目标。

ABAQUS 的 UMAT 模块运行的大致流程如下。

(1) 主程序求解相应的控制方程，如动量守恒、质量守恒、能量守恒方程等，将基本未知量的解(如位移、温度、压力等)以及状态变量(主要针对非线性问题)传递到 UMAT 程序中。

(2) 根据特定的本构模型及相应的数值积分算法，更新当前迭代步应变增量下各积分点的应力及状态变量，并将值返回主程序。

(3) 鉴于主程序一般采用增量迭代法求解非线性方程组，UMAT 还需要给出当前迭代步的一致性切线模量。虽然在程序收敛的情况下，一致性切线模量会加快收敛的速度，但不会影响收敛的精度。

图 6.6 给出了 UMAT 用户自定义材料本构接口的基本格式。程序中需要更新的变量如下。

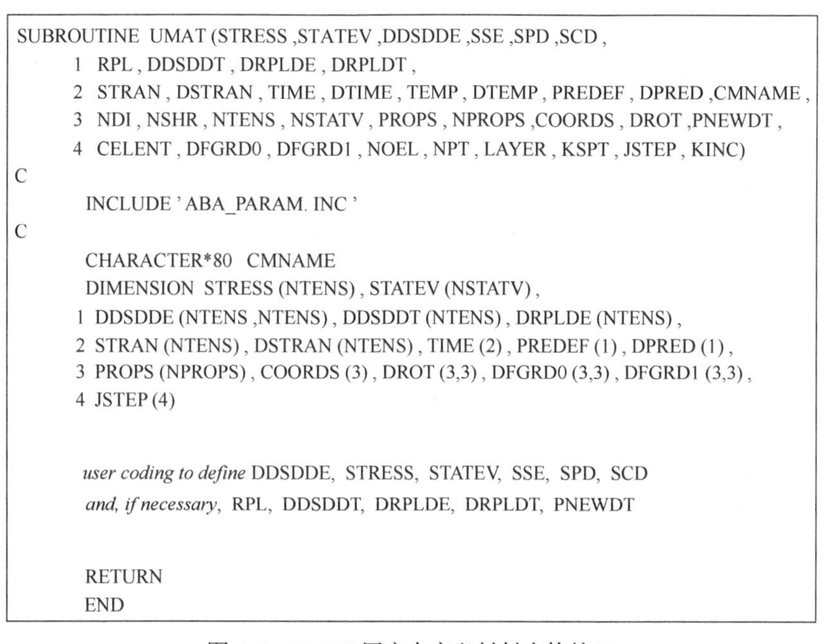

```
SUBROUTINE UMAT (STRESS ,STATEV ,DDSDDE ,SSE ,SPD ,SCD ,
        1 RPL , DDSDDT , DRPLDE , DRPLDT ,
        2 STRAN , DSTRAN , TIME , DTIME , TEMP , DTEMP , PREDEF , DPRED ,CMNAME ,
        3 NDI , NSHR , NTENS , NSTATV , PROPS , NPROPS ,COORDS , DROT ,PNEWDT ,
        4 CELENT , DFGRD0 , DFGRD1 , NOEL , NPT , LAYER , KSPT , JSTEP , KINC)
C
         INCLUDE ' ABA_PARAM. INC '
C
         CHARACTER*80  CMNAME
         DIMENSION STRESS (NTENS) , STATEV (NSTATV) ,
        1 DDSDDE (NTENS ,NTENS) , DDSDDT (NTENS) , DRPLDE (NTENS) ,
        2 STRAN (NTENS) , DSTRAN (NTENS) , TIME (2) , PREDEF (1) , DPRED (1) ,
        3 PROPS (NPROPS) , COORDS (3) , DROT (3,3) , DFGRD0 (3,3) , DFGRD1 (3,3) ,
        4 JSTEP (4)


         user coding to define DDSDDE, STRESS, STATEV, SSE, SPD, SCD
         and, if necessary, RPL, DDSDDT, DRPLDE, DRPLDT, PNEWDT


         RETURN
         END
```

图 6.6　UMAT 用户自定义材料本构接口

(1) STRESS(N)：柯西应力张量，是按照 Voigt 规则转化而来的 N 维列向量，包含 N_1 个法向应力张量和 N_2 个切向应力张量。迭代步开始时，STRESS(N)是上一个增量步的值，当前步的应力值需要根据本章提到的应力更新算法求解并返回给主调程序。

(2) DDSDDE(N, N)：和积分算法相关的雅可比矩阵。由于雅可比矩阵不影响程序计算的精度，编制程序前期建议将弹性矩阵赋给 DDSDDE，当确保应力积分算法收敛后，再将雅可比矩阵逆矩阵的子矩阵赋给 DDSDDE。

(3) STATEV(m)：存储状态变量的 m 维列向量，如积分算法中提到的 $\boldsymbol{\alpha}$ 向量。迭代步开始时，STATEV(m)是上一个增量步的值，当前步的值需要根据前几节提到的应力更新算法求解并返回给主调程序。

其他相关物理量的具体含义可参见 ABAQUS 手册中的详细说明。

6.6 本章小结

ABAQUS 及其子程序提供了丰富的本构模型，可以用来模拟不同材料的力学行为。通过选择适当的本构模型和输入材料参数，可以实现材料行为的数值模拟，并预测其在不同加载条件下的响应。通过将本构模型与实验数据进行比较，可以确定模型中使用的材料参数是否准确，并优化模型以更好地预测实际情况。通过 ABAQUS 及其子程序，可以对材料的强度、刚度、塑性行为、疲劳寿命等特性进行评估，有助于工程师评估材料的可靠性，并优化设计以增加结构的安全性和耐久性。ABAQUS 的应用为工程实际提供了一种快速、高效的方法来评估材料行为和结构性能，节省了大量时间和成本，同时提高了工程效率和质量。

总之，ABAQUS 及其子程序不仅可以实现材料行为的数值模拟，而且可以验证模型准确性、评估材料可靠性并提高工程效率。

参考文献

[1] 李庆扬, 王能超, 易大义. 数值分析[M]. 北京: 清华大学出版社, 2008.
[2] SIMO J C, HUGHES T J R. Computational Inelasticity[M]. New York: Springer, 1998.
[3] NETO E A D S, PERIĆ D, OWEN D R J. Computational Methods for Plasticity: Theory and Applications[M]. United Kingdom: Wiley, 2008.
[4] Abaqus User Subroutines Reference Guide, version 6.14[Z]. Vélizy-Villacoublay, France: Dassault Systemes Simulia, Inc, 2014.

第 7 章　混凝土弹塑性损伤本构模型

混凝土由粗、细骨料经过胶凝而成，其内部结构的不均匀性和黏结-摩擦特性，使其在多轴应力状态下表现出复杂的非线弹性特性。作为工程建设主导材料，混凝土广泛应用于高层建筑、近海平台、大坝等复杂工程。随着数值计算技术的发展，从理论方面对混凝土本构关系进行研究日益重要。为了预测混凝土在复杂应力条件下的响应，材料的本构模型开发成为结构计算软件提升应用能力和扩展应用场景的重要途径。混凝土领域产生的许多新技术，如高强混凝土、活性粉末混凝土、自密实混凝土、高性能轻质混凝土等，进一步推动材料模型的发展[1-4]。混凝土作为一种准脆性材料，其变形能力是有限的。为了提高混凝土的延性和抗拉强度、减少裂缝，工程师在混凝土生产过程中将韧性材料加入混凝土中。纤维增强混凝土中纤维的作用主要有两点：一是提高混凝土延性，减少裂缝，延长混凝土的使用寿命；二是由于纤维的物理特性，可以在高温条件下降低混凝土的孔隙压力，减少混凝土的爆裂[5-9]。

混凝土本构模型可以分为两部分：基于宏观的唯象模型(简称宏观模型)和基于微观的本构模型(简称微观模型)。这两种模型分别有各自的优点和缺点。宏观模型可以直接通过实验得到所有参数，模型简单方便，但是物理意义不明确，不能从本质上解释一些现象。微观模型物理意义很强，能够通过不同角度进行合理解释，但是材料参数较难得到，而且观测手段要求很高。混凝土材料为多种相混合组成(胶凝材料、骨料、孔隙和多种纤维)，完全微观模型的建立十分复杂，同时考虑到有限元计算，微观模型很有可能会引起数值奇异，导致模型不收敛等现象。宏观模型与混凝土材料的实际情况有一定差异，如混凝土中骨料滑移、裂纹扩展等，宏观模型都没有办法进行直接体现。

本书的本构模型主要是为模拟和预测不同温度条件材料的力学性能而提出，同时也可以拟合混凝土最基本的力学行为。另外，提出了以宏观模型为基础，从多角度参数分析的损伤演化模型。其中，塑性模型以塑性力学为基础，描述混凝土的非弹性行为，屈服准则、流动法则和硬化法则是所有混凝土塑性模型的三个重要组成部分。当然，为了简化模型，增加模型的适用性，本章提出了部分假设，并且分别进行了详细解释，侧面证明了模型的合理性[6,8]。纤维混凝土(FRC)也是混凝土材料研究的重点，基于上述模型，需要重新考虑纤维的作用。纤维尺寸和其反映出来的力学行为不太容易从宏观角度进行解释，针对如今工程中大量使用的钢纤维，从微观角度进行模型修正。考虑到纤维的温度作用，把纤维的作用可以分为环箍作用和替代作用，从物理机制上解释了纤维对于混凝土的影响。

7.1 基础理论

7.1.1 应力-应变关系

混凝土作为一种广泛使用的工程材料，和大多数准脆性材料一样，其塑性性能在材料力学模型中非常重要。对于活性粉末混凝土(RPC)等高性能混凝土而言，在考虑引入损伤模型以后，其在高温下的损伤模型与应力-应变关系仍然处于不明确状态。因此，在损伤发生时，由于材料实际受力面积的减小，需要基于有效应力与名义应力之间的换算关系，重新定义混凝土的应力-应变关系。

基于连续损伤理论，采用四阶各向同性损伤张量 D_{ijkl} 描述损伤后，有效应力与名义应力之间存在的关系可以定义为

$$\sigma_{ij}=\left(I-D_{ijkl}\right):\bar{\sigma}_{ij} \tag{7.1}$$

$$E_{ijkl}=\left(I-D_{ijkl}\right)\bar{E}_{ijkl} \tag{7.2}$$

根据等效应变假设理论，材料的名义应变与有效应变相等。那么由胡克定律可以初步得到应力-应变之间的关系如下：

$$\varepsilon_{ij}=\bar{\varepsilon}_{ij} \tag{7.3}$$

$$\sigma_{ij}=E_{ijkl}\varepsilon_{ij}^{\mathrm{e}},\quad \bar{\sigma}_{ij}=\bar{E}_{ijkl}\varepsilon_{ij}^{\mathrm{e}} \tag{7.4}$$

式中，σ_{ij} 为名义应力张量；ε_{ij} 为名义应变张量；$\bar{\sigma}_{ij}$ 为有效应力张量；$\bar{\varepsilon}_{ij}$ 为有效应变张量；$\bar{E}_{ijkl}$ 为起始刚度张量；I 为四阶单位张量。

在传统常温条件下的研究中,应变张量可以认为由弹性和塑性两个部分组成。因此可以通过弹性应变张量 $\varepsilon_{ij}^{\mathrm{e}}$ 以及塑性应变张量 $\varepsilon_{ij}^{\mathrm{p}}$ 来描述混凝土的应力-应变行为：

$$\varepsilon_{ij}^{\mathrm{tot}}=\varepsilon_{ij}^{\mathrm{e}}+\varepsilon_{ij}^{\mathrm{p}} \tag{7.5}$$

式中，塑性应变张量 $\varepsilon_{ij}^{\mathrm{p}}$ 可以定义为[4]

$$\varepsilon_{ij}^{\mathrm{p}}=\int_0^t\frac{1}{2}\left|\dot{\varepsilon}_{ij}^{\mathrm{p}}:\dot{\varepsilon}_{ij}^{\mathrm{p}}\right|\mathrm{d}t \tag{7.6}$$

在火灾发生的时候，建筑结构所在的环境温度可以在很短的时间上升到几百

甚至上千摄氏度，对于混凝土材料来说，会产生大量的温度响应。因此在实验加热过程中，由温度升高引起的热应变是必须要考虑的因素。同时混凝土的蠕变是普遍存在的，即无论是否受高温影响蠕变都会发生，但是常温下蠕变的演化十分缓慢，可以不计入混凝土的总应变中。高温下蠕变的速率是常温下的数十倍，因此本模型将高温蠕变作为总应变的一部分，即总应变 $\varepsilon_{ij}^{\text{tot}}$ 可以视为由四个部分组成：弹性应变 $\varepsilon_{ij}^{\text{e}}$、塑性应变 $\varepsilon_{ij}^{\text{p}}$、高温热应变 $\varepsilon_{ij}^{\text{th}}$ 及高温瞬时蠕变 $\varepsilon_{ij}^{\text{tm}}$：

$$\varepsilon_{ij}^{\text{tot}} = \varepsilon_{ij}^{\text{e}} + \varepsilon_{ij}^{\text{p}} + \varepsilon_{ij}^{\text{th}} + \varepsilon_{ij}^{\text{tm}} \tag{7.7}$$

Yao 等对相关实验结果总结，高温热应变可以定义为以下形式[6]：

$$\dot{\varepsilon}_{ij}^{\text{th}} = \dot{\theta}\alpha_{\text{e}} \times I_{ij} \tag{7.8}$$

式中，α_{e} 为热膨胀系数。

由式(7.8)可知，在不同温度条件下热膨胀系数会影响混凝土热应变的取值。热膨胀系数越小，对混凝土温度的影响越小。当基体主要为钙质时，$\alpha_{\text{e}} = 1.2 \times 10^{-5}$；当基体主要为硅质时，$\alpha_{\text{e}} = 0.8 \times 10^{-5}$。

对于瞬态蠕变效应，Aslani 假设瞬态蠕变不会引起各向异性，因此可以将瞬态蠕变应变方程推广到多轴状态[10]。Gernay 等提出了一种确定瞬时蠕变的方法[11-12]：

$$\dot{\varepsilon}^{\text{tm}} = \dot{\phi}\left(\dot{\theta}\right)\boldsymbol{H} : \frac{\bar{\sigma}}{f_{\text{cf}}(\theta)} \tag{7.9}$$

式中，$\dot{\phi}\left(\dot{\theta}\right)$ 是与温度和热膨胀系数有关的函数，可以定义为

$$\dot{\phi}\left(\dot{\theta}\right) = k_1 \exp\left(k_2 \alpha_{\text{e}} \dot{\theta}\right), \quad k_1 = 10^{-3}, \quad k_2 = 425 \tag{7.10}$$

$f_{\text{cf}}(\theta)$ 是不同温度下 SRPC 的抗压强度；$\boldsymbol{H}$ 是通过式(7.11)定义的四阶张量：

$$H_{ijkl} = -\nu\delta_{ij}\delta_{kl} + 0.5(1+\nu)\left(\delta_{ik}\delta_{jl} + \delta_{il}\delta_{jk}\right) \tag{7.11}$$

式中，δ_{ij} 为 Kronecker 算符；ν 为泊松比。

7.1.2 硬化函数与屈服准则

屈服准则是判断材料是否发生塑性的重要依据，混凝土材料也一样。尤其是加入钢纤维后，混凝土的塑性会得到明显提升，在受压过程中会出现明显塑性段。混凝土材料的屈服条件可以通过大量的实验数据总结得到。图 7.1 所示混凝土材料的屈服硬化过程是根据大量实验数据对不同条件下混凝土实验中的屈服点进行统一优化整合得到，从图中可以看出混凝土材料具有极好的抗压性能，但承受拉

力的性能不够优越。因此必须采用不同的屈服标准来描述混凝土的抗压抗拉性能[13-14]。

随着荷载增加，混凝土开始进入塑性状态，材料达到屈服。材料刚开始达到屈服时应力需满足初始屈服条件，也称为屈服准则。应力空间中对应的曲面称为屈服面。屈服准则定义了多轴应力状态下的弹性极限。对于金属来说，通常将破坏应力作为屈服应力，破坏应力可通过实验确定，而混凝土的屈服应力是一个假定值，只能用数学形式来表示。混凝土的屈服准则可分为与静水压力有关(如 Mises 屈服准则)和与静水压力无关(如 Drucker-Prager 屈服准则)两种。对一些混凝土的破坏准则进行修改并融入塑性理论，即可作为屈服准则来使用，用于计算屈服材料的应变-应力。除了静水压力，材料的各向异性也会被考虑进屈服准则中。

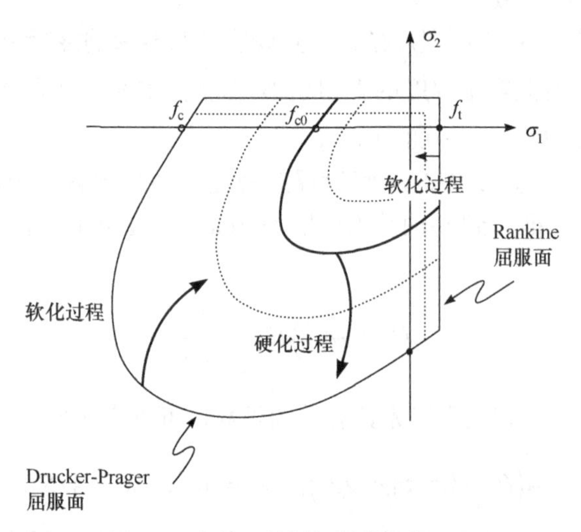

图 7.1　混凝土材料的屈服硬化过程

常用的屈服条件包括 Tresca 屈服条件、Mises 屈服条件、双剪屈服条件及统一屈服准则等。Tresca 屈服条件和 Mises 屈服条件用于韧性金属材料中，与实验结果得到了很好的吻合，但是对于岩土、岩石及混凝土等非金属材料却不是很理想，实验结果显示静水应力对其屈服过程有着重要作用。本章采用了 Drucker-Prager 屈服准则，在 Mises 屈服条件的基础上考虑了静水应力对混凝土的影响。通过类比岩石屈服准则，混凝土受压屈服准则可以由 Drucker-Prager 模型确定[6,8,14]，而受拉情况下可以采用 Rankine 屈服准则。D-P 模型主要是对 Mises 屈服准则的改进。在目前的研究中，假设加入纤维后混凝土的屈服和硬化过程与普通混凝土相似，并在 FRC 实验的基础上修正了与纤维相关的参数。受拉则采用最大拉应力屈服准则。因此，FRC 的屈服准则为

$$\begin{cases} F_{\mathrm{t}}\left(\bar{\sigma},\kappa_{\mathrm{t}}\right)=\bar{\sigma}_1-\bar{\tau}_{\mathrm{t}}\left(\kappa_{\mathrm{t}},\theta\right)\leqslant 0 \\ F_{\mathrm{c}}\left(\bar{\sigma},\kappa_{\mathrm{c}}\right)=\sqrt{3\bar{J}_2}+\alpha\bar{I}_1-(1-\alpha)\bar{\tau}_{\mathrm{c}}\left(\kappa_{\mathrm{c}},\theta\right)\leqslant 0 \end{cases} \tag{7.12}$$

式中，$\bar{\sigma}_1$ 为有效应力空间最大主应力；$\bar{\tau}_{\mathrm{t}}$、$\bar{\tau}_{\mathrm{c}}$ 分别为拉伸及压缩状态下的硬化函数；κ_{t}、κ_{c} 分别为拉伸和压缩状态下控制屈服面演化的硬化参数；$\bar{I}_1$ 为第一应力张量不变量；$\bar{J}_2$ 为第二应力张量不变量；α 为内摩擦系数，可以通过以下方式确定：

$$\alpha=\left(f_{\mathrm{bf0}}-f_{\mathrm{cf0}}\right)/\left(2f_{\mathrm{bf0}}-f_{\mathrm{cf0}}\right) \tag{7.13}$$

式中，f_{bf0} 和 f_{cf0} 分别表示纤维混凝土双轴抗压强度与单轴抗压强度。

塑性应变硬化的问题之一是确定屈服面的演化规律，而硬化法则定义了屈服面在加载过程中的变化特性。通过硬化规律可以描述纤维增强 RPC 的屈服规律。通常情况下材料的硬化可以分为三种类型：同向均匀硬化、随动硬化及组合硬化。针对混凝土，受力影响屈服的硬化条件存在多种可能，因此可采用组合硬化来描述。在单轴压缩过程中，混凝土的力学性能先是在弹性段变化，达到屈服强度 f_{cf0} 时开始出现塑性，此时混凝土发生硬化，最终达到峰值强度 f_{cf1} 后进入软化状态直到破坏。分别定义混凝土受拉受压硬化方程如下：

$$\tau_{\mathrm{t}}\left(\kappa_{\mathrm{t}},\theta\right)=f_{\mathrm{tf}}\left[0.5\exp(-a_{\mathrm{t}}\kappa_{\mathrm{t}})+0.5\exp\left(-6a_{\mathrm{t}}\kappa_{\mathrm{t}}\right)\right] \tag{7.14}$$

$$\begin{cases} \tau_{\mathrm{c}}\left(\kappa_{\mathrm{c}},\theta\right)=f_{\mathrm{cf0}}(\theta)+\dfrac{2\left[f_{\mathrm{cf1}}(\theta)-f_{\mathrm{cf0}}(\theta)\right]\kappa_{\mathrm{c}}}{\kappa_{\mathrm{c1}}(\theta)\left\{1+\left[\dfrac{\kappa_{\mathrm{c}}}{\kappa_{\mathrm{c1}}(\theta)}\right]^2\right\}}, & \kappa_{\mathrm{c}}\leqslant\kappa_{\mathrm{c1}}(\theta) \\ \tau_{\mathrm{c}}\left(\kappa_{\mathrm{c}},\theta\right)=f_{\mathrm{cf1}}(\theta)\left\{1+b_{\mathrm{c}}(\theta)\left[\kappa_{\mathrm{c}}-\kappa_{\mathrm{c1}}(\theta)\right]\right\}\exp\left\{-b_{\mathrm{c}}(\theta)\left[\kappa_{\mathrm{c}}\kappa_{\mathrm{c1}}(\theta)\right]\right\}, & \kappa_{\mathrm{c}}>\kappa_{\mathrm{c1}}(\theta) \end{cases} \tag{7.15}$$

式中，$f_{\mathrm{cf1}}(\theta)$、$f_{\mathrm{tf}}(\theta)$ 分别为不同温度下 FRC 极限抗压强度、极限抗拉强度，即峰值强度；$f_{\mathrm{cf0}}(\theta)$ 为不同温度下 FRC 屈服点对应的抗压强度；$\kappa_{\mathrm{c1}}(\theta)$ 为峰值强度 $f_{\mathrm{cf1}}(\theta)$ 对应的应变，即峰值应变；$b_{\mathrm{c}}(\theta)$ 为硬化参数，可以通过不同温度下的相关实验测定。随着峰值应变参数的增加，有效硬化函数 $\tau_{\mathrm{c}}\left(\kappa_{\mathrm{c}},\theta\right)$ 从 $f_{\mathrm{cf0}}(\theta)$ 增加到 $f_{\mathrm{cf1}}(\theta)$，随后呈现下降趋势，如图 7.2 所示。

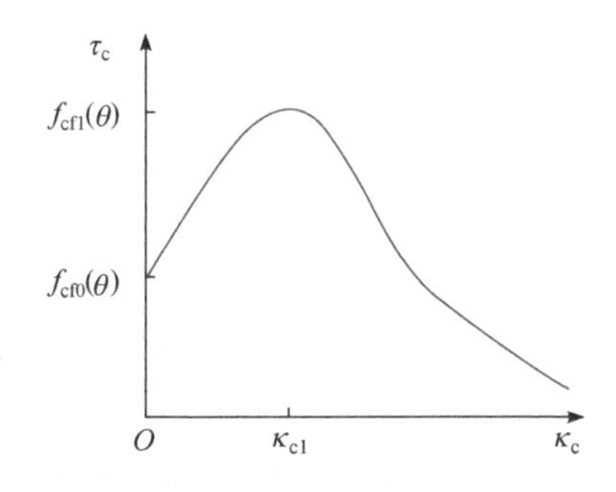

图 7.2　混凝土材料的受压硬化过程

7.1.3　流动法则与加卸载准则

在增量本构关系中，应变增量分为弹性应变、塑性应变和热应变。基于热力学理论，Yao 等建立了应变与各分量的势函数 F_i 的增量关系[2]：

$$\dot{\varepsilon}^i = \dot{\lambda}_i \frac{\partial F_i}{\partial \bar{\sigma}}, \quad i = \mathrm{p}, \mathrm{th}, \mathrm{tm} \tag{7.16}$$

塑性应变的演化过程对增量流动法则的确定起着重要作用。通过应变与各分量的势函数 F_i 的增量关系可知，塑性应变率可以通过塑性势对应力求偏导得到：

$$\dot{\varepsilon}^{\mathrm{p}} = \dot{\lambda}_{\mathrm{p}} \frac{\partial F_{\mathrm{p}}}{\partial \bar{\sigma}} = \dot{\lambda}_{\mathrm{p}} \frac{\partial G_{\mathrm{c}}}{\partial \bar{\sigma}} \tag{7.17}$$

不同于受拉状态下塑性势函数可以等效于屈服函数，混凝土受压条件下的势函数等于受压时的断裂能 G_{c}，与剪胀系数 α_{p} 有关，且 $\alpha_{\mathrm{p}} > 0$。因此，可以确定受压势函数：

$$F_{\mathrm{p}} = G_{\mathrm{c}} = \sqrt{3\bar{J}_2} + \alpha_{\mathrm{p}} \bar{I}_1 \tag{7.18}$$

同时，在塑性力学中塑性乘子 λ_{p} 控制着塑性在下一时刻的变化方向，具体体现为加卸载准则，当塑性乘子的变化率 $\dot{\lambda}_{\mathrm{p}} > 0$ 时，视为加载状态；当 $\dot{\lambda}_{\mathrm{p}} = 0$ 时，可能是卸载也可能是中性变载。通过库恩-塔克条件得到的加卸载准则可以用来确定 λ_{p}：

$$\dot{\lambda}_{\mathrm{p}} \geqslant 0, \quad F_i(\bar{\sigma}, \kappa_i) \leqslant 0, \quad \dot{\lambda}_{\mathrm{p}} F_i(\bar{\sigma}, \kappa_i) = 0 \tag{7.19}$$

即通过加卸载的边界条件可知，$\dot{\lambda}_{\mathrm{p}}$ 可以通过 $\dot{F}_i(\bar{\sigma}, \kappa_i)$ 确定：

$$\dot{\lambda}_{\mathrm{p}} \dot{F}_i(\bar{\sigma}, \kappa_i) = 0 \tag{7.20}$$

同时硬化变量可以定义为 $\dot{\kappa}_i = \dot{\lambda}_{\mathrm{p}} > 0$，因此可以得到

$$\dot{\kappa}_i = \left(\bar{\sigma} : \dot{\varepsilon}^{\mathrm{p}}\right) / G_i \tag{7.21}$$

通过以上基本塑性理论分析，修正并确定了纤维增强 RPC 及基本的弹塑性本构框架。

7.2　损伤理论模型

在以往的研究中，描述混凝土损伤的相关模型主要有两种：一种是从实验分析中得到的经验公式，另一种是考虑不可逆热力学定律，即假设损伤是不可逆的，

根据热力学理论来确定。Ju 考虑了塑性演化过程，确定了 ε^{p} 的演化规律[15]。同时利用弹塑性亥姆霍兹自由能，开发出了适用于普通混凝土的常温下基于能量耗散原理的损伤演化准则，为损伤判据提供了理论依据。

在混凝土中加入纤维对防止裂缝在高温下的扩展有积极的影响[3]。因此，可以将基体 $d(\theta)$ 的损伤与纤维的影响分离，并引入了纤维的影响系数 $\Lambda(\theta)$。在本节中，基于高温热力学框架，考虑纤维对基体损伤的影响，建立混凝土的高温损伤模型：

$$D=\Lambda(\theta)\big(1-d(\theta)\big) \tag{7.22}$$

7.2.1　基体损伤模型

1) 损伤变量的选择

在目前的研究中，损伤变量主要通过三种宏观因素来体现：

(1) 通过某一截面实际承载承受载荷的面积变化来描述损伤，将其截面损失率视为损伤变量。由于其便于实验观测，被广泛使用。

(2) 将密度减少量作为损伤变量，但测量难度大，准确度不高。

(3) 通过弹性模量的变化决定损伤变量。虽然这种方法可以通过简单的单轴实验得到，但是在本构模型中损伤与本构关系的耦合需要用损伤表示刚度变化，因此较少运用于本构模型中。

在本节中，混凝土本身的缺陷也需要考虑到损伤模型中，同时由于高温以及荷载作用，基体中存在的微裂缝和微孔隙进一步扩展，混凝土的实际承载面积会减小，因此将损伤变量定义为

$$d=A_{\mathrm{d}}/A_{\mathrm{tot}} \tag{7.23}$$

式中，A_{tot} 表示整个承载面的面积；A_{d} 表示截面孔隙以及裂纹的面积。

2) 标量损伤模型

对于不同损伤模式，裂纹的发生和扩展表现截然不同，而损伤引起的非线性表征也不同。因此，合理的损伤模型不仅关系到材料退化行为，而且会影响混凝土内部损伤演化的正确性。多数研究人员采用 Thomas 的损伤演化公式[6]，公式如下：

$$d_t(\kappa_t)=1-\left[0.5\exp(-a_{\mathrm{t}}\kappa_{\mathrm{t}})+0.5\exp(-6a_{\mathrm{t}}\kappa_{\mathrm{t}})\right] \tag{7.24}$$

$$d_{\mathrm{c}}(\kappa_{\mathrm{c}})=1-\exp(-a_{\mathrm{c}}\kappa_{\mathrm{c}}) \tag{7.25}$$

3) 自由能函数

能量原理是解决力学问题的关键手段，诸多受力的过程往往伴随着能量的变

化。在混凝土受力过程中，发生形变以及损伤的演化过程都伴随着能量变化。在能量原理中，相关变量的演化主要体现为自由能的产生和释放过程。因此自由能函数的选取至关重要。自由能函数主要有亥姆霍兹自由能(Helmholtz free energy, HFE)和吉布斯自由能两种形式。吉布斯自由能函数主要体现在材料及物质熵与焓变化的过程，并不足以描述材料力学行为。HFE 函数表达式包含多种变量，可以准确描述应力、应变及损伤等变量的变化过程。同时在考虑损伤与本构的耦合过程中，HFE 函数也能很好地描述二者的关系。

本节认为损伤的演化过程遵循热力学能量耗散原理。选用 HFE 作为能量耗散基本量，同时考虑到温度的影响，将 HFE 定义为热力学势，包括温度、应力-应变及损伤等变量。总的自由能函数主要由弹性部分 $\varPsi_\mathrm{e}$ 和塑性部分 $\varPsi_\mathrm{p}$ 组成[15-18]：

$$\varPsi\left(\varepsilon^\mathrm{e},\theta,d_\mathrm{c},\kappa_\mathrm{c}\right)=\varPsi_\mathrm{e}\left(\varepsilon^\mathrm{e},\theta,d_\mathrm{c}\right)+\varPsi_\mathrm{p}\left(d_\mathrm{c},\kappa_\mathrm{c}\right) \tag{7.26}$$

不同温度下弹性状态的 HFE 与弹性应变 ε^e 有关。由于需要考虑温度应力产生的弹性应变的状态变量，因此定义一定温度下的自由能表达式为

$$\varPsi_\mathrm{e}\left(\varepsilon^\mathrm{e},\theta,d_\mathrm{c}\right)=\frac{1}{2}\varepsilon^\mathrm{e}:\left(1-d_\mathrm{c}\right)E:\varepsilon^\mathrm{e}-3T\boldsymbol{K}:\varepsilon^\mathrm{e}-\frac{1}{2}C\frac{T^2}{\theta_0} \tag{7.27}$$

在考虑能量原理时，初始自由能的演变是能量耗散法则的重要一环。只有明确自由能的初始状态才能准确描述在不同力学参数演化过程中的能量变化规律。为方便研究损伤的变化规律，本节假设在某一温度下未发生损伤时的自由能定义为初始自由能 $\varPsi^\mathrm{o}\left(\varepsilon^\mathrm{e},\theta,\kappa_\mathrm{c}\right)$。类似地，初始自由能 $\varPsi^\mathrm{o}\left(\varepsilon^\mathrm{e},\theta,\kappa_\mathrm{c}\right)$ 也可以视为由弹性部分和塑性部分组成：

$$\varPsi^\mathrm{o}\left(\varepsilon^\mathrm{e},\theta,\kappa_\mathrm{c}\right)=\varPsi_\mathrm{e}^\mathrm{o}\left(\varepsilon^\mathrm{e},\theta\right)+\varPsi_\mathrm{p}^\mathrm{o}\left(\kappa_\mathrm{c},\theta\right) \tag{7.28}$$

根据本节假设，当材料在高温下无损伤时，可以得到高温下的初始弹性 HFE：

$$\varPsi_\mathrm{e}^\mathrm{o}\left(\varepsilon^\mathrm{e},\theta\right)=\frac{1}{2}\varepsilon^\mathrm{e}:E:\varepsilon^\mathrm{e}-3T\boldsymbol{K}:\varepsilon^\mathrm{e}-\frac{1}{2}C\frac{T^2}{\theta_0} \tag{7.29}$$

塑性自由能的变化主要是发生屈服而导致。同时考虑到不同温度的影响，压缩过程中的初始塑性 HFE 为

$$\varPsi_\mathrm{p}^\mathrm{o}\left(\kappa,\theta\right)=\frac{b(\theta)}{2E_0(\theta)}\left(3\overline{J}_2+\eta^\mathrm{p}\overline{I}_1\sqrt{3\overline{J}_2}-\frac{1}{2}\overline{I}_1^2\right) \tag{7.30}$$

当没有发生损伤时，任意时刻的自由能函数与初始自由能函数相等。因此考虑损伤前后的自由能函数存在如下关系：

$$\varPsi_\mathrm{p}\left(d_\mathrm{c},\kappa_\mathrm{c},\theta\right)=\left(1-d_\mathrm{c}\right)\varPsi_\mathrm{p}^\mathrm{o}\left(\kappa_\mathrm{c},\theta\right) \tag{7.31}$$

$$\Psi\left(\varepsilon^{\mathrm{e}},\theta,d_{\mathrm{c}},\kappa_{\mathrm{c}}\right)=\left(1-d_{\mathrm{c}}\right)\Psi_{\mathrm{p}}^{\mathrm{o}}\left(\kappa_{\mathrm{c}},\theta\right)+\Psi_{\mathrm{e}}\left(\varepsilon^{\mathrm{e}},\theta,d_{\mathrm{c}}\right) \tag{7.32}$$

式中，C 为材料比热容；θ_0 为起始温度值；$T=\theta-\theta_0$，表示温度变化量；$\boldsymbol{K}$ 是一个四阶张量算符，$\boldsymbol{K}=3K\alpha_{\mathrm{e}}\times I$，$K$ 为体积模量，I 为四阶单位张量；η^{p} 为材料膨胀率参数，$\eta^{\mathrm{p}}=\sqrt{3/2}\alpha_{\mathrm{p}}\geqslant\sqrt{3/2}\left(\alpha^2-1\right)/\left(2\alpha^2-1\right)$；$b(\theta)$ 是由泊松比 ν_0 和热膨胀系数 η^{p} 决定的参数：

$$b(\theta)=\frac{1-2\left(1-\nu_0\right)\alpha'^2}{\left(1-2\eta^{\mathrm{p}}\right)\alpha'^2-\left(1-\eta^{\mathrm{p}}\right)},\quad \alpha'=f_{\mathrm{b},\theta}/f_{\mathrm{c},\theta} \tag{7.33}$$

根据连续介质的不可逆热力学原理，材料产生应变所消耗的能量不应小于材料在发生该状态之前的自由能：

$$-\dot{\Psi}+\boldsymbol{\sigma}:\dot{\varepsilon}\geqslant 0 \tag{7.34}$$

因此，应力-应变关系就可以通过初始 HFE 和损伤变量 d_{c} 来表示：

$$\boldsymbol{\sigma}=\frac{\partial\Psi_{\mathrm{e}}\left(\varepsilon^{\mathrm{e}},\theta,d_{\mathrm{c}}\right)}{\partial\varepsilon^{\mathrm{e}}}=\left(1-d_{\mathrm{c}}\right)\frac{\partial\Psi_{\mathrm{e}}^{\mathrm{o}}\left(\varepsilon^{\mathrm{e}},\theta\right)}{\partial\varepsilon^{\mathrm{e}}} \tag{7.35}$$

$$\bar{\sigma}=\frac{\sigma}{1-d_{\mathrm{c}}}=\frac{\partial\Psi^{\mathrm{o}}}{\partial\varepsilon^{\mathrm{e}}} \tag{7.36}$$

4) 损伤演化方程

损伤演化的本质是裂纹的扩展导致截面承载的降低，而裂纹扩展往往伴随着能量的变化。根据能量法的基本假设，损伤演化是一个能量消耗的过程，可以将能量损失率视为驱动损伤演化的广义力。因此，损伤自由能的一阶导数可视为考虑温度影响的损伤演化的能量释放率(DERR)：

$$Y=-\partial\Psi\left(\varepsilon^{\mathrm{e}},\theta,d_{\mathrm{c}},\kappa_{\mathrm{c}}\right)/\partial d_{\mathrm{c}} \tag{7.37}$$

混凝土的损伤状态可以通过考虑一个具有等效功能准则的函数来表示，于是引入损伤准则 $G\left(Y_t,r_t\right)$ 作为损伤是否发生的判定依据：

$$G\left(Y_t,r_t\right)\equiv Y_t-r_t\leqslant 0,\quad t\in R_+ \tag{7.38}$$

式中，r_t 表示 t 时刻下损伤的阈值。因此在任一条件下，总有 $r_t\geqslant r_0$ (r_0 指施加任意荷载前的损伤阈值)，r_t 可以通过 DERR 确定：

$$r_t=\max\left\{r_0,\max_{s\in(-\infty,t]}Y_s\right\} \tag{7.39}$$

那么就可以确定损伤发生的条件就是损伤能量释放率 $\boldsymbol{Y}$ 大于起始损伤阈值。混凝土在受压状态下的起始损伤阈值可以由实验确定：

$$r_0 = (1-\alpha) f_{\text{cf}0}(\theta) \tag{7.40}$$

损伤和塑性是混凝土材料力学上表现出非线性的主要原因。可以通过类比塑性流动的正交流动法则得到损伤变量 d_c 的流动法则。结合以往研究，考虑引入损伤势函数 $g(Y)$ 来表示损伤演化过程[8,15,17]，该势函数与损伤变量存在如下关系：

$$\dot{\lambda}^d \geqslant 0, \quad \overline{G}(Y,r) \leqslant 0, \quad \dot{\lambda}^d \overline{G}(Y,r) = 0 \tag{7.41}$$

$$\dot{d} = \dot{\lambda}^d \partial g(Y) / \partial Y, \quad r_t = \dot{\lambda}^d \tag{7.42}$$

损伤势函数 $g(Y)$ 是一个单调递增的函数。根据上述损伤准则，提出常温下普通混凝土的损伤演化规律：

$$d_c = g_c = 1 - \left\{(1-A) r_0 / r_t + A\exp\left[B(1 - r_t / r_0)\right]\right\} \tag{7.43}$$

从式(7.38)中可知，$Y_t = r_0$ 时处于损伤临界条件，即损伤即将发生，而损伤发生时 $Y_t = r_t$。因此，损伤的演化规律与损伤阈值有关，可以视为能量释放率的函数：

$$d_c = g_c = 1 - \left\{r_0(1-A) / Y + A\exp\left[B(1 - Y / r_0)\right]\right\} \tag{7.44}$$

式中，A 和 B 可以从实验中得到。

通过以上过程可知，考虑温度对 FRC 内部自由能的影响，可以确定不同温度下能量释放率对应的损伤演化过程，从而可以与对应温度下的弹塑性理论耦合得到统一的弹塑性损伤本构模型。

7.2.2 纤维对损伤的影响

根据绪论中对纤维的分类，掺加不同种类的纤维对高温下混凝土结构有不同的影响。例如，钢纤维和碳纤维等高温保性纤维在高温下可以在一定程度上限制裂纹的扩展，延缓损伤的发展。然而，大多数纤维，如聚合物和植物纤维等高温失性纤维，在高温下会失去连接功能。纤维熔化后会产生更多的孔洞，使纤维与基体失去连接，加剧混凝土损伤。同时熔化产生的气体通过裂纹扩展释放出来，促使裂纹扩展以释放内部的温度应力。

不同温度下 FRC 基体中钢纤维和聚丙烯(PP)纤维的 SEM 照片如图 7.3 所示。结果表明，聚丙烯纤维在 165℃左右时发生熔融，产生较多的孔洞，加剧了 FRC 性能的劣化。然而，随着温度的升高，钢纤维仍然与基体连接，但 FRC 内部结构受到破坏，出现更多的裂纹。由于钢纤维在高温下维持原有形状和位置，可以防止高温下微裂纹在 FRC 内部持续扩展，因此建立纤维混凝土损伤模型时，应将纤维的特性考虑在内。本章考虑了钢纤维对混凝土基体高温损伤的影响，而在高温下，纤维的加入会明显改变杨氏模量。

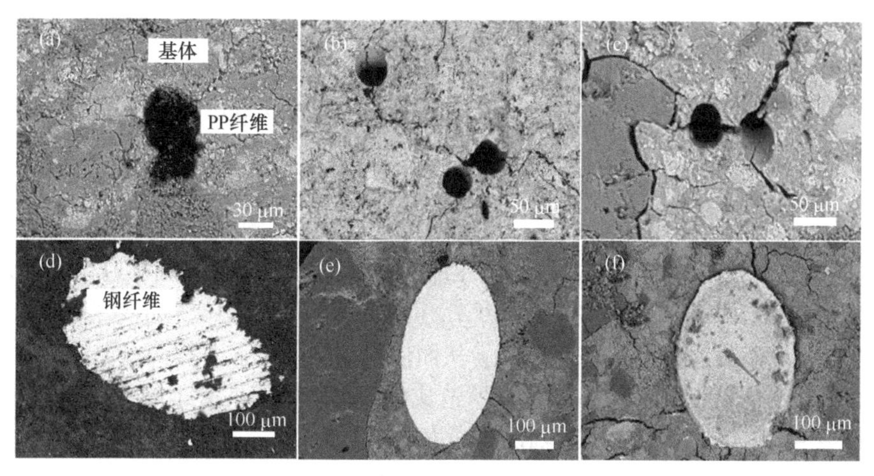

图 7.3　不同温度下 FRC 样品的 SEM 照片

(a)～(c) 室温、300℃、600℃下混凝土中的 PP 纤维；(d)～(f) 混凝土中钢纤维在室温、300℃和 600℃时的变化[3]

结合 SEM 照片和实验结果，FRC 的杨氏模量在高温下仍高于普通混凝土。本章提出了一种纤维影响系数 $\Lambda(\theta)$ 来表示钢纤维对基体损伤的减弱作用：

$$\Lambda(\theta)=\eta\exp\left(1-E_{\mathrm{f}}(\theta)/E_0(\theta)\right) \tag{7.45}$$

式中，$E_{\mathrm{f}}(\theta)$、$E_0(\theta)$ 分别表示温度为 θ 时，纤维增强 RPC 与普通 RPC 的弹性模量，可以由单轴压缩实验确定。以往的研究表明，FRC 的抗裂性与纤维的含量和分布有关[2-4]。因此，本章引入一个量纲为一参数 η 来表示纤维含量的影响。

7.3　模型参数讨论

7.3.1　塑性参数

在 FRC 的硬化过程中，需要确定的关键参数主要有单轴抗压强度 $f_{\mathrm{cf0}}(\theta)$、峰值应力 $f_{\mathrm{cf1}}(\theta)$ 和峰值应变 κ_{c1} 以及硬化参数 $b_{\mathrm{c}}(\theta)$。$b_{\mathrm{c}}(\theta)$ 和 κ_{c1} 通过以下公式确定：

$$b_{\mathrm{c}}(\theta)=2f_{\mathrm{cf1}}(\theta)/(M-N) \tag{7.46}$$

$$\kappa_{\mathrm{c1}}=\varepsilon_{\mathrm{c1}}\left(1-2\tilde{d}_{\mathrm{c}}\right)/\left(2-2\tilde{d}_{\mathrm{c}}\right)\left(1-\alpha_{\mathrm{e}}\right) \tag{7.47}$$

式中，$\tilde{d}_{\mathrm{c}}\leqslant 0.5$ 为混凝土峰值应变对应的损伤；M、N 均为混凝土裂缝的能量密度：

M 为硬化过程中的裂纹能量密度，可以通过综合硬化参数来确定；N 为软化阶段硬化函数的积分。

$$M = \bar{G}_c / l_c = \int_0^t \tau_t(\kappa_t, \theta) dt \tag{7.48}$$

$$N = f_{cf0}(\theta)\kappa_{c1} + \left[f_{cf1}(\theta) - f_{cf0}(\theta)\right]\kappa_{c1}\ln 2 \tag{7.49}$$

式中，l_c 表示网格尺寸参数，网格为二次单元时 $l_c = A_e^{1/2}$ ，网格为线性单元时 $l_c = (2A_e)^{1/2}$，A_e 为单元面积。

本章的研究中，采用了几组不同压缩实验数据作为拟合基础，以得到开发的模型所需参数。FRC 的单轴抗压强度 f_{cf} 是温度的函数，由实验结果得到[2,4]。在 200℃之前，混凝土内部进一步水化，从而使得抗压强度显著提高。但 200℃后混凝土内部结构受到破坏，微裂缝生长所造成的损伤削弱了混凝土的受压承载能力。由图 7.4 可知，温度对 FRC 单轴抗压强度的影响为

$$f_{cf} = f_c + 40.14V_f + 1.02V_f^2 \tag{7.50}$$

$$f_{cf}(\theta) / f_c(\theta) = 0.956 + 1.730 \times 10^{-3}\theta - 5.701 \times 10^{-6}\theta^2 + 3.866 \times 10^{-9}\theta^3 \tag{7.51}$$

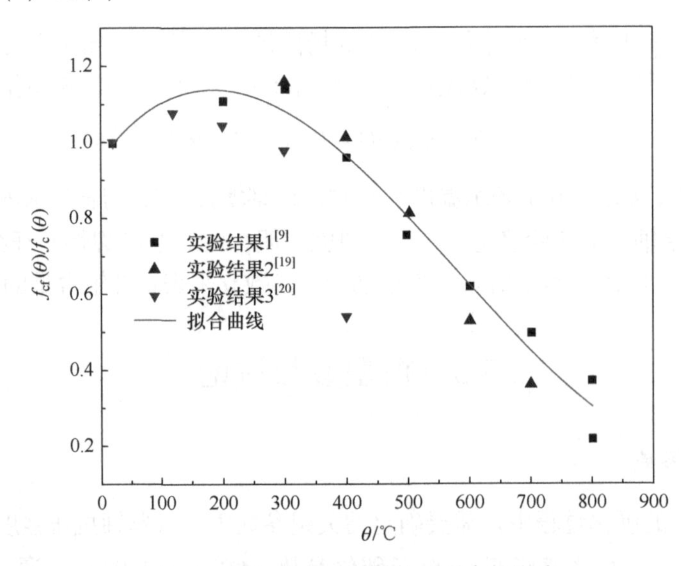

图 7.4　温度对 FRC 单轴抗压强度的影响

根据实验观察结果，在单轴压缩峰值应力处，应变随温度升高而增大(图 7.5)。FRC 峰值应力对应的应变 ε_{c1} 也与温度相关：

$$\varepsilon_{c1} / \varepsilon_{c0} = 1 - 7.429 \times 10^{-4}\theta + 6.752 \times 10^{-6}\theta^2 + 2.675 \times 10^{-9}\theta^3 \tag{7.52}$$

式中，ε_{c0} 为室温峰值应力对应的应变；ε_{c1} 为不同温度下峰值应力对应的应变。

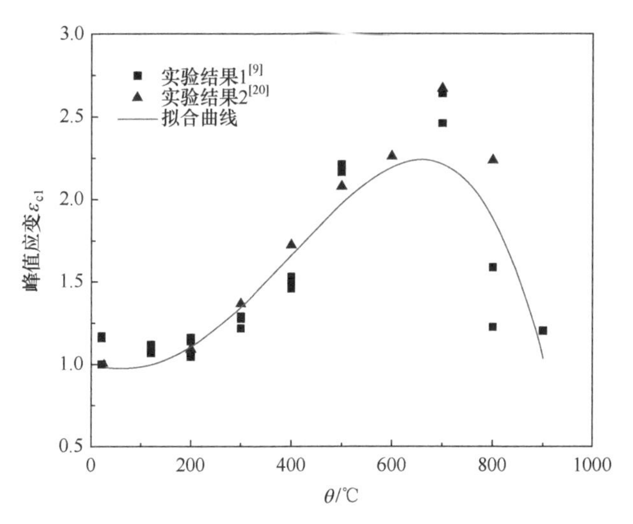

图 7.5　温度对峰值应力对应应变的影响

随着裂缝的扩展，600℃后混凝土强度退化更为明显。由于 FRC 内部组织的变化，裂纹扩展引起的力学性能恶化变强，高温下峰值应变急剧下降。因此，高温下双轴抗压强度 $f_{b,\theta}$ 与单轴状态 $f_{c,\theta}$ 的比值可由式(7.53)确定：

$$\alpha' = \begin{cases} f_{b,\theta} / f_{c,\theta} = 1.16, & \theta \leqslant 350℃ \\ f_{b,\theta} / f_{c,\theta} = 1.16\left[1 + 0.6 \times \left(\dfrac{\theta - 350}{750 - 350}\right)\right], & 350℃ < \theta \leqslant 750℃ \end{cases} \tag{7.53}$$

7.3.2　损伤模型参数

式(7.44)所描述的损伤模型是根据实验分析得到的。该模型可以用参数 A 来描述混凝土在单轴压缩应力过程中的硬化效应，用参数 B 来描述峰值应力点后的软化效应[17]。吴建营根据实验结果推荐高强混凝土损伤参数值。当混凝土强度接近 45MPa 时，A=1.8，B=0.75；当混凝土强度达到 65MPa 时，A=2.0，B=1.10。在本章中，基体的损伤演化与高温下的能量耗散有关，因此设 A=2.0，B=1.0[18]。纤维主要与基体相互作用，纤维的拉伸性能远远高于基体。纤维可以防止裂缝的扩展，从而提高混凝土的整体强度。然而，并不是所有的纤维都能阻止裂缝的扩展，有些纤维在损伤演化过程中会破坏混凝土基体的完整性。

当纤维含量在增强标准范围内增加时，纤维对裂纹扩展的抑制作用得到改善[19,21]。当纤维含量保持一定时，纤维出现在裂纹截面的概率较高，这对抑制裂纹扩展起着重要作用。因此，引入了与纤维含量 V_f 相关的参数 η：

$$\eta = 1 - nV_f \tag{7.54}$$

式中，n 是在 RPC 中发挥作用的纤维比例。由于混凝土中的纤维是随机分布的，并非所有的纤维都会阻碍裂纹扩展，平行于裂纹尖端的纤维甚至会加速裂纹扩展，而垂直方向的纤维才会发挥作用。因此纤维的有效系数表示为沿荷载方向的纤维与纤维总量的比值。当考虑二维状态下纤维在 RPC 的随机分布时：

$$n=\int_0^{\frac{\pi}{2}}\frac{\cos\theta}{\pi/2}\mathrm{d}\theta=\frac{2}{\pi} \tag{7.55}$$

当考虑三维状态下纤维在 RPC 的随机分布时：

$$n=\int_0^{\frac{\pi}{2}}\int_0^{\frac{\pi}{2}}\left(\frac{\cos\theta_1}{\frac{\pi}{2}}\right)\left(\frac{\cos\theta_2}{\frac{\pi}{2}}\right)\mathrm{d}\theta_1\mathrm{d}\theta_2=\frac{4}{\pi^2} \tag{7.56}$$

由式(7.50)和式(7.54)可知，当$V_{\mathrm{f}}=0$时，FRC 的损伤演化主要取决于混凝土基体的力学性质。纤维对基体的影响可以通过不同温度下杨氏模量的变化来体现[6]：

$$E_{\mathrm{f}}=E_{\mathrm{c}}+1.90V_{\mathrm{f}} \tag{7.57}$$

$$E_{\mathrm{f}}(\theta)=E_{\mathrm{f}}\cdot\begin{cases}1.0, & 20℃\\ 1.1344-0.0017\theta+5\times10^{-7}\theta^2, & 100℃\leqslant\theta\leqslant800℃\end{cases} \tag{7.58}$$

7.4 数 值 分 析

为了验证所提出的模型，利用有限元程序 ABAQUS 开发并实现了数值算法。假设过程从时间步长 s 开始，在每个积分点赋值，式(7.7)中，总应变由四个分量组成。总应变可以用数值程序定义，从时间步长 s 到 s+1。由于分解了总应变$\varepsilon^{\mathrm{tot}}$，所以在 s+1 阶中，应力对应变分量和应变增量的影响如下：

$$\varepsilon_\sigma^{s+1}=\left(\varepsilon^{\mathrm{tot}}\right)^{s+1}-\left(\varepsilon^{\mathrm{th}}\right)^{s+1}-\left(\varepsilon^{\mathrm{tm}}\right)^{s+1} \tag{7.59}$$

$$\Delta\varepsilon_\sigma=\Delta\varepsilon^{\mathrm{tot}}-\Delta\varepsilon^{\mathrm{th}}-\Delta\varepsilon^{\mathrm{tm}} \tag{7.60}$$

损伤的演化基于能量释放率 DERR(Y)。通过Y^{s+1}迭代更新可以描述损伤在每一步的演化过程。纤维对混凝土损伤影响参数可以通过式(7.61)描述：

$$\Lambda(\theta)=\eta\exp\left(1-E_{\mathrm{f}}{}^{s+1}(\theta)/E_0(\theta)\right) \tag{7.61}$$

因此更新后的损伤张量为

$$D_{\mathrm{c}}{}^{s+1}=1-d_{\mathrm{c}}{}^{s+1}\times\Lambda^{s+1}(\theta) \tag{7.62}$$

从而可以根据有效应力和损伤张量重新定义名义应力：

$$\bar{\sigma}^{s+1}=\left(1-D_{\mathrm{c}}{}^{s+1}\right)[\bar{\sigma}^s+\bar{E}(\Delta\varepsilon_\sigma-\Delta\varepsilon_{\mathrm{p}})] \tag{7.63}$$

建立的损伤本构模型数值算法流程如图 7.6 所示。

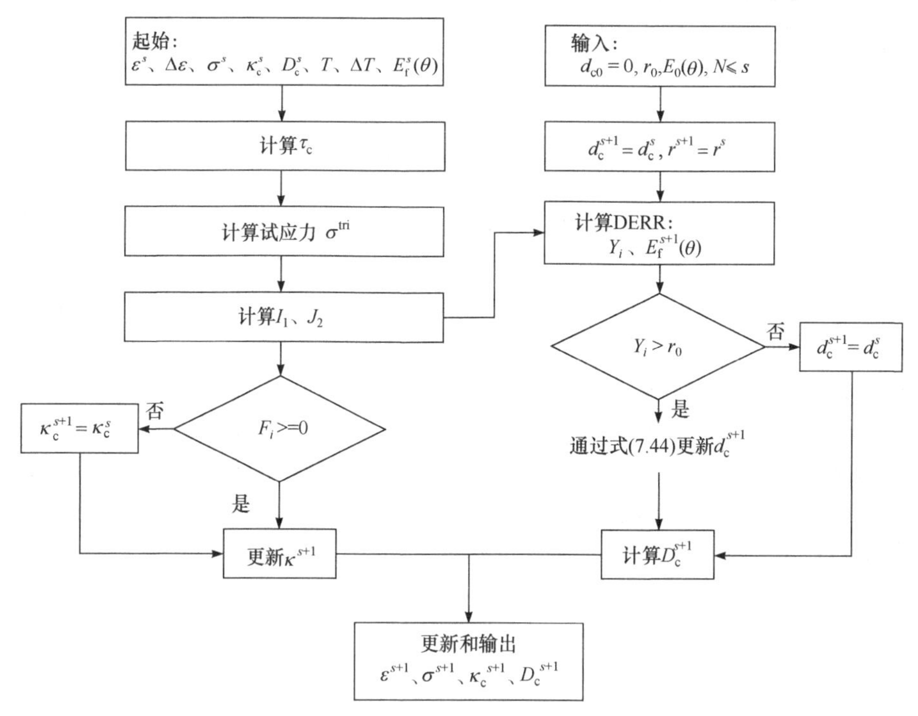

图 7.6　建立的损伤本构模型数值算法流程

表 7.1 为本章建立模型的主要参数取值，这些参数基本由实验数据确定。通过与 FRC 在高温下的单轴压缩实验结果进行比较，验证了本章提出的模型预测结果是较为准确的。为了使所建立的模型更具代表性，本章选取了不同水灰比的纤维增强 RPC 进行了实验结果分析，同时收集不同纤维体积含量的实验数据与模型结果进行比较。表 7.2 为所采取对比的实验中纤维的含量和实验温度[2,21]，用以研究不同钢纤维含量在不同温度下的 RPC 本构关系。

表 7.1　主要参数取值

符号	参数名称	单位	取值
α_e	膨胀系数	—	0.25
ν_0	泊松比	—	0.20
$\tilde{d}_c$	损伤参数	—	0.12
$\bar{G}_c$	断裂能	$N\cdot m/m^2$	15.1
ε_{c1}	峰值应变	—	式(7.52)
l_c	网格尺寸	—	100

表 7.2　纤维含量及实验温度

参考数据	纤维含量/%	温度/℃
Tai[2]	1	20、200、400、600、800
Zheng 等[21]	2	25、200、400、600、800

混凝土损伤主要是由初始阶段内部缺陷的演变引起的，RPC 也不例外。通过分析纤维掺入前后的参数计算结果与实验结果，表明模型中提出的纤维影响系数能够较准确地描述纤维对混凝土高温性能的影响。室温下钢纤维含量对损伤的影响如图 7.7 所示，可以看出，纤维的加入明显限制了混凝土的损伤演化。并且随着纤维含量的增加，纤维对损伤的限制趋势更加明显。同时，纤维混凝土在破坏时的最大损伤值明显低于素混凝土，证明纤维通过防止基体开裂保持了其整体性，从而对混凝土的损伤起到抑制作用。当纤维含量达到临界值时，纤维含量对 FRC 损伤的影响不再明显，同时纤维在 RPC 中还会破坏混凝土的完整性，从而削弱纤维的增强作用，加剧了 RPC 的损伤演化。

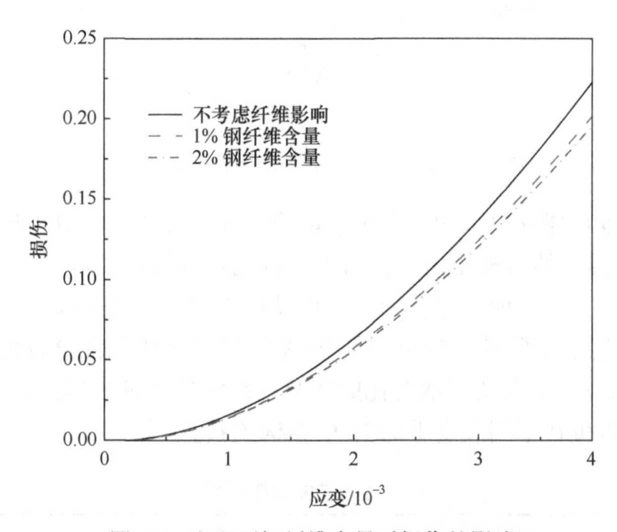

图 7.7　室温下钢纤维含量对损伤的影响

图 7.8 给出了纤维影响系数 $\Lambda(\theta)$ 对计算结果的影响。可以发现，在弹性阶段，纤维影响系数 $\Lambda(\theta)$ 引入前后的差距并不明显。但随着塑性的出现和损伤的演化，差异开始变得明显。这是因为纤维影响 RPC 的塑性变化趋势。达到 RPC 的峰值应力之后，考虑纤维影响系数的模型预测更加准确。该结果表明了钢纤维的加入能有效提高 RPC 的高温强度以及改变混凝土的塑性变化趋势。

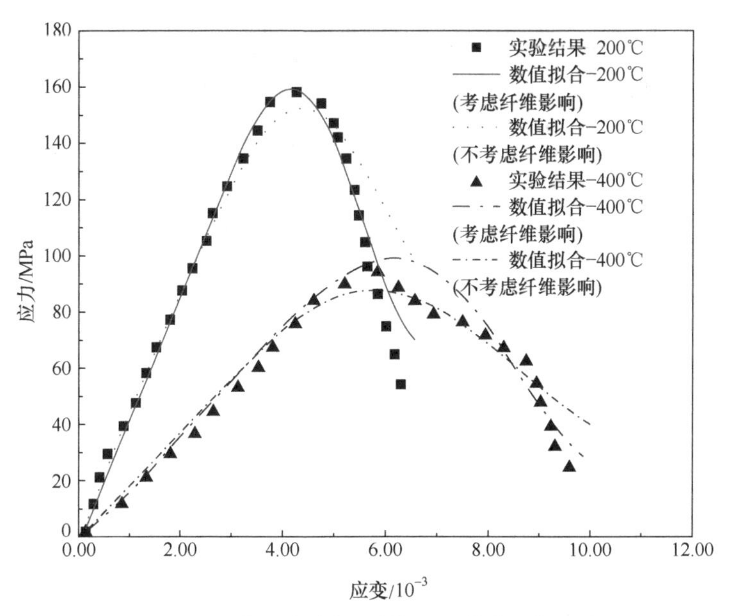

图 7.8　纤维影响系数 $\Lambda(\theta)$ 对计算结果的影响

为了验证所建立的模型适用于多种温度环境，本章计算了不同纤维含量的混凝土在不同温度下的应力-应变关系，并与文献中的实验数据进行对比，如图 7.9 和图 7.10 所示。总的来说，理论预测结果具有较高的准确性。

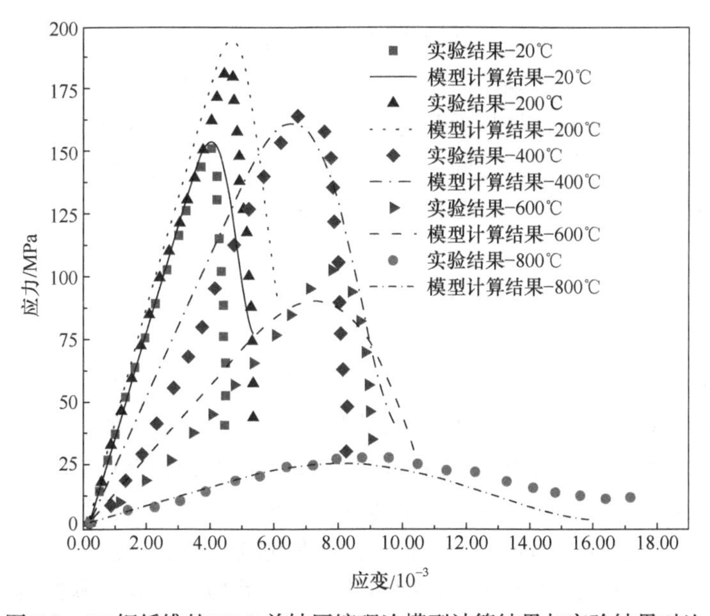

图 7.9　1%钢纤维的 FRC 单轴压缩理论模型计算结果与实验结果对比

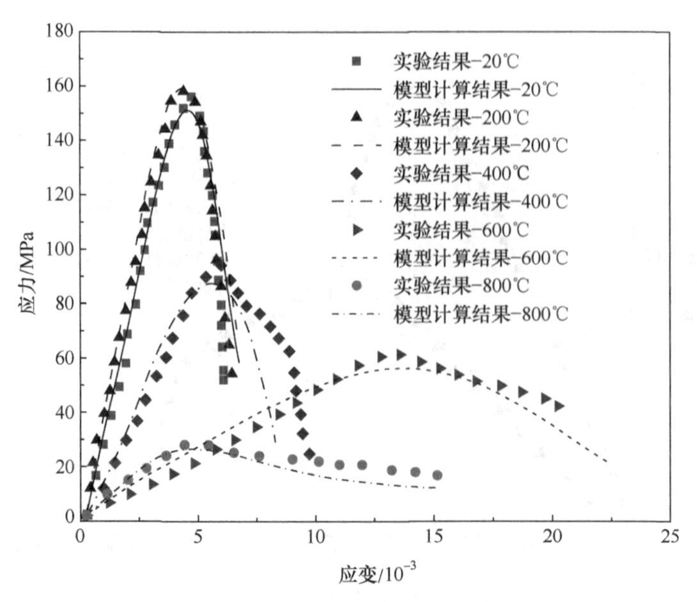

图 7.10　2%钢纤维的 FRC 单轴压缩理论模型计算结果与实验结果对比

通过与实验结果的比较可知，本章所给出的模型也适用于高性能混凝土。高性能混凝土水灰比较低，其水化产物在不同温度条件下具有不同的响应机制。需要注意的是，塑性理论的参数是由普通混凝土实验得到的，可能会对理论模型预测的准确性产生一定影响。如图 7.9 所示，模型计算结果与峰值应力前的实验数据吻合较好，尤其是在纤维含量为 2%时。当纤维含量为 1%时，应力达到峰值后的拟合曲线与实验有一定偏差。这是因为纤维含量较低时，实验过程中混凝土基体会出现局部脆性破坏，材料承载力急剧下降。不过对于混凝土材料，由于其力学性能主要反映在峰值应力之前，在峰值应力后会迅速发生破坏，因此本章提出的损伤本构模型可以反映混凝土在正常使用期间的关键力学性能。

7.5　本 章 小 结

本章主要建立了考虑高温损伤演化的混凝土弹塑性本构模型。该模型基于热力学能量耗散原理和弹塑性损伤理论，同时考虑了纤维对混凝土相关力学参数以及基体损伤的影响。通过引入自由能函数和高温下的损伤能释放率，确定了高温下混凝土的损伤发生准则，建立了基体的损伤模型。根据实验结果，引入了纤维对基体损伤演化过程的影响，提出了影响纤维性能的因子，提高了模型预测精度。同时，通过高温下混凝土的实验数据对峰值应力及应变等相关本构参数进行了修正。最后，建立了本构模型的数值算法和相应的用户自定义子程序。以不同温度下混凝土的实验结果为基准，预测结果具有较好的准确性。

参 考 文 献

[1] ZHU Y, HUSSEIN H, KUMAR A, et al. A review: Material and structural properties of uhpc at elevated temperatures or fire conditions[J]. Cement and Concrete Composites, 2021, 123: 104212.
[2] TAI Y S. Uniaxial compression tests at various loading rates for reactive powder concrete[J]. Theoretical and Applied Fracture Mechanics, 2009, 52(1): 14-21.
[3] LI Y, YANG E H, TAN K H. Effects of heating followed by water quenching on strength and microstructure of ultra-high performance concrete[J]. Construction and Building Materials, 2019, 207: 403-411.
[4] ABID M, HOU X, ZHENG W, et al. Effect of fibers on high-temperature mechanical behavior and microstructure of reactive powder concrete[J]. Materials (Basel), 2019, 12(2): 571-583.
[5] YAO Y, WANG K. Elastic-plastic damage model to predict pore-pressure effect on concrete behavior at elevated temperatures[J]. Journal of Engineering Mechanics, 2017, 143(10): 04017122.
[6] YAO Y, WANG K, HU X. Thermodynamic-based elastoplasticity multiaxial constitutive model for concrete at elevated temperatures[J]. Journal of Engineering Mechanics, 2017, 143(7): 04017039.
[7] YAO Y, GUO H, TAN K. An elastoplastic damage constitutive model of concrete considering the effects of dehydration and pore pressure at high temperatures[J]. Materials and Structures, 2020, 53(1): 19.
[8] YAO Y, FANG H, GUO H. Unified damage constitutive model for fiber-reinforced concrete at high temperature[J]. Journal of Engineering Mechanics, 2022, 148(1): 04021132.
[9] TAI Y S, PAN H H, KUNG Y N. Mechanical properties of steel fiber reinforced reactive powder concrete following exposure to high temperature reaching 800℃[J]. Nuclear Engineering and Design, 2011, 241(7): 2416-2424.
[10] ASLANI F, SAMALI B. High strength polypropylene fibre reinforcement concrete at high temperature[J]. Fire Technology, 2013, 50(5): 1229-1247.
[11] GERNAY T, MILLARD A, FRANSSEN J M. A multiaxial constitutive model for concrete in the fire situation: Theoretical formulation[J]. International Journal of Solids and Structures, 2013, 50(22-23): 3659-3673.
[12] GERNAY T, FRANSSEN J M. A plastic-damage model for concrete in fire: Applications in structural fire engineering[J]. Fire Safety Journal, 2015, 71:268-278.
[13] FEENSTRA P H, DE BORST R. A composite plasticity model for concrete[J]. International Journal of Solids and Structures, 1996, 33(5): 707-730.
[14] JIANG H, XIE Y. A note on the Mohr-Coulomb and Drucker-Prager strength criteria[J]. Mechanics Research Communications, 2011, 38(4): 309-314.
[15] JU J W. On energy-based coupled elastoplastic damage theories: Constitutive modeling and computational aspects[J]. International Journal of Solids and Structures, 1989, 25(7): 803-833.
[16] VAZ M, MUÑOZ-ROJAS P A, LANGE M R. Damage evolution and thermal coupled effects in inelastic solids[J]. International Journal of Mechanical Sciences, 2011, 53(5): 387-398.
[17] FARIA R, OLIVER J, CERVERA M. A strain-based plastic viscous-damage model for massive

concrete structures[J]. International Journal of Solids and Structures, 1998, 35(14): 1533-1558.

[18] 吴建营. 基于损伤能释放率的混凝土弹塑性损伤本构模型及其在结构非线性分析中的应用[D]. 上海: 同济大学, 2004.

[19] PURKISS P J. Steel fibre reinforced concrete at elevated temperatures[J]. Cement and Concrete Composites, 1984, 6(3): 179-184.

[20] ZHENG W, LI H, WANG Y. Compressive stress-strain relationship of steel fiber-reinforced reactive powder concrete after exposure to elevated temperatures[J]. Construction and Building Materials, 2012, 35: 931-940.

[21] EHM C, SCHNEIDER U. The high temperature behavior of concrete under biaxial conditions[J]. Cement and Concrete Research, 1985, 15(1): 27-34.

第 8 章　岩石材料本构模型

在许多工程应用中，有必要用适当的本构模型来描述各种土工材料(土壤、岩石和混凝土)力学行为。宏观唯象模型通常是基于不可逆过程在热力学框架内构建，已广泛发展和应用，包括塑性模型、黏塑性模型、损伤模型和耦合模型。许多模型能够准确描述岩石类材料在不同加载条件下的力学行为的主要特征[1-3]。然而，这些模型通常没有考虑相关材料细观尺度上所涉及的物理机制及其对材料宏观力学性能的影响。事实上，大多数岩石类材料在不同的尺度上包含不同种类的特性，如颗粒夹杂、空隙、微裂纹和界面。这些材料的宏观响应本身与它们微观结构的非均匀性有关。特别是岩土材料的非弹性变形和破坏过程与其微观结构的演化直接相关，如界面的脱黏、微裂纹的生长、孔隙的膨胀和坍塌、沿微裂纹的摩擦滑动、塑性沿晶体平面的滑动。因此，本构模型的构建应该反映这些不同的物理现象。在过去的几十年，细观力学模型的发展取得了重大进展，对于延性多孔材料的塑性变形，研究人员分别提出了细观力学模型和脆性损伤模型[4-12]。这些模型在 Eshelby 方法的基础上，采用了极限分析技术、线性断裂力学理论或均匀化方法[13]。因此，微观力学模型为描述岩石类材料的非弹性响应提供了一种全新的方法，其中一些已成功地应用于工程结构的数值分析。

目前，大多数已开发的细观力学模型中，岩土材料通常由基体-夹杂系统来表示，如以水泥浆为基质相的混凝土、以主要黏土基质为主的硬质黏土岩等。但还有一些岩石类材料不能用这样的基质包含体系来表示，如花岗岩、砂岩和石灰岩，其微观结构一般由随机分布的胶结矿物颗粒组成。因此，为了更精确地描述这类材料的微观力学特性，有必要为其提供一种新的微细观力学建模手段。

对于这些材料，宏观的塑性变形和损伤主要是由胶结界面的退化以及沿晶体平面和弱平面的摩擦滑动引起的。金属材料中已有运用成熟的多晶理论，为本章所提细观力学模型提供了一个可行的框架。为了简单起见，在先期工作中本章只需考虑沿晶体或弱平面滑动引起的塑性变形，而在未来的工作中将考虑晶粒界面退化的影响。

关于与弱平面滑行相关的非弹性变形模型，有研究提出了一些早期基础模型[14-15]，其中包括多层模型和微平面模型。这些模型中认为整体的非弹性应变与局部应变有关，这主要是因为薄弱平面在某些方向上的滑动和退化。通过静态或运动约束和能量条件，建立了局部和整体应力-应变之间的关系。

与其他细观模型相比,这些模型的特点在于其均匀化过程执行三个步骤:RVE的选取，根据应力/应变集中准则(concentration law)确立微观和宏观应力或应变之间的关系，利用均匀化方法归纳材料宏观属性。应力/应变集中准则的确定应考虑材料微观结构的形态，如颗粒的几何形状和方向、纹理、空隙等。此外，采取合适的应力/应变集中准则，可以解释颗粒之间的相互作用和颗粒空间分布的影响。也可以考虑多相材料中矿物成分的影响。因此，采用均匀化的微观力学方法，类比多层压板模型和微观平面模型能够提供一个更适宜的框架。

基于均匀化构建微观力学模型的一个基本要求是建立单个晶体中的局部应力/应变与多晶整体应力/应变之间的关系，即所谓的应力/应变集中准则，通常被称为多晶材料中的相互作用定律。目前已经有学者提出相关应力/应变集中准则，本章只提到一些基本的模型。在这些模型中，Kröner、Budiansky 和 Wu 提出的模型(KBW 模型)考虑了滑动晶体之间的相互作用，其由于简单且适应性强而被广泛应用[16-18]。基于 Eshelby 方法，单晶中的应变或应力可以通过求解嵌入在均匀无限形性变形矩阵中的球形单晶近似得到。基质(也称为均匀等效介质，HEM)的宏观性质是未知的，并被认为与多晶母体相同。本章在不考虑 KBW 模型的假设和简化的前提下，考虑岩石类材料的具体特点，提出了一种 KBW 模型的广义形式，可以在物理上将宏观体积膨胀与滑移系滑动引起的微观正常孔径联系起来。另一个要求是对 RVE 内每个单晶行为的完整描述。由于目前研究局限于无穷小的变形，因此忽略了弹性晶格的变形。单晶的塑性变形是所有主动滑移系的作用和。为了反映约束压力对每个滑移系的影响，将每个晶体平面的经典施密特定律替换为摩尔-库仑型产率准则。采用一般的硬化定律来描述各滑移系的自硬化和交叉硬化行为。此外，提出了一种非关联塑性流动法则，以正确地描述在实验研究中观察到的体积变形。

本章首先介绍了尺度分解，并定义了所研究材料的代表性基本体积。在介绍单晶的比屈服准则和塑性势之前，提出了相互作用定律的一般形式。详细描述了在局部和宏观层面上的本构关系速率形式的应力更新算法。在实验室通过实验确定模型参数后，对典型多晶岩石的数值结果和实验数据进行比较，评价所提模型的性能。

8.1 记号规则

如无特殊说明，本章公式和数值计算是用固定坐标系表示和进行的。局部场(在每个单晶中)用小写字母表示，整体场(RVE 中)用大写字母表示。

8.2　多晶本构模型

8.2.1　代表性体积单元

在宏观尺度上，多晶材料的样品被认为是由许多材料点组成的连续体，如图 8.1 所示[19]。为了用微观力学方法研究其力学行为，首先假设样品在统计上是均匀的，并且可以通过检查任何材料点来研究其响应。在介观尺度上，每个材料点都是由不同的成分或相组成的异质介质，如矿物颗粒和空隙。为了确定样品的宏观响应，需要定义 RVE——它应该足够大，以代表每个材料点在介观尺度上的异质性。RVE 通常由随机或非随机分布的成分组成。为了简单起见，本章采用了各成分的随机空间分布。此外，这里研究的花岗岩等坚硬岩石，孔洞被忽略了，只有矿物颗粒被认为是 RVE 的成分。作为岩石的一种特殊性，每个矿物颗粒在微观尺度上都包含许多薄弱平面。在本章中，弱平面被吸收为金属材料的晶体平面。为了简单起见，这里采用了对称性最高的晶体结构面心立方。

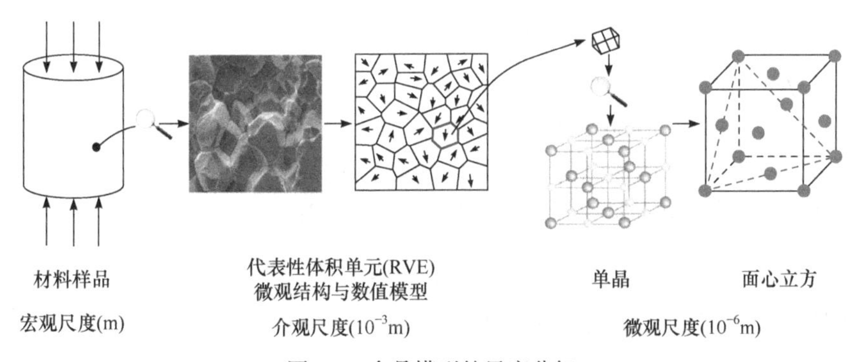

图 8.1　多晶模型的尺度分解

8.2.2　用 KBW 模型近似出局部场

考虑到 RVE 受到宏观应力或应变的影响，局部应力不仅因晶体而变化，而且在每个单晶内也因点对点而变化。因为几乎不可能得到每个点的确切信息，为了数值简单，一般认为每个单晶的局部场是均匀的。虽然这种简化远远不同于局部场的真实非均匀分布，但它使后续的平均过程成为可能。

在许多微观力学模型中，球形夹杂的 Eshelby 弹性解常被用来确定局部场(应变和应力)的变化，这些场通过在无限远处施加荷载函数确定。因此，通过考虑嵌入在无限弹性变形矩阵中的球形单晶来近似计算单晶中的应变或应力。KBW 模型将 Eshelby 的解扩展到塑性范围，并考虑了晶粒相互作用。每个单晶随后被嵌入到一个性质未知的均匀等效介质(HEM)中，如图 8.2 所示。请注意，在多层压板和微平面模型中，局部应力或应变是通过分别使用静态或运动学约束对其整体对应物进行投影得到的。与这些模型相比，基于 Eshelby 解的相互作用定律为确定局部和宏观应力与应变之间的关系提供了一个更一般的框架。

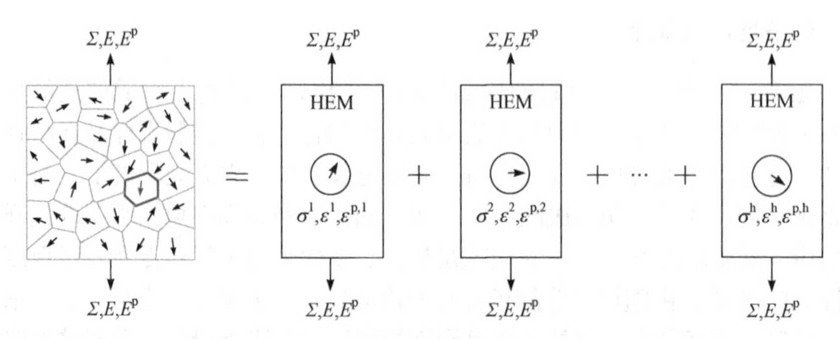

图 8.2　KBW 模型的示意图

与原来的 KBW 模型不同，塑性范围的扩展相互作用定律可以写成以下率形式：

$$\dot{\boldsymbol{\sigma}}-\dot{\boldsymbol{\Sigma}}=-\boldsymbol{L}:\left(\dot{\boldsymbol{\varepsilon}}-\dot{\boldsymbol{E}}\right) \tag{8.1}$$

式中，$\boldsymbol{L}=L^{\text{hom}}:(\boldsymbol{S}^{-1}-1)$是相互作用张量，$L^{\text{hom}}$是 HEM 的均质弹塑性切线算子，$\boldsymbol{S}$ 是 Eshelby 张量，是晶粒形状和矩阵(HEM)力学性质的函数。一般来说，$\boldsymbol{S}$ 不能用封闭的形式表示，应该用适当的数值积分方法来计算。

考虑到局部应变的加性分解，并利用胡克定律：

$$\dot{\boldsymbol{\varepsilon}}=\dot{\boldsymbol{\varepsilon}}^{\text{e}}+\dot{\boldsymbol{\varepsilon}}^{\text{p}},\quad \dot{\boldsymbol{\sigma}}=\boldsymbol{C}:\dot{\boldsymbol{\varepsilon}}^{\text{e}} \tag{8.2}$$

同样，对于宏观应变和应力，有

$$\begin{cases}\dot{\boldsymbol{E}}=\dot{\boldsymbol{E}}^{\text{e}}+\dot{\boldsymbol{E}}^{\text{p}}\\ \dot{\boldsymbol{\Sigma}}=\boldsymbol{C}^{\text{hom}}:\dot{\boldsymbol{E}}^{\text{e}}\end{cases} \tag{8.3}$$

式中，$\boldsymbol{C}^{\text{hom}}$为 HEM 的均匀化弹性刚度张量。本章假设多晶的 RVE 是弹性均匀性和各向同性的，因此 $\boldsymbol{C}^{\text{hom}}=\boldsymbol{C}$。将式(8.2)和式(8.3)代入式(8.1)，经过一些简单的代数运算，可以得到

$$\dot{\boldsymbol{\sigma}}=\dot{\boldsymbol{\Sigma}}-\left(\boldsymbol{I}+\boldsymbol{L}:\boldsymbol{C}^{-1}\right)^{-1}:\boldsymbol{L}:\left(\dot{\boldsymbol{\varepsilon}}^{\text{p}}-\dot{\boldsymbol{E}}^{\text{p}}\right) \tag{8.4}$$

此外，为了简化运算，可以用弹性刚度张量代替 HEM 的切向弹性塑性算子，以计算 Eshelby 张量，如 $\boldsymbol{L}^{\text{hom}}=\boldsymbol{C}$。通过这种简化，Eshelby 张量 $\boldsymbol{S}$ 可用以下封闭形式表示：

$$\begin{cases} \boldsymbol{S} = c\boldsymbol{K} + d\boldsymbol{J} \\ c = \dfrac{3k}{3k+4\mu} \\ d = \dfrac{6}{5}\dfrac{k+2\mu}{3k+4\mu} \end{cases} \tag{8.5}$$

式中，k 和 μ 分别为单晶的体积模量和剪切模量。然后，用式(8.5)和弹性相互作用的假设 $\boldsymbol{L}^{\text{hom}}=\boldsymbol{C}$，式(8.4)可简化为

$$\dot{\boldsymbol{\sigma}} = \dot{\Sigma} - \left(3k(1-c)\boldsymbol{K} + 2\mu(1-d)\boldsymbol{J}\right):\left(\dot{\boldsymbol{\varepsilon}}^{\text{p}} - \dot{\boldsymbol{E}}^{\text{p}}\right) \tag{8.6}$$

为了解释岩石类材料中的相互作用法则，将塑性体积应变分解为体积部分和偏差部分：

$$\dot{\boldsymbol{\sigma}} = \dot{\Sigma} - k(1-c)\left(\dot{\varepsilon}_{\text{v}}^{\text{p}} + \dot{E}_{\text{v}}^{\text{p}}\right) - 2\mu(1-d)\left(\dot{\boldsymbol{\varepsilon}}_{\text{d}}^{\text{p}} - \dot{\boldsymbol{E}}_{\text{d}}^{\text{p}}\right) \tag{8.7}$$

式中，下标 v 和 d 分别表示局部塑性应变张量和宏观塑性应变张量的体积分量和偏差分量。在本章中主要使用这种扩展的相互作用定律。但在某些情况下，尤其是发生大变形时，通过相互作用法计算得到的刚度系数会超过材料本身刚度。可以引入不同形式的校正，如一些参数随塑性应变的演化，本书中没有讨论这个问题。在今后的工作中，将研究岩石类材料的其他相互作用定律的应用。

8.2.3　均一化过程

宏观应力或应变是通过相应局部量的体积平均得到的。然而，在多晶材料中，在局部坐标系中定义局部量，称为晶体系。为了进行平均过程，应将局部量转换为固定的全局坐标系。这可以通过一系列后续的轴向旋转来实现。虽然有几种方法可以进行这些操作，但这里采用了最普遍的方法——Bunge 方法。如图 8.3 所示，三个欧拉角 φ_1、ϕ 和 φ_2 指定每个单晶的旋转。三种旋转步骤的显式形式如下：

$$\begin{cases} \text{Rot}(Z,\varphi_1) = \begin{bmatrix} \cos\varphi_1 & \sin\varphi_1 & 0 \\ -\sin\varphi_1 & \cos\varphi_1 & 0 \\ 0 & 0 & 1 \end{bmatrix} \\ \text{Rot}(X',\phi) = \begin{bmatrix} 1 & 0 & 0 \\ 0 & \cos\phi & \sin\phi \\ 0 & -\sin\phi & \cos\phi \end{bmatrix} \\ \text{Rot}(Z'',\varphi_2) = \begin{bmatrix} \cos\varphi_2 & \sin\varphi_2 & 0 \\ -\sin\varphi_2 & \cos\varphi_2 & 0 \\ 0 & 0 & 1 \end{bmatrix} \end{cases} \tag{8.8}$$

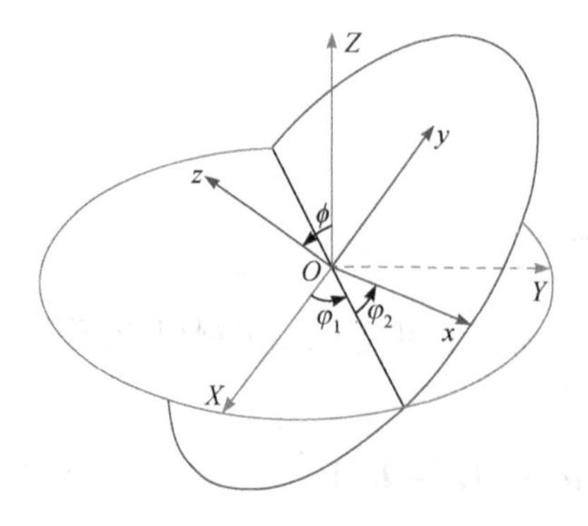

图 8.3　三个欧拉角旋转示意图

式中，Rot(a,b)表示绕轴 a 旋转 b(角度)的标准旋转。晶体坐标的基矢系统$\{\boldsymbol{e}_i\}$与固定坐标系的基矢 $\boldsymbol{E}_j$ 有关，通过一个旋转矩阵 $\boldsymbol{R}$ 得到：

$$\begin{cases}\boldsymbol{e}_i = R_{ij}\boldsymbol{E}_j \\ \boldsymbol{R} = \mathrm{Rot}(Z'',\varphi_2)\mathrm{Rot}(X',\phi)\mathrm{Rot}(Z,\varphi_1)\end{cases} \tag{8.9}$$

利用这些旋转,局部坐标系中的任何张量都可以转化为全局坐标系中的张量。然后，根据经典的上升尺度原理[18]计算宏观量：

$$\boldsymbol{\Sigma} = \boldsymbol{\sigma} = \sum_{h=1}^{N_\mathrm{g}} f_h \boldsymbol{\sigma}^\mathrm{h} \tag{8.10}$$

$$\boldsymbol{E} = \boldsymbol{\varepsilon} = \sum_{h=1}^{N_\mathrm{g}} f_h \boldsymbol{\varepsilon}^\mathrm{h} \tag{8.11}$$

$$\boldsymbol{E}^\mathrm{p} = \boldsymbol{\varepsilon}^\mathrm{p} = \sum_{h=1}^{N_\mathrm{g}} f_h \boldsymbol{\varepsilon}^\mathrm{p,h} \tag{8.12}$$

式中，f_h是每个单晶的体积分数；N_g 是单晶的总数。在随机分布的情况下，每个单晶具有相同的相对权重，取 $f_h=1/N_\mathrm{g}$。

8.3　单晶本构模型

本节将在小变形理论的框架内，提出可以描述单晶或矿物颗粒塑性行为的本构方程。如上所述，矿物颗粒的塑性变形是由于沿着弱平面滑动，这些弱平面在本节中称为晶体方向和平面。本节采用的面心立方单晶，有 12 个八面体滑移系(4 个{111}平面，每个平面上有三个方向〈100〉)。面心立方单元中典型的滑移系如图 8.4 所示。

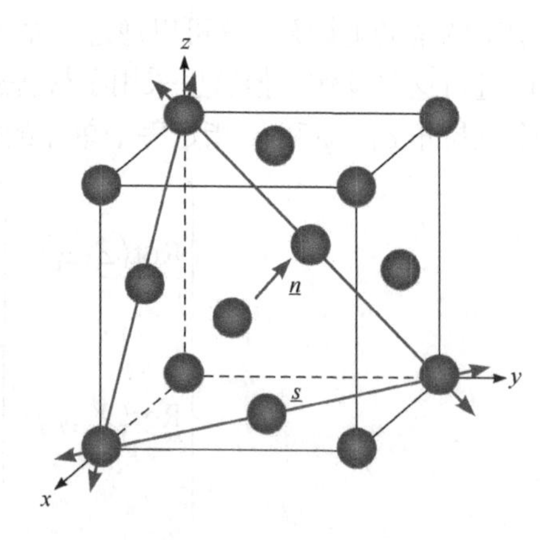

图 8.4　面心立方单元中典型的滑移系示意图

8.3.1　本构方程的一般形式

在热力学的框架内，许多方法已经被用来建立多晶材料的本构方程。这里采用了 Méric 等[20]提出的方法。本构模型的公式被分为两个操作级别：中能级(单晶)和微能级(晶体滑移系，CSS)。对于中能级，关键状态变量由总应变张量 $\boldsymbol{\varepsilon}$、弹性应变张量 $\boldsymbol{\varepsilon}^{\mathrm{e}}$ 和塑性应变张量 $\boldsymbol{\varepsilon}^{\mathrm{p}}$ 组成。对于微观层面，有一些内部变量，$\boldsymbol{q}^{\alpha}$和 $\boldsymbol{R}^{\alpha}$，引入 g 来定义粒间各向同性硬化。集合 g 被定义为 $g=\{1,2,\cdots,N\}$，N 是每个单晶中滑移系的总数。对于面心立方单晶，N=12。

单晶的总应变张量分为弹性部分和塑性部分：

$$\boldsymbol{\varepsilon}=\boldsymbol{\varepsilon}^{\mathrm{e}}+\boldsymbol{\varepsilon}^{\mathrm{p}} \tag{8.13}$$

自由能$\boldsymbol{\Psi}$ 也被分解为弹性部分$\boldsymbol{\Psi}^{\mathrm{e}}$ 和塑性部分$\boldsymbol{\Psi}^{\mathrm{p}}$ 。这与每个系统中的塑性硬化工作有关：

$$\begin{cases}\rho\boldsymbol{\Psi}\left(\boldsymbol{\varepsilon},\boldsymbol{\varepsilon}^{\mathrm{p}},q^{1},\cdots,q^{N}\right)=\rho\boldsymbol{\Psi}^{\mathrm{e}}\left(\boldsymbol{\varepsilon},\boldsymbol{\varepsilon}^{\mathrm{p}}\right)+\rho\boldsymbol{\Psi}^{\mathrm{p}}\left(q^{1},\cdots,q^{N}\right)\\ \rho\boldsymbol{\Psi}^{\mathrm{e}}\left(\boldsymbol{\varepsilon},\boldsymbol{\varepsilon}^{\mathrm{p}}\right)=\dfrac{1}{2}\left(\boldsymbol{\varepsilon}-\boldsymbol{\varepsilon}^{\mathrm{p}}\right):\boldsymbol{C}:\left(\boldsymbol{\varepsilon}-\boldsymbol{\varepsilon}^{\mathrm{p}}\right)\\ \rho\boldsymbol{\Psi}^{\mathrm{p}}\left(q^{1},\cdots,q^{N}\right)=\dfrac{1}{2}bQ\sum_{\alpha\in g}\sum_{\beta\in g}\boldsymbol{h}_{\alpha\beta}q^{\alpha}q^{\beta}\end{cases} \tag{8.14}$$

式中，ρ 是密度；$\boldsymbol{h}_{\alpha\beta}$是一个相互作用矩阵，允许引入 β 滑移系对 α 滑移系硬化的交叉影响。如果没有交叉硬化，$\boldsymbol{h}_{\alpha\beta}$是一个恒等矩阵。取两个模型的参数 b 和 Q 作为所有滑移系的常数。四阶弹性刚度张量 $\boldsymbol{C}$ 用晶体坐标系表示。在各向同性弹性的条件下，可以得到

$$\boldsymbol{C}=3k\boldsymbol{K}+2\mu\boldsymbol{J} \tag{8.15}$$

状态方程是由自由能式(8.14)相对于内部状态的微分推导出来的可变因素：

$$\boldsymbol{\sigma}=\rho\frac{\partial\boldsymbol{\Psi}}{\partial\boldsymbol{\varepsilon}^{\mathrm{e}}}=\boldsymbol{C}:\left(\boldsymbol{\varepsilon}-\boldsymbol{\varepsilon}^{\mathrm{p}}\right)=\boldsymbol{C}:\boldsymbol{\varepsilon}^{\mathrm{e}} \tag{8.16}$$

$$\boldsymbol{R}^{\alpha}=\rho\frac{\partial\boldsymbol{\Psi}}{\partial q^{\alpha}}=bQ\sum_{\beta\in g}\boldsymbol{h}_{\alpha\beta}q^{\beta} \tag{8.17}$$

式中，$\boldsymbol{R}^{\alpha}$是与内变量相关的热力学力，并表示沿着滑移系的屈服面的大小。为了完成本构模型的公式化，需要定义屈服函数 f^{α}和塑性势 $\boldsymbol{F}^{\alpha}$。

8.3.2　屈服准则

根据金属材料中广泛应用的经典施密特定律，当滑移系的剪应力达到屈服应力时，塑性沿滑移系发生滑动。岩石材料与金属材料的一个重要区别在于，它不仅受剪应力的控制，也受正应力的影响，正应力与应力张量的静水压部分有关。这种现象通常称为岩石类材料的压力敏感性，应在局部本构模型中加以考虑。因此，将典型滑移系 α 的标准 Schmid 准则修改为

$$f^{\alpha}\left(\boldsymbol{\sigma},R^{\alpha}\right)=\left|\boldsymbol{\sigma}:\boldsymbol{m}^{\alpha}\right|+\mu_{\mathrm{f}}H\left(-\boldsymbol{\sigma}_{n}^{\alpha}\right)\boldsymbol{\sigma}:\boldsymbol{N}^{\alpha}-\left(\boldsymbol{\tau}_{\mathrm{c}}^{\alpha}+\boldsymbol{R}^{\alpha}\right),\quad \alpha\in g \tag{8.18}$$

其中，

$$\boldsymbol{m}^{\alpha}=\frac{1}{2}\left(\boldsymbol{s}^{\alpha}\otimes\boldsymbol{n}^{\alpha}+\boldsymbol{n}^{\alpha}\otimes\boldsymbol{s}^{\alpha}\right)$$

$$\boldsymbol{N}^{\alpha}=\boldsymbol{n}^{\alpha}\otimes\boldsymbol{n}^{\alpha}$$

$$\boldsymbol{\sigma}_{n}^{\alpha}=\boldsymbol{\sigma}\ :\boldsymbol{N}^{\alpha}$$

式中，$\boldsymbol{n}^{\alpha}$和 $\boldsymbol{s}^{\alpha}$是定义滑移平面的法线和滑移方向的两个标准正交向量；$\boldsymbol{\tau}_{\mathrm{c}}^{\alpha}$ 是常用的临界分辨剪应力(CRSS)。式(8.18)中的第二项反映了法向应力对塑料滑动动力学的影响。μ_{f} 可以解释为所有滑移系的摩擦系数。$H(\cdot)$是异步骤函数，它的属性为：当 $x>0$，$H(x)=1$，否则为 0。因此，$H\left(-\boldsymbol{\sigma}_{n}^{\alpha}\right)$表明只有一个压缩法向应力对屈服函数 f^{α}有影响。

8.3.3 塑性流动与硬化法则

体积膨胀是许多岩石类材料塑性变形的共同特征。在多晶岩石的情况下，这种体积膨胀可能与塑料沿着弱平面滑动有关。滑移系并不是平滑的平面。因此，沿粗糙的弱平面表面的切向滑移可以产生一个法向应力，这是宏观体积膨胀的微观起源。为了正确地描述这种现象，受到了一些先前工作的启发[21]，本小节给出了每个滑移系的一个非关联塑性势函数，并用以下形式书写：

$$F^{\alpha}\left(\boldsymbol{\sigma},R^{\alpha}\right)=\left|\boldsymbol{\sigma}:\boldsymbol{m}^{\alpha}\right|+v_{F}H\left(-\sigma_{n}^{\alpha}\right)\boldsymbol{\sigma}:\boldsymbol{N}^{\alpha}-\left(R^{\alpha}-bq^{\alpha}R^{\alpha}\right),\quad \alpha\in g \tag{8.19}$$

式中，b 描述了局部硬化的非线性；参数 v_F 控制体积膨胀率，并与滑动平面的粗糙度有关。注意，在相关可塑性的情况下，$v_F=\mu_{\mathrm{f}}$。

塑性流动规律和硬化规律由塑性势得出：

$$\dot{\varepsilon}^{\mathrm{p}}=\sum\nolimits_{\alpha\in g}\lambda^{\alpha}\frac{\partial F^{\alpha}}{\partial\boldsymbol{\sigma}}=\sum\nolimits_{\alpha\in g}\dot{\lambda}^{\alpha}\boldsymbol{m}^{\alpha}\mathrm{sign}\left(\boldsymbol{\sigma}:\boldsymbol{m}^{\alpha}\right)+\sum\nolimits_{\alpha\in g}\dot{\lambda}^{\alpha}v_{F}H\left(-\sigma_{n}^{\alpha}\right)\boldsymbol{N}^{\alpha} \tag{8.20}$$

$$\dot{q}^{\alpha}=-\sum\nolimits_{\beta\in g}\dot{\lambda}^{\beta}\frac{\partial F^{\beta}}{\partial R^{\alpha}}=\dot{\lambda}^{\alpha}\left(1-bq^{\alpha}\right) \tag{8.21}$$

式中，sign(·)是一个符号函数，当 $x\geqslant 0$ 时，sign(x)=1，否则 sign(x)=−1；$\dot{\lambda}^{\alpha}$为滑移系的塑性乘子，且可由库恩-塔克条件和一致性条件确定：

$$\dot{\lambda}^{\alpha}\geqslant 0,\quad f^{\alpha}\leqslant 0,\quad \dot{\lambda}^{\alpha}f^{\alpha}=0,\quad \alpha\in g \tag{8.22}$$

$$\dot{\lambda}^{\alpha}f^{\alpha}=0,\quad f^{\alpha}=0,\quad \alpha\in g \tag{8.23}$$

用初始条件 $q^{\alpha}(0)=0$ 求解常微分方程式(8.21)，可以得到

$$q^{\alpha}=\frac{1}{b}\left(1-\exp\left(-b\lambda^{\alpha}\right)\right) \tag{8.24}$$

将式(8.24)代入式(8.17)，最终得到了每个滑移系的硬化综合形式：

$$R^{\alpha}=Q\sum_{\beta\in g}h_{\alpha\beta}\left(1-\exp\left(-b\lambda^{\beta}\right)\right) \tag{8.25}$$

8.4　计算方法与数值模拟

8.4.1　计算方法

本节中讨论了在中观层面和宏观层面上数值实现本构模型的计算。解决在水平面上遇到的非光滑多表面塑性问题是实现稳定性和提高效率的关键。之前的一些工作已经着力解决这个问题[22]。然而，由于滑移系之间存在很强的相互依赖性，大多数方法不能直接应用于面心立方单晶。在使用 Newton-Raphson 方法时，这种相互依赖性会导致雅可比矩阵表现出奇异性，同时主动滑移系出现非唯一解。金属材料多晶模型中，一些基于目标函数最小化的数学方法，如奇异值分解(SVD)和微扰动技术可以有效地解决这类问题[23]。但对岩石材料的本构模型并不完全有效[24]，主要是因为岩石材料具有压力依赖性和非相关的塑性势[25]。因此，本节提出了一种迭代方法，从多个潜在的滑移系中确定一组线性独立的滑移系，如图 8.5 所示。

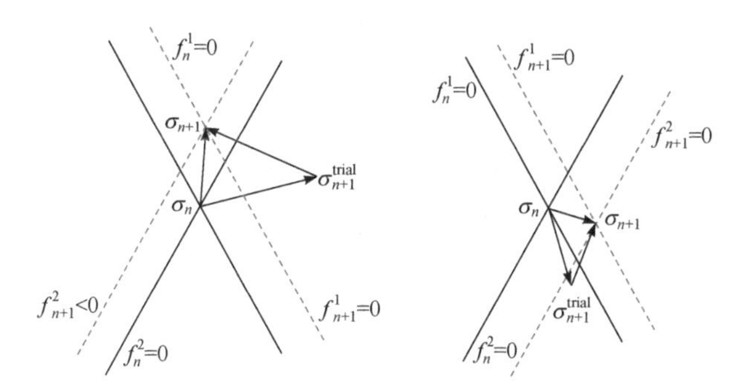

图 8.5　任一点处主动滑移系的几何图解

8.4.2　数值模拟

本节将在 ABAQUS 软件中实现 8.3 节中描述的数值算法。首先每个极点都被认为是一种多晶材料。基于之前的工作和初步的计算[26]，在下面的模拟中，选择了一个包含有 40 个定向的多晶 RVE。这 40 个 RVE 晶粒的极点图如图 8.6 所示。对于每个单晶，考虑以下解的相关状态变量：①介观变量：ε^{p}；②微观变量：λ^{α}

和 J_{act}。在表 8.1 中列出的 24 个滑移系的面心立方单晶的情况下，每个积分点有 43(6+24+13)个变量。由于两个镜像系统不能同时滑移，因此 J_{act} 中需要确定的滑移系参数减少了一半[27]。对于每一个 RVE，在 J_{act} 存储滑移系的总数为 43 个(N_{act}=43)，则这个由 40 个单晶组成的多晶，晶向相关态变量的总数为 1720(43×40)。这些变量应该在每个增量的开始时进行传递，并必须在结束时进行更新[28]。

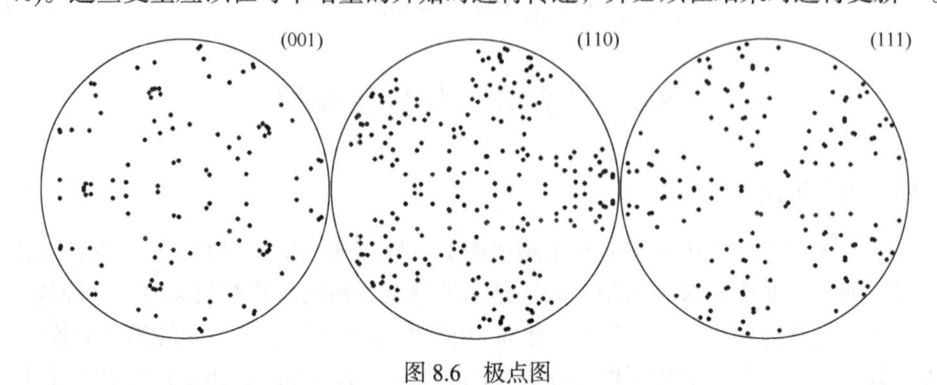

图 8.6　极点图

表 8.1　滑移系的 Miller 指数

编号	$\underline{n}$	$\underline{s}$	编号	$\underline{n}$	$\underline{s}$
1	111	$0\bar{1}1$	13	111	$01\bar{1}$
2		$10\bar{1}$	14		$\bar{1}01$
3		$\bar{1}10$	15		$1\bar{1}0$
4	$\bar{1}\bar{1}1$	011	16	$\bar{1}\bar{1}1$	$0\bar{1}\bar{1}$
5		$\bar{1}0\bar{1}$	17		101
6		$1\bar{1}0$	18		$\bar{1}10$
7	$\bar{1}11$	$0\bar{1}1$	19	$\bar{1}11$	$01\bar{1}$
8		$\bar{1}0\bar{1}$	20		101
9		110	21		$\bar{1}\bar{1}0$
10	$1\bar{1}1$	011	22	$1\bar{1}1$	$0\bar{1}\bar{1}$
11		$10\bar{1}$	23		$\bar{1}01$
12		$\bar{1}\bar{1}0$	24		110

8.4.3　常规三轴压缩实验的模拟

本章通过花岗岩的实验结果检验所提模型的预测能力，实验数据源于加拿大地下核废料储存研究实验室(URL)的相关研究结果[29-31]。实验数据包括不同类型的加载路径等，如传统的三轴压缩、比例三轴压缩和横向拉伸[32]。在进行仿真之前，首先确定了模型的参数。表征单晶的力学响应总共需要 7 个材料参数：①弹

性常数 E 和 ν；②反映正应力 u_f 影响的参数和滑移平面的粗糙度 v_f；③CRSS 参数 τ_c 以及两个硬化参数 b 和 Q。由于对多晶对称性和形貌的假设，单晶的一些参数与多晶参数有关。因此，通过单轴压缩或三轴压缩实验得到的宏观弹性常数等于微观弹性常数。宏观初始屈服应力也可以从实验室数据中识别出来[33]。Hutchinson 提供了一个简单的表达式，给出了具有立方晶体结构的多晶的微观和宏观初始屈服应力之间的关系[25]：

$$\frac{1}{2}\left|\bar{\sigma}_1-\bar{\sigma}_3\right|=\left(\frac{3}{2\left(\rho_2^2+\rho_3^2\right)}\right)^{\frac{1}{2}}\tau_c=\bar{\tau}_c \tag{8.26}$$

其中，

$$\rho_2=\frac{C_{11}-C_{12}}{2\mu(1-d)+d\left(C_{11}-C_{12}\right)}$$

$$\rho_3=\frac{C_{44}}{\mu(1-d)+dC_{44}}$$

式中，参数 d 在式(8.5)中定义；$\bar{\sigma}_1$ 和 $\bar{\sigma}_3$ 分别为主要的和次要的宏观主应力；τ_c 和 $\bar{\tau}_c$ 分别为微观和宏观的初始屈服应力；C_{11}、C_{12} 和 C_{44} 为弹性刚度张量的分量。k 和 μ 由式(8.27)和式(8.28)定义：

$$k=\frac{1}{3}\left(C_{11}+2C_{12}\right) \tag{8.27}$$

$$8\mu^3+\left(5C_{11}+4C_{12}\right)\mu^2-C_{44}\left(7C_{11}-4C_{12}\right)\mu-C_{44}\left(C_{11}-C_{12}\right)\left(C_{11}+2C_{12}\right)=0 \tag{8.28}$$

对于各向同性的单晶，$2C_{44}=C_{11}-C_{12}$，很容易得到 $\rho_1=\rho_3=1$ 和 $\tau_c=\bar{\tau}_c$。

参数 u_f、v_f、b 和 Q 是根据模型预测与实验数据的比较，通过优化过程确定的。加载轴为 3 个方向，E_{33} 和 E_{11} 分别表示轴向应变和横向应变。由于测试是在圆柱形样品上进行的，所以 $E_{22}=E_{11}$，体积应变 $E_v=E_{33}+2E_{11}$。最后，数值模拟中使用的代表性参数值如表 8.2 所示。

表 8.2　花岗岩模拟参数

E / MPa	ν	u_f	v_f	τ_c / MPa	$h_{\alpha\beta}$	b	Q / MPa
6.8×10^4	0.21	0.4	0.6	35	1.0	100	40

本章中，所有的数值结果和实验数据中采用以下符号约定：拉应力和拉应变以正值表示。三轴压缩实验结果如图 8.7(a)所示，该模型正确地描述了花岗岩力学行为的主要特征，考虑这类材料的体积膨胀性是不可缺少的。图 8.7(b)给出了

利用相关(u_f=v_f)和非相关塑性流动法则之间的计算结果对比。显然，非相关流动法则计算比相关流动法则更能描述花岗岩的力学响应。因此，以下模拟均通过非相关的流动法则来进行的。图 8.7(c)～图 8.7(f)中给出了单轴和三轴压缩实验的实验数据与数值结果的比较。此外，还模拟了另外两种典型的加载路径——三轴压缩实验和横向延伸实验。这些仿真结果实现了模型在不同加载条件下的验证。在比例压缩实验中，轴向应力与横向应力的比值在整个加载过程中保持不变，计算结果如图 8.7(g)所示。对于横向延伸实验，如图 8.7(h)所示，整个加载过程分为三个步骤：首先，样品受到静力 R_{11}=R_{22}=R_{33}=−60MPa；其次，将轴向应力 R_{33} 逐渐提高侧向应力 R_{11}=R_{22} 保持不变；最后，将轴向应力达到 169MPa，并观测应力-应变关系。通常，只有最后一步可以给出应变-应力关系。值得注意的是，本章所提出的模型对花岗岩三轴压缩的预测比单轴压缩更好，围压越高预测结果越准确，因此所提出的模型更适合延性行为而非脆性行为。实际上在围压下，晶粒由于界面脱黏造成的破坏是花岗岩等准脆性材料力学行为研究中的一个重要问题。同时，弹性常数 E 和 ν 在所有的模拟过程中都保持不变，但在实际中，岩石的弹性模量一般随限制压力的增大而增大。考虑弹性模量随约束压力的变化可以改善数值结果。

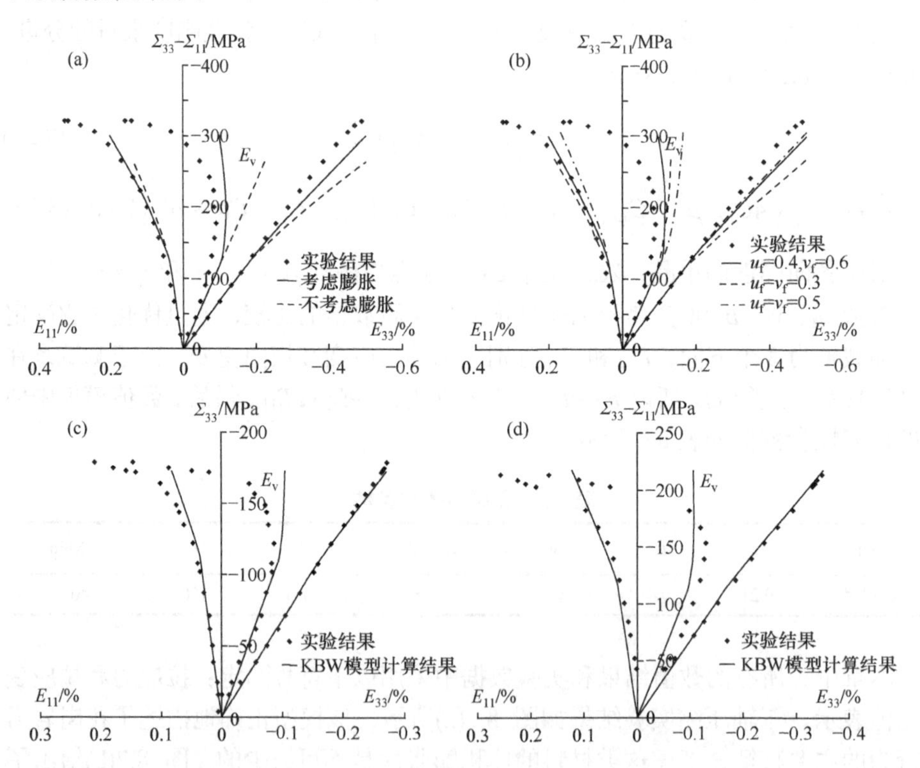

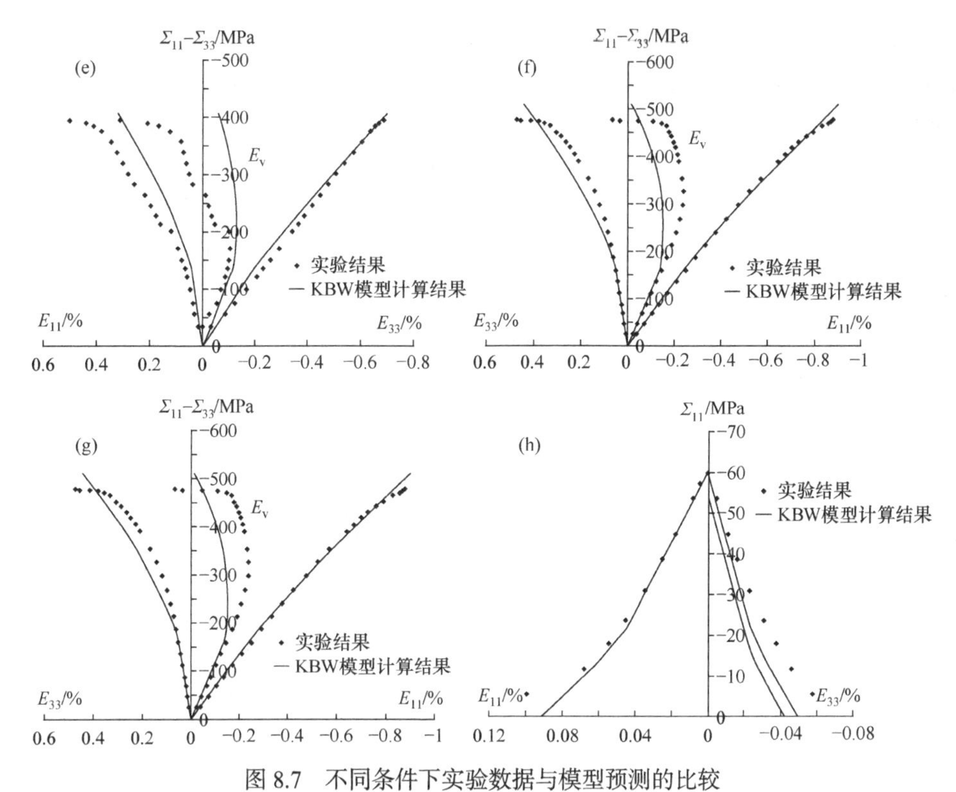

图 8.7　不同条件下实验数据与模型预测的比较

(a) 10MPa 围压的三轴压缩；(b) 相关性和非相关性流动法则；(c) 单轴压缩；(d) 2MPa 围压下的三轴压缩；(e) 20MPa 围压下的三轴压缩；(f) 40MPa 围压下的三轴压缩；(g) 比例三轴压缩实验；(h) 实验数据与多晶模型预测的比较

8.4.4　真实三轴压缩实验的模拟

8.4.3 小节利用常规压缩实验验证了本章模型的准确性，但为了检验所提模型在预测更复杂加载路径下花岗岩力学响应方面的能力，需要对其进一步验证。将所提模型用于模拟西部花岗岩(美国)的真实三轴压缩实验结果。这种测试是通过独立控制三个施加在立方体试件的主应力进行的[34]。

弹性常数 E 和 ν 及 CRSS τ_c，可以根据 8.4.3 小节中介绍的参数识别过程获得。另外四个参数也可以通过对实验数据的数值优化来确定[35-36]。加载轴仍在 3 个主方向上。E_{33} 表示轴向应变，E_{11}、E_{22} 表示横向应变。体积应变由 $E_v=E_{11}+E_{22}+E_{33}$ 计算。模拟参数取值如表 8.3 所示。

表 8.3　Westerly 花岗岩模拟参数

E / MPa	ν	u_f	v_f	τ_c / MPa	$h_{\alpha\beta}$	b	Q / MPa
7.5×10^4	0.21	0.5	0.75	45	1.0	900	50

真实三轴压缩实验的加载过程分为三个步骤：①样品受到静水应力：$\Sigma_{11}=\Sigma_{22}=\Sigma_{33}=-60\text{MPa}$；②$\Sigma_{11}$保持恒定的$-60\text{MPa}$，而$\Sigma_{22}=\Sigma_{33}$分别增加到规定值：$-60\text{MPa}$、$-113\text{MPa}$、$-180\text{MPa}$、$-249\text{MPa}$；③$\Sigma_{11}$和$\Sigma_{22}$保持不变，$\Sigma_{33}$增加到规定的值：$-747\text{MPa}$、$-822\text{MPa}$、$-860\text{MPa}$、$-861\text{MPa}$。

实验结果与模型计算结果的比较如图 8.8 所示。可以看出，该模型很好地描述了花岗岩在真实三轴压缩过程中力学响应的主要特征。值得注意的是，这里的数值模拟在不同的测试中，停止在实验峰值应力水平，该阶段没有考虑与塑性应变和损伤有关的宏观失效。在许多岩石中，宏观破坏是由微裂纹聚结产生的。在多晶岩中，微裂纹的生长主要与晶粒间胶结界面的脱黏有关，导致材料的刚度和强度下降。

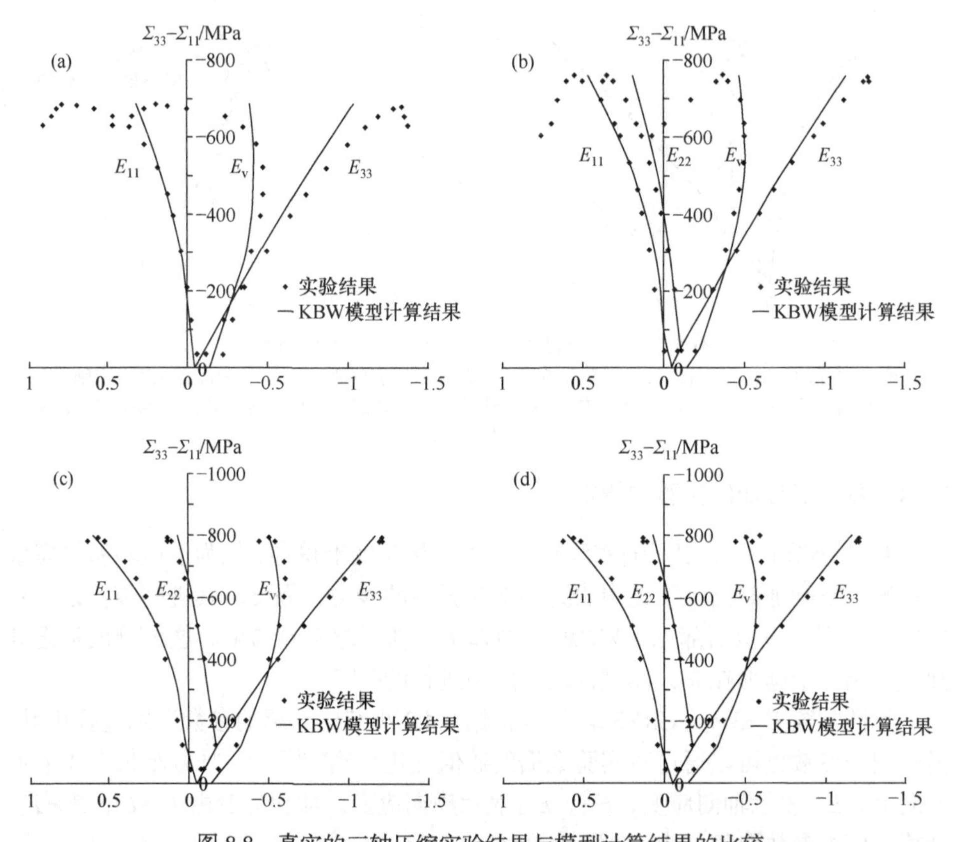

图 8.8　真实的三轴压缩实验结果与模型计算结果的比较

(a) $\Sigma_{33}=-747\text{MPa}$，$\Sigma_{22}=-60\text{MPa}$，$\Sigma_{11}=-60\text{MPa}$；(b) $\Sigma_{33}=-822\text{MPa}$，$\Sigma_{22}=-113\text{MPa}$，$\Sigma_{11}=-60\text{MPa}$；(c) $\Sigma_{33}=-860\text{MPa}$，$\Sigma_{22}=-180\text{MPa}$，$\Sigma_{11}=-60\text{MPa}$；(d) $\Sigma_{33}=-861\text{MPa}$，$\Sigma_{22}=-249\text{MPa}$，$\Sigma_{11}=-60\text{MPa}$

8.5 本章小结

本章提出了一种描述具有多晶微观结构岩石的弹塑性行为的微观力学模型。该模型采用非均匀材料的非线性均匀化程序，修正了金属材料单晶的经典屈服准则和塑性势，以考虑压力灵敏性和体积膨胀性。通过考虑这些特定的特征，扩展了 KBW 模型中使用的经典相互作用定律。提出了一种改进的数值算法，利用弹性预测器和塑性校正器方案，实现多屈服面本构方程的数值实现。证明了该算法的有效性，特别适用于多晶材料。通过对不同加载路径下的实验数据进行比较，验证了该模型的有效性。未来的研究工作包括将该模型扩展到岩石类材料的时间依赖性行为，使用更严格的相互作用定律，以及考虑矿物颗粒之间的界面损伤。

参考文献

[1] ZENG T, LIU Z B, JIA C J, et al. Elasto-plastic behavior of the Fontainebleau sandstone based on a refined continuous strain deviation approach[J]. European Journal of Environmental and Civil Engineering, 2020, 26 (9): 3788-3804.

[2] ZENG T, SHAO J F, YAO Y. An upscaled model for elastoplastic behavior of the Callovo-Oxfordian argillite[J]. Computers and Geotechnics, 2019, 112: 81-92.

[3] ZENG T, SHAO J F, YAO Y. A micromechanical based elasto-viscoplastic model for the Callovo-Oxfordian argillite: Algorithms, validations and applications[J]. International Journal for Numerical and Analytical Methods in Geomechanics, 2019, 44(2):183-207.

[4] GURSON A L. Continuum theory of ductile rupture by void nucleation and growth: Part I—Yield criterion and flow rules for porous ductile media[J]. Transactions of the ASME, 1977, 99: 2-15.

[5] MAGHOUS S, DORMIEUX L, BARTHÉLÉMY J F. Micromechanical approach to the strength properties of frictional geomaterials[J]. European Journal of Mechanics A/Solid, 2009, 28: 179-188.

[6] MONCHIET V, CAZACU O, CHARKALUK E, et al. Macroscopic yield criteria for plastic anisotropic materials containing spheroidal voids[J]. International Journal of Plasticity, 2008, 24: 1158-1189.

[7] GUO T F, FALESKOG J, SHIH C F. Continuum modeling of a porous solid with pressure-sensitive dilatant matrix[J]. Journal of the Mechanics and Physics of Solids, 2008, 56: 2188-2212.

[8] SHEN W Q, SHAO J F, KONDO D, et al. A micro-macro model for clayey rocks with a plastic compressible porous matrix[J]. International Journal of Plasticity, 2012, 36: 64-85.

[9] GAMBAROTTA L, LAGOMARSINO S. A microcrack damage model for brittle materials[J]. International Journal of Solids and Structures, 1993, 30: 177-198.

[10] PENSÉE V, KONDO D, DORMIEUX L. Micromechanical analysis of anisotropic damage in brittle materials[J]. Journal of Engineering Mechanics, 2002, 128: 889-897.

[11] ZHU Q Z, KONDO D, SHAO J F. Micromechanical analysis of coupling between anisotropic

damage and friction in quasi brittle materials: Role of the homogenization scheme[J]. International Journal of Solids and Structures, 2008, 45: 1385-1405.

[12] ZHU Q Z, KONDO D, SHAO J F, et al. Micromechanical modelling of anisotropic damage in brittle rocks and application[J]. International Journal of Rock Mechanics and Mining Sciences, 2008, 45: 467-477.

[13] ESHELBY J D. The determination of the elastic field of an ellipsoidal inclusion and related problems[J]. Proceedings of the Royal Society A, 1957, 241: 376-396.

[14] ZIENKIEWICZ O, PANDE G. Time-dependent multi-laminate model of rocks- A numerical study of deformation and failure of rock masses[J]. International Journal for Numerical and Analytical Methods in Geomechanics, 1977, 1: 219-247.

[15] BAZANT Z P, OH B H. Microplane model for fracture analysis of concrete structures[C]. Symposium on Interaction of Non-Nuclear Munitions with Structures, Bethesda, 1983.

[16] TAYLOR G I. Plastic strain in metals.[J] Journal of the Institute of Metals, 1938, 62: 307-324.

[17] BUDIANSKY B, WU T T. Theoretical prediction of plastic strains of polycrystals[C]. 4th U S National Congress on Applied Mechanics, Ithaca, 1962: 1175-1185.

[18] HILL R. Continuum micro-mechanics of elastoplastic polycrystals[J]. Journal of the Mechanics and Physics of Solids, 1965, 13: 89-101.

[19] SOULIÉ R, MÉRILLOU S, TERRAZ O, et al. Modeling and rendering of heterogeneous granular materials: Granite application[J]. Computer Graphics Forum, 2007, 26: 66-79.

[20] MÉRIC L, POUBANNE P, CAILLETAUD G. Single crystal modeling for structural calculations: Part I—Model presentation[J]. Journal of Engineering Materials and Technology, 1991, 113: 162-170.

[21] ABDUL-LATIF A, DINGLI J P, SAANOUNI K. Modeling of complex cyclic inelasticity in heterogeneous polycrystalline microstructure[J]. Mechanics of Materials, 1998, 30: 287-305.

[22] SIMÓ J C, HUGHES T J R. Computational Inelasticity[M]. New York: Springer Verlag, 1998.

[23] ANAND L, KOTHARI M. A computational procedure for rateindependent crystal plasticity[J]. Journal of the Mechanics and Physics of Solids, 1996, 44: 525-558.

[24] MIEHE C, SCHRÖDER J. A comparative study of stress update algorithms for rate-independent and rate-dependent crystal plasticity[J]. International Journal for Numerical Methods in Engineering, 2001, 50: 273-298.

[25] HUTCHINSON J W. Elastic-plastic behaviour of polycrystalline metals and composites[J]. Proceedings of the Royal Society, 1970, 319: 247-272.

[26] PILVIN P. Approches multi-échelles pour la prévision du comportement anélastique des métaux[D]. Paris: Université Pierre et Marie Curie, 1990.

[27] KNOCKAERT R, CHASTEL Y, MASSONI E. Rate-independent crystalline and polycrystalline plasticity, application to FCC materials[J]. International Journal of Plasticity, 2000, 16: 179-198.

[28] PRESS W H, TEUKOLSKY S A, VETTERLING W T, et al. Numerical Recipes[M]. Cambridge: Cambridge University Press, 1996.

[29] SHAO J F, HOXHA D, BART M, et al. Modelling of induced anisotropic damage in granites[J]. International Journal of Rock Mechanics and Mining Sciences, 1999, 36: 1001-1012.

[30] SHAO J F, CHAU K T, FENG X T. Modeling of anisotropic damage and creep deformation in brittle rocks[J]. International Journal of Rock Mechanics and Mining Sciences, 2006, 43: 582-592.

[31] MARTINO J B, CHANDLER N A. Excavation-induced damage studies at the underground research laboratory[J]. International Journal of Rock Mechanics and Mining Sciences, 2004, 41: 1413-1426.

[32] MARTIN C D, READ R S, MARTINO J B. Observations of brittle failure around a circular test tunnel[J]. International Journal of Rock Mechanics and Mining Sciences, 1997, 34: 1065-1073.

[33] WANG Y N, TONON F. Modeling Lac du bonnet granite using a discrete element model[J]. International Journal of Rock Mechanics and Mining Sciences, 2009, 46: 1124-1135.

[34] HAIMSON B, CHANG C. A new true triaxial cell for testing mechanical properties of rock and its use to determine rock strength and deformability of Westerly granite[J]. International Journal of Rock Mechanics and Mining Sciences, 2000, 37: 285-296.

[35] LOCKNER D A. The role of microcracking in shear-fracture propagation in granite[J]. Journal of Structural Geology, 1995, 17: 95-111.

[36] HOMAND S, SHAO J F. Mechanical behaviour of a porous chalk and effect of saturating fluid[J]. Mechanics of Cohesive-frictional Materials, 2000, 5: 583-606.

第 9 章　金属材料宏观黏塑性本构

常规金属材料的非弹性变形在特定条件下均会表现出明显的温度相关性和时间相关性。温度相关性指的是在其他条件不变的情况下，温度变化会导致材料本构关系的变化。对于金属材料，通常温度越高，材料黏性越强，延性越高，材料越“软”，此时弹性模量、强度极限等都会降低。时间相关性也称率相关性，是指在特定条件下，材料力学性能会随着加载率的变化而变化的特性。与温度对材料的影响趋势不同，金属材料在不同条件下会表现出不同的率相关性。例如，AA5182 铝合金，当温度低于 373K，准静态加载时，表现出负率相关性，即当应变率增大时，测得的应力反而减小。当温度高于 373K 时，本构关系是正率相关的，即其他条件不变，应变率增大，应力同时增大。加载率也会影响率相关性，在动态加载条件下，即使温度低于 373K，AA5182 铝合金也会表现出正率相关性[1]。这说明材料的率相关性是受多种因素影响的，是一种较为复杂的材料特性。除此之外，金属材料非弹性变形还可能表现出率不相关，即应变率的变化不会导致应力的变化，这种情况即为常见的塑性变形。

金属材料的黏塑性变形一直是力学领域的热点问题。第 5 章介绍过，现有的黏塑性变形按照物理背景可以分为唯象模型和基于物理机制的本构模型。前者是以实验现象为依据，从数值角度出发，以能够描述实验数据为主要目标而开发的经验模型[1-3]；后者则基于相应的物理机制，在描述材料宏观力学性能的同时，期望能够表征相应的物理过程。目前物理型本构大多从位错运动、动态重结晶和热激活等方面入手[4-9]。有些本构模型建立在热动力学基础上[10-14]，晶体塑性是另一个应用比较广泛的本构建模理论[15-17]。

简而言之，金属材料的黏塑性本构与塑性理论不同，需要更多地考虑温度、加载率等黏性因素的影响。黏塑性本构概念最初是为了描述材料的蠕变变形，如描述蠕变变形第一阶段的 Andrade 模型[18]、描述第二阶段的 Norton 模型[19]等。之后在这些蠕变模型的基础上演化出了诸多宏观唯象黏塑性模型。金属材料的非弹性变形可以简单理解为由塑性变形和蠕变变形代表的黏塑性变形叠加而来。但是从实验角度将塑性变形和蠕变变形准确区分测量存在难度，而且目前认为金属材料的塑性变形和蠕变变形皆是位错运动主导的，因此将塑性变形和蠕变变形统一看成是非弹性变形，即目前广泛采用的统一蠕变塑性本构理论。下面将结合作者课题组在宏观黏塑性本构方面的研究成果，介绍相关理论的进展及应用。

9.1　黏塑性本构框架

金属黏塑性本构理论与塑性本构理论有诸多相似之处，如都包含应变分解、塑性流动、等向和随动硬化准则等要素。将二者进行对比学习，将更容易理解和掌握黏塑性本构理论。本节主要介绍目前应用广泛的基于 Perzyna 型黏塑性流动方程的统一蠕变塑性本构关系。

9.1.1　黏塑性应变张量

对于应变分离型本构关系，在小变形假设、恒温加载条件下，总应变张量 $\boldsymbol{\varepsilon}$ 可以分解为弹性应变 $\boldsymbol{\varepsilon}^{\mathrm{e}}$ 、塑性应变 $\boldsymbol{\varepsilon}^{\mathrm{p}}$ 以及蠕变应变 $\boldsymbol{\varepsilon}^{\mathrm{cr}}$ ，即

$$\boldsymbol{\varepsilon} = \boldsymbol{\varepsilon}^{\mathrm{e}} + \boldsymbol{\varepsilon}^{\mathrm{p}} + \boldsymbol{\varepsilon}^{\mathrm{cr}} \tag{9.1}$$

因此应变分离型本构模型在实际应用过程中，需要分别计算塑性和蠕变应变[19-20]。这对模型验证造成了困难，需要从实验上准确区分测量应变。对于黏性较强的金属材料，统一蠕变塑性理论应用更广：

$$\boldsymbol{\varepsilon} = \boldsymbol{\varepsilon}^{\mathrm{e}} + \boldsymbol{\varepsilon}^{\mathrm{in}} \tag{9.2}$$

式中，$\boldsymbol{\varepsilon}^{\mathrm{in}}$ 为非弹性应变张量，或者黏塑性应变张量。对比式(9.1)可知，统一蠕变塑性理论将塑性应变和蠕变应变看作单一的非弹性应变，简化了模型，可以提高计算效率，同时从实验角度更易进行验证。

9.1.2　黏塑性本构关系基础

与塑性本构理论类似，应力张量 $\boldsymbol{\sigma}$ 同样可以通过计算弹性应变得到：

$$\boldsymbol{\sigma} = \boldsymbol{C} : \boldsymbol{\varepsilon}^{\mathrm{e}} = \boldsymbol{C} : \left(\boldsymbol{\varepsilon} - \boldsymbol{\varepsilon}^{\mathrm{in}}\right) \tag{9.3}$$

式中，$\boldsymbol{C}$ 为四阶弹性张量。在实际应用中，常采用式(9.3)的率形式，即

$$\dot{\boldsymbol{\sigma}} = \boldsymbol{C} : \left(\dot{\boldsymbol{\varepsilon}} - \dot{\boldsymbol{\varepsilon}}^{\mathrm{in}}\right) \tag{9.4}$$

与塑性本构关系不同，统一黏塑性本构关系中弹性域的定义或者说屈服面并不是必需的。例如，常用的 Anand 模型并没有定义弹性域的范围，这样可以更好地描述低应力状态下的蠕变变形。但不定义加载函数不能有效描述循环加载的情况，因此宏观循环黏塑性本构模型还需定义屈服面的演化。类似塑性本构关系，弹性域可定义为

$$f = f\left(\boldsymbol{\sigma}, \boldsymbol{q}\right) \tag{9.5}$$

式中，$\boldsymbol{q}$ 为与屈服面演化相关的内变量张量。在 J_2 塑性本构关系中，材料点的应力状态除处于弹性阶段，即 $f<0$ 外，只能位于屈服面上，必须满足一致性条件的限制。为了表征黏塑性变形，发展出了过应力的概念。在黏塑性本构关系中，应力状态是可以处于屈服面外部的，将应力状态到屈服面的距离称为过应力。与 J_2 塑性理论相似，屈服函数中同样可以引入背应力张量 $\boldsymbol{\alpha}$ 和等向硬化变量 R：

$$f=\sqrt{\frac{3}{2}}\left\|\boldsymbol{S}-\boldsymbol{\alpha}\right\|-R \tag{9.6}$$

式中，$\boldsymbol{S}$ 为应力偏张量；R 表示等向硬化变量，也表示屈服面的半径大小，$R=R(\boldsymbol{\sigma},\varepsilon,q)$，$q$ 为与等向硬化有关的其他变量。

黏塑性流动法则可以定义为

$$\dot{\boldsymbol{\varepsilon}}^{\text{in}}=\frac{\langle f\rangle}{\eta}\frac{\partial f}{\partial\boldsymbol{\sigma}} \tag{9.7}$$

式中，$\langle\ \rangle$ 为麦考莱(Macaulay)计算符号；η 为阻尼系数。

关于硬化率的定义和塑性本构理论中的类似，可以采用各种线性或非线性的等向、随动硬化律代入式(9.6)表征材料硬化行为。

9.2　无铅焊料单轴拉伸应力-应变模拟

Sn-3.0Ag-0.5Cu 是一种广泛应用于电子封装结构的焊接材料，其熔点在 220℃左右。芯片在工作过程中产生的热一部分通过焊点耗散出去，因此封装结构中焊点的服役温度通常在室温至 80℃。在此条件下，封装各个部件之间的热膨胀系数不同导致变形不匹配，进而产生的热应力会使焊点发生黏塑性变形。研究表明，焊点损坏是封装结构最主要的失效形式。准确表征焊点的变形，对封装结构研发和可靠性评估有重要意义。高强合金钢在工业中应用广泛，诸多应用场景都要在高温下，因此对其黏塑性变形行为进行研究。

本节在有限变形框架下对 Sn-3.0Ag-0.5Cu 和高强合金钢的黏塑性变形行为进行本构建模。通常认为率敏感性和温度是黏塑性本构模型开发中需要考虑的两个核心因素。率敏感性是指材料本构行为对加载率变化的敏感性。在应变控制加载下，保持其他条件不变，应变率的改变导致的应力变化越大，则率敏感性越强。长期以来，率敏感性缺乏量化的手段，同时它与温度等其他加载条件之间的关系尚需更深入的研究。首先对上述两种金属材料的率敏感性进行量化，并分析其与温度的关系。然后在此基础上，开发两种材料的本构模型。

在常用的指数型宏观唯象本构模型中，如

$$\boldsymbol{\varepsilon}^{\text{in}}=\sqrt{\frac{3}{2}}\left(\frac{S_v}{d(T)}\right)^n\boldsymbol{N} \tag{9.8}$$

$$S_v=\left\langle\sqrt{\frac{3}{2}}\|\boldsymbol{S}-\boldsymbol{\alpha}\|-R\right\rangle \tag{9.9}$$

$$\boldsymbol{N}=\frac{\boldsymbol{S}-\boldsymbol{\alpha}}{\|\boldsymbol{S}-\boldsymbol{\alpha}\|} \tag{9.10}$$

$$\boldsymbol{S}=\boldsymbol{\sigma}-\frac{1}{3}\text{tr}(\boldsymbol{\sigma}) \tag{9.11}$$

式中，$\boldsymbol{S}$ 为应力偏张量；$\boldsymbol{\sigma}$ 为应力张量；$\boldsymbol{\alpha}$ 为背应力张量；R 为屈服半径；d 为参考应力，这里设为与温度相关；指数 n 常被称为率相关指数，是模型中表征变形率相关性的参数。由于该简化模型中只有一个率相关指数，故将 n 设为材料率敏感性强弱的指标，通过拟合实验数据，得到不同温度下 n 的值，进而分析金属材料率敏感性随温度变化的规律。需要指出，n 的值越小，表明材料变形的率相关性越强；反之，率敏感性越弱。

金属材料的硬化过程主要是位错累积和动态恢复之间相互竞争、相互影响的结果。温度对动态恢复有着显著影响[21]，而动态恢复的速率一定程度上可以使材料表现出率敏感性，因此率敏感性也受到温度的影响。通过分析，将率敏感性指数 n 随温度演化的过程分为三个阶段。在第一阶段，材料微观结构仍然相对稳定，变形还不足以导致材料发生明显损伤。随着温度升高，动态恢复增强，表现出更为明显的率相关性，即材料率敏感性增强，也意味着式(9.8)中的指数 n 变小，如图 9.1 所示。

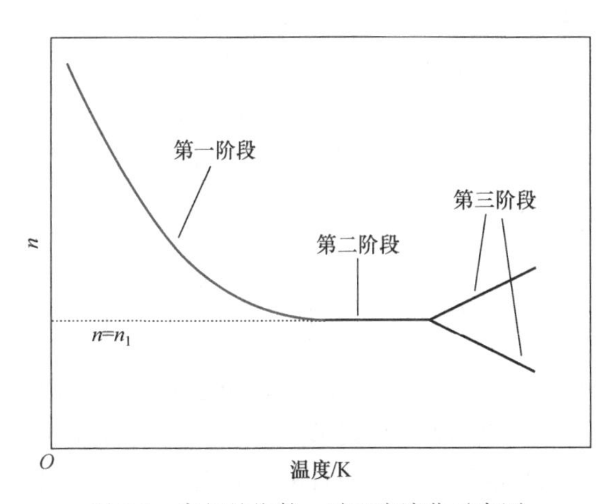

图 9.1　率相关指数 n 随温度演化示意图

在第二阶段，率敏感性基本保持不变，因此可以认为 n 此时不随温度变化。需要指出，并非所有材料都有第二阶段。与前两个阶段不同，第三阶段情况较为复杂。不同材料在第三阶段可以表现出完全相反的变形行为。分析发现第三阶段包含两种情况。例如，无铅焊料 Sn-3.0Ag-0.5Cu 在第三阶段随着温度升高率敏感性降低，而高强合金钢却增强。对于 Sn-3.0Ag-0.5Cu 合金，在高归一化温度下，重结晶会非常显著。初始的晶粒会重结晶成多个小的晶粒组织，从而为位错运动产生更多的障碍，导致位错更容易累积在障碍处。另外，由于需要更少的能量，新结晶的晶粒更易于裂纹萌生和扩展[22]，因此更多的微观裂纹在晶界处形成。这些微观裂纹对应力场形成扰动，而重结晶减小了位错密度，导致动态恢复减弱，从而材料表现为率敏感性减小。对于高强合金钢，由于微观组织改变，出现了新的可以达到的平衡状态，原子变得更加活跃，动态恢复更加显著，率敏感性继续增强。

率敏感性会随着温度变化而变化，而式(9.8)中只有一个率相关指数，不能表征该现象。要解决这个问题，常规方法是将 n 定义为关于温度 T 的函数。但是由于材料力学性能变化多样，即使同种材料，在不同实验平台上测得的数据也会有偏差，导致不同学者得到的函数 $n=n(T)$ 的形式各不相同，不利于模型的实际应用。为了得到形式更为统一的模型，将流动法则定义为

$$\boldsymbol{\varepsilon}^{\text{in}}=\sqrt{\frac{3}{2}}\left(\frac{S_v}{d(T)}\right)^n r(n,T)f(T)\boldsymbol{N} \tag{9.12}$$

式中，$f(T)$是温度相关方程，用于描述温度对塑性流动的影响。温度对材料率敏感性的影响通过方程 $r(n, T)$表征。率敏感性随温度的演化趋势较为复杂，无法用统一、单调的函数进行表示，因此本节采用分段描述的方法，$r(n, T)$可以表示成多个函数相乘，每个函数表示演化过程的一个阶段：

$$r(n,T)=r_1(n,T)r_2(n,T)\cdots r_k(n,T) \tag{9.13}$$

由图 9.1 可知，第一个阶段 n 减小，率敏感性增大，结合双曲正切函数的性质，$r_1(n,T)$ 可以用下述方程表示：

$$r_1(n,T)=\tanh^{m_1}\left(t(T)\left(\frac{S_v}{d(T)}\right)^{n+1}\right) \tag{9.14}$$

式中，n 值取图 9.1 中 n_1 值，代表在第一阶段 n 能够达到的最小值；m_1 为率相关指数；$t(T)$为温度相关项。当 $t(T)$的值足够大时，由双曲正切函数的性质可知 $r_1(n, T)$的值无限接近于 1，因此该项将不再对计算结果有影响。可以将 $t(T)$理解为控制函数，控制 $r_1(n,T)$ 项只在特定的温度条件下发挥作用，并使该函数在其他区间都等于 1。简单起见，后文将 $r_1(n,T)$ 简写成 r_1。

在第二阶段由于率敏感性不随温度变化，n 为不变常数，故可以用式(9.8)描述。如果将 $t(T)$的值在此阶段设置得足够大，可以认为 r_1 等于 1，同样可以让 $r_2(n,T)$ $(l=2,3,\cdots,k)$同时等于 1，此时式(9.12)和式(9.8)等价。将式(9.14)代入式(9.12)，第二个阶段同样可以用 r_1 表示而不需要引入其他方程。同样地，r_2 表达式也可以借助双曲正切函数和双曲余切函数建立。在第三阶段有两种情况。如果 n 减小，r_2 可以用双曲余切函数表示，反之，则可以用双曲正切函数表示：

$$r_2\left(n,T\right)=\coth^{m_2}\left(c\left(T\right)\left(\frac{S_v}{d(T)}\right)^{n+1}\right) \tag{9.15}$$

或者

$$r_2\left(n,T\right)=\tanh^{m_2}\left(c\left(T\right)\left(\frac{S_v}{d(T)}\right)^{n+1}\right) \tag{9.16}$$

式中，m_2 与 m_1 相似，是率相关指数。式(9.15)和式(9.16)中的 n 与图 9.1 中 n_1 的值相等。在第三阶段中，需保证 $t(T)$足够大，从而使 r_1 等于 1。当 $c(T)$足够大时，式(9.15)和式(9.16)同样等于 1，这样式(9.12)中的 $r(n, T)$等于 1，可以用来模拟第二阶段的变形。

在第三阶段中，当材料率敏感性随温度增加而变大，即 n 减小，通过定义合适的 $c(T)$函数，计算出的非弹性应变率变化更大，从而应力变化更大，表现为率敏感性增强。反之，当 n 在第三阶段增大时，双曲正切函数通过计算更小的非弹性应变浮动，可以有效描述材料率敏感性减弱的现象。

在该模型中，温度相关项 $d(T)$采用如下表达式：

$$d\left(T\right)=d_0\left(T\right)+\left(d_\infty\left(T\right)-d_0\left(T\right)\right)\left(1-\exp\left(-bp^m\right)\right) \tag{9.17}$$

式中，$d_0(T)$和 $d_\infty(T)$分别是初始值和饱和值，且受到温度影响；b 控制 d 从初始值到饱和值的演化速率，简单起见，本章假设 b 为定值；m 是率相关参数；p 是累积非弹性应变。

应力变化率由下式确定：

$$\dot{\boldsymbol{\sigma}}=\hat{\boldsymbol{\sigma}}+\boldsymbol{w}\boldsymbol{\sigma}-\boldsymbol{\sigma}\boldsymbol{w} \tag{9.18}$$

式中，$\hat{\boldsymbol{\sigma}}$ 是 Jaumann 应力变化率。

本节主要研究温度对率敏感性的影响，故不考虑率不相关的等向硬化和随动硬化。等向硬化可由式(9.17)表示。基于相关理论，随动硬化和率不相关的等向硬化可以方便地加入本模型中[3]。模型中的 $f(T)$、$d_0(T)$和 $d_\infty(T)$可通过具体实验数据确定。需要指出，由于率敏感性随温度演化的趋势复杂，不同材料 $r_l(n, T)$的表达式可能不同。

9.3　高强合金钢实验模拟

高强合金钢是工业中应用广泛的金属合金，本章通过模拟其单轴拉伸实验数据[23]，验证开发的统一蠕变塑性本构模型。该高强合金钢的化学成分为 0.450C-0.280Si-0.960Cr- 0.630Mn-0.190Mo-0.016P-0.012S-0.014Cu-(bal.)Fe。图 9.2 为通过式(9.8)模拟得到的高强合金钢率敏感性随温度演化。

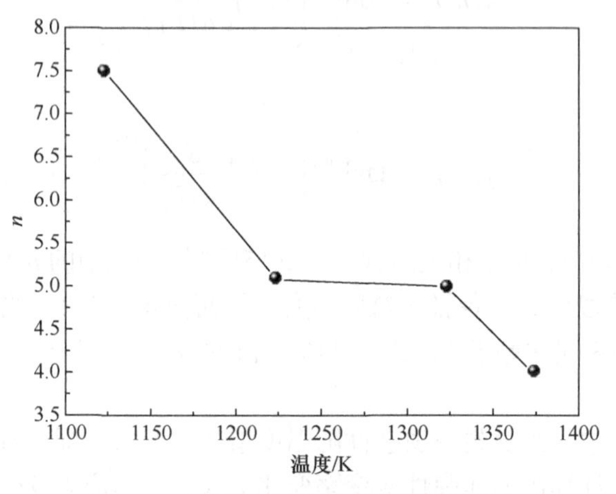

图 9.2　高强合金钢率敏感性随温度演化

由图 9.2 可知，率相关指数 n 在温度为 1223～1323K 时变化很小，可以认为保持不变，在第三阶段率敏感性继续增强，依照上文分析，采用如下流动方程：

$$\boldsymbol{\varepsilon}^{\text{in}}=\sqrt{\frac{3}{2}}\left(\frac{S_v}{d(T)}\right)^n \tanh^{m_1}\left(t(T)\left(\frac{S_v}{d(T)}\right)^{n+1}\right)\coth^{m_2}\left(c(T)\left(\frac{S_v}{d(T)}\right)^{n+1}\right)f(T)\boldsymbol{N} \quad (9.19)$$

调节方程 $t(T)$应是随温度单调上升的增函数，且在温度 1223～1323K 足够大，使式(9.19)中的双曲正切函数等于 1，从而保证对第二阶段的模拟。同样地，$c(T)$应为温度的单调递减函数，且当温度小于 1323K 时函数值足够大，使 r_2 无限趋近于 1。对于高强合金钢，$t(T)$和 $c(T)$可以采用如下形式:

$$t(T)=\exp\left(t_0+t\times\exp\left(-T/t_1\right)\right) \quad (9.20)$$

$$c(T)=\exp\left(c_0+c\times\exp\left(-T/c_1\right)\right) \quad (9.21)$$

图 9.3～图 9.6 是不同温度时有限元模拟结果与实验数据的对比。尽管率相

关指数 n 在模型中为不变常数，由图 9.3～图 9.6 可知，开发的模型仍然能够较好地模拟高强合金钢在不同温度和加载率下的实验数据。通过对比式(9.8)在不同 n 下模拟得到的结果，证明开发的模型能够有效地表征率敏感性随温度的改变。模型能够很好地模拟 1223K 和 1373K 两种温度状态下的实验数据，在温度为 1123K 和 1323K 时，可以模拟应变率为 $0.01s^{-1}$ 和 $0.0001s^{-1}$ 的情况。当应变率为 $0.001s^{-1}$ 时，模拟结果与实验数据存在误差，这是因为开发的模型只适用于正率敏感性的情况。图 9.4 给出了典型的正率敏感性材料的实验曲线。在温度不变的情况下，随着加载率成倍增大，不同加载率之间的应力变化幅值变大。但是在图 9.3 和图 9.5 中，随着加载率变大，不同曲线之间的应力变化幅值减小，不符合正率敏感性材料的特征，导致模拟结果与实验数据之间有出入。

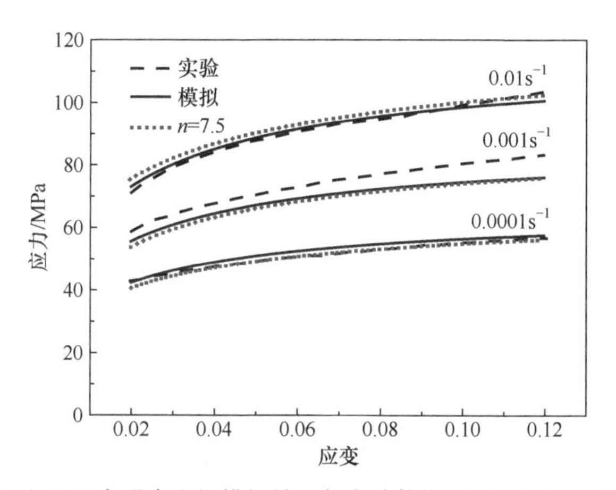

图 9.3　高强合金钢模拟结果与实验数据对比(T=1123K)

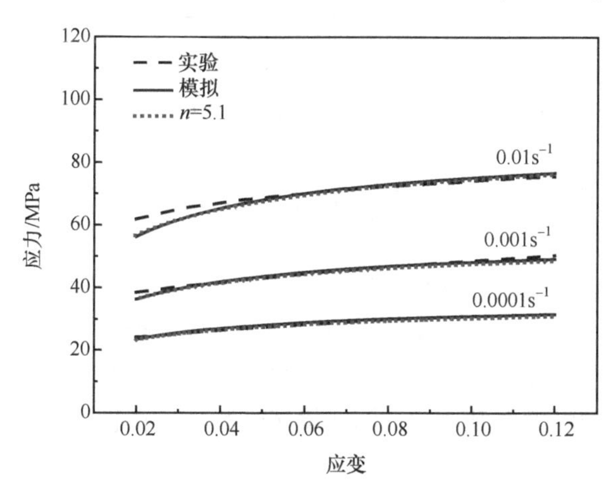

图 9.4　高强合金钢模拟结果与实验数据对比(T=1223K)

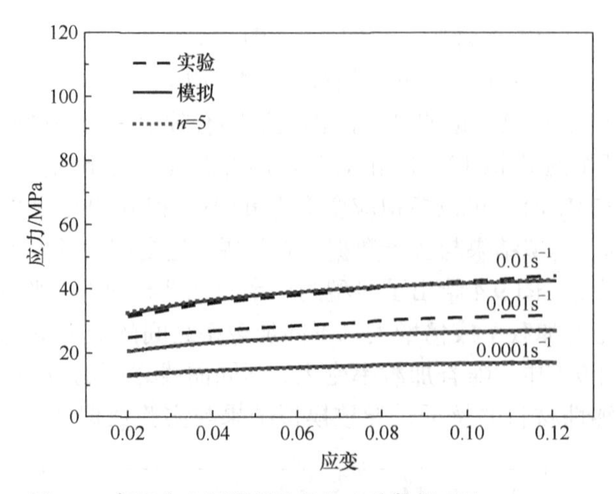

图 9.5　高强合金钢模拟结果与实验数据对比(T=1323K)

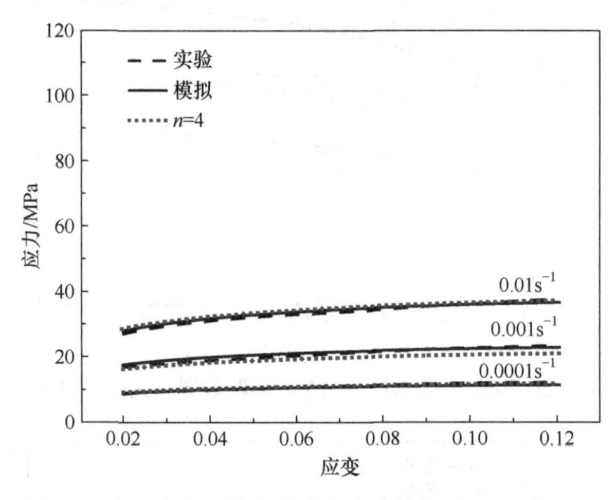

图 9.6　高强合金钢模拟结果与实验数据对比(T=1373K)

9.4　Sn-3.0Ag-0.5Cu 焊料实验模拟

Sn-3.0Ag-0.5Cu 焊料是继含铅焊料之后较为主流的封装焊料，广泛应用于微电子封装产品中。与高强合金钢一样，Sn-3.0Ag-0.5C 焊料率敏感指数随温度的演化关系通过式(9.8)拟合实验数据得到，如图 9.7 所示。实验数据来自于文献[24]。在第三阶段，n 随温度上升增大，即率敏感性减小。根据上文分析，流动法则采用式(9.22)：

$$\boldsymbol{\varepsilon}^{\text{in}}=\sqrt{\frac{3}{2}}\left(\frac{S_{\text{v}}}{d(T)}\right)^{n}\tanh^{m_1}\left(t(T)\left(\frac{S_{\text{v}}}{d(T)}\right)^{n+1}\right)\tanh^{m_2}\left(c(T)\left(\frac{S_{\text{v}}}{d(T)}\right)^{n+1}\right)f(T)\boldsymbol{N} \quad (9.22)$$

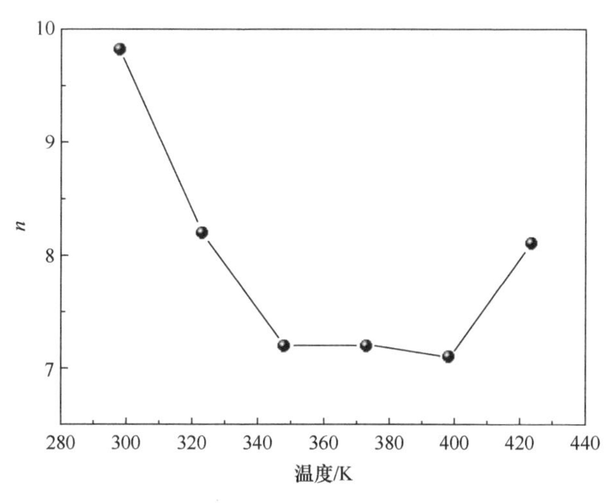

图 9.7　Sn-3.0Ag-0.5Cu 焊料率敏感性随温度演化

图 9.8～图 9.13 为 Sn-3.0Ag-0.5Cu 焊料模拟结果与实验数据对比。由图可知，当该无铅焊料温度处于 25～150℃，应变率为 0.0001～0.01s^{-1} 时，新模型能够很好地描述材料的应力-应变关系。同时也说明该模型能够正确地表征焊料率敏感性随温度变化的情况。

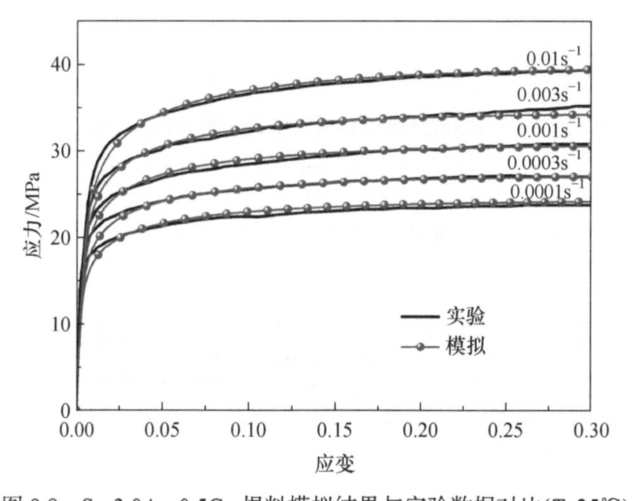

图 9.8　Sn-3.0Ag-0.5Cu 焊料模拟结果与实验数据对比(T=25℃)

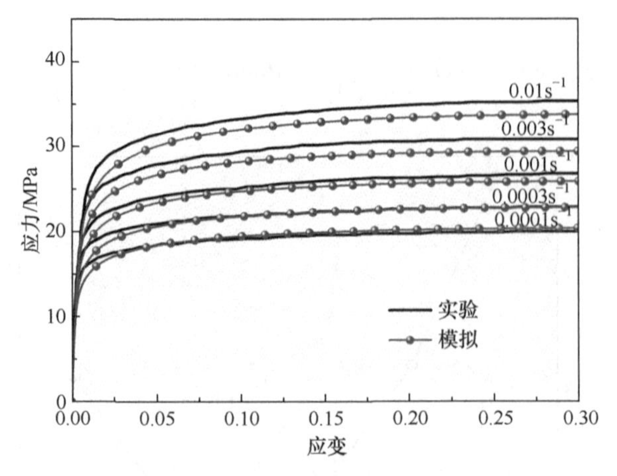

图 9.9　Sn-3.0Ag-0.5Cu 焊料模拟结果与实验数据对比(T=50℃)

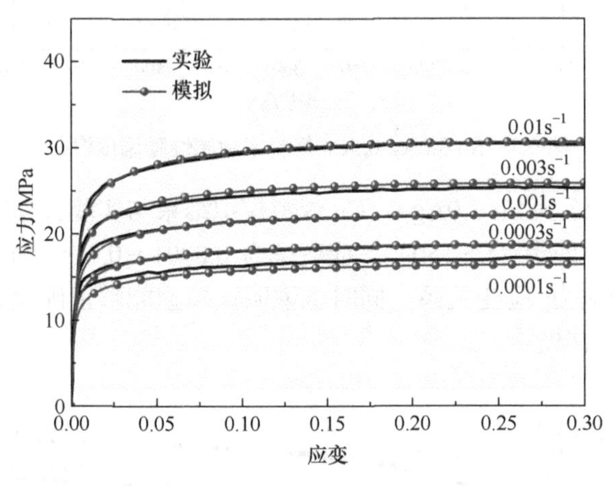

图 9.10　Sn-3.0Ag-0.5Cu 焊料模拟结果与实验数据对比(T=75℃)

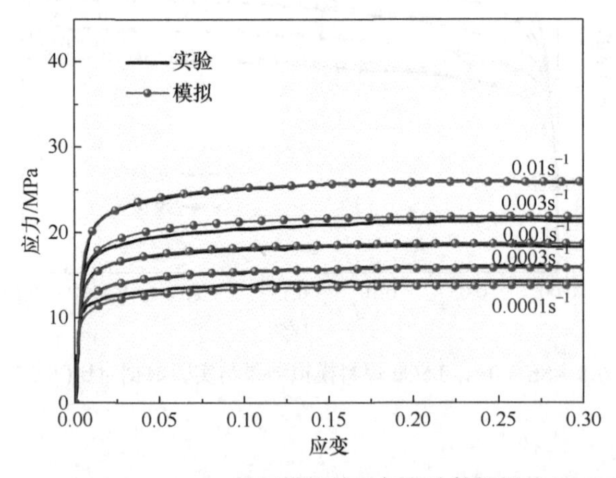

图 9.11　Sn-3.0Ag-0.5Cu 焊料模拟结果与实验数据对比(T=100℃)

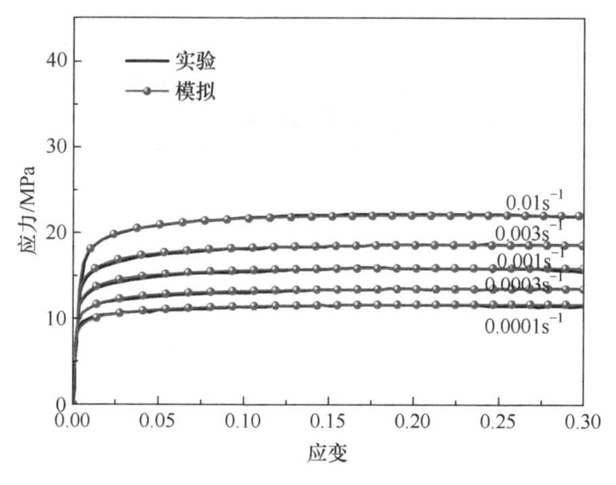

图 9.12　Sn-3.0Ag-0.5Cu 焊料模拟结果与实验数据对比(T=125℃)

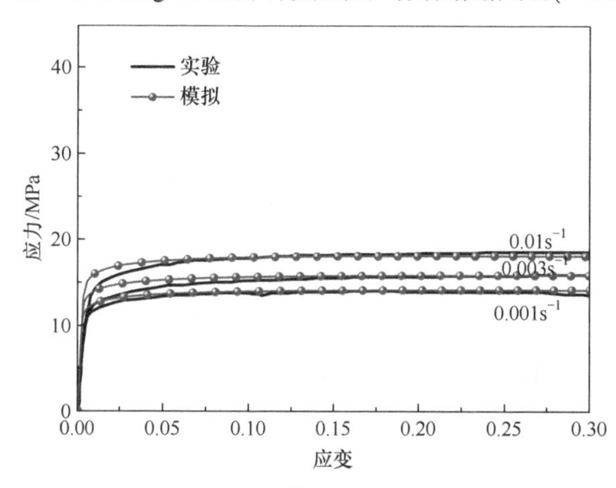

图 9.13　Sn-3.0Ag-0.5Cu 焊料模拟结果与实验数据对比(T=150℃)

图 9.14 为 Sn-3.0Ag-0.5Cu 焊料在 25℃下的变加载率实验与模拟结果对比，可见模型不只能准确地表征材料在特定加载率下的单轴拉伸实验，对于变加载率的情况同样有较好的模拟结果。

在开发的本构模型中共有四个率相关指数：n、m、m_1 和 m_2，其中 n 是应用最为普遍的率相关指数，本章中将其取为不变常数。m 表示应变率对于等向硬化的影响，对于正率相关材料，m 是正值，并控制着达到饱和值的硬化速率。为了模拟材料复杂的率相关变形，模型中定义了两个新的率相关指数 m_1 和 m_2，这两个指数对计算率敏感性的影响与采用双曲正切函数还是双曲余切函数有关。如图 9.15 和图 9.16 所示，若底数为双曲正切函数时，当 m_1 从 1 减小到 1/3 时，计算结果表现出更强的率敏感性。当底数为双曲余切函数时，随着 m_2 从 1 减小至 1/3，计算率敏感性减小。另外，当应变率足够高时，不同值之间的计算差距很小，可以忽略，因此 m_1 和 m_2 只对应变率较小的情况有影响。

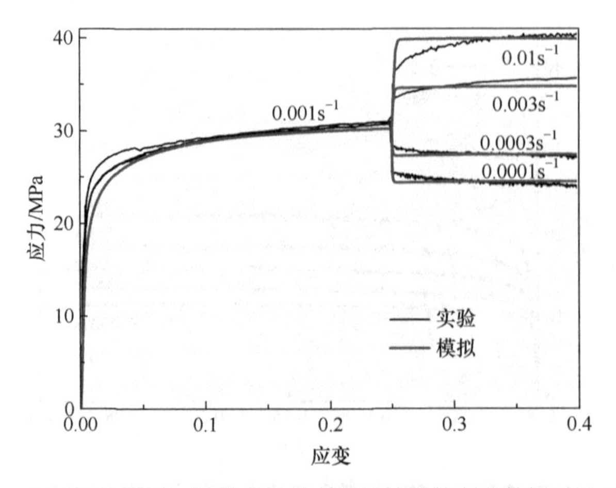

图 9.14　Sn-3.0Ag-0.5Cu 焊料变加载率模拟结果与实验数据对比(T=25℃)

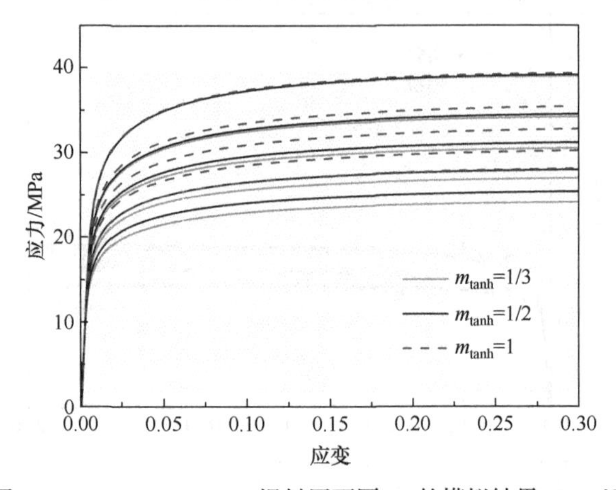

图 9.15　Sn-3.0Ag-0.5Cu 焊料用不同 m_1 的模拟结果(T=25℃)

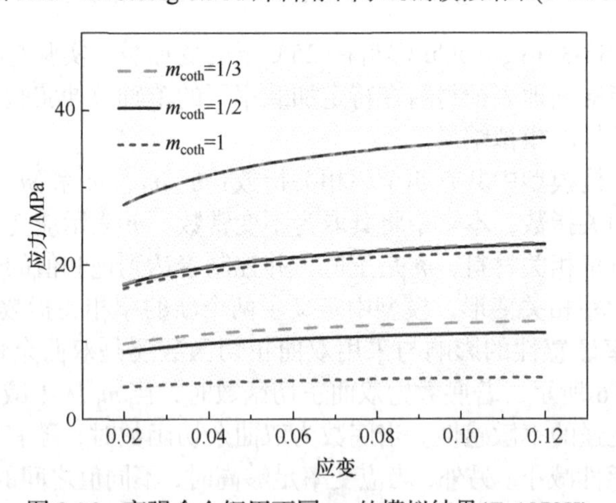

图 9.16　高强合金钢用不同 m_2 的模拟结果(T=1373K)

9.5 本 章 小 结

本章对温度和率敏感性之间的关系进行了研究，据此建立了新的统一蠕变塑性本构模型，并用新的模型模拟了高强合金钢和 Sn-3.0Ag-0.5Cu 焊料在不同温度和加载率下的单轴拉伸曲线，分析了模型中率相关指数的作用。本章主要工作和结论如下。

(1) 研究了不同金属率敏感性随温度变化的趋势。通过分析实验数据，用简单的率相关模型进行拟合，得到了不同温度下材料的率相关指数。发现随着温度变化，率相关指数的演化可以分为三个阶段。第一阶段随着温度升高，率相关指数减小，表现为材料率敏感性增强。第二阶段率相关指数不随温度改变而改变。第三个阶段不同材料表现出不同的演化趋势，高强合金钢的率敏感性随着温度升高继续增强，表现为率相关指数减小。相反地，Sn-3.0Ag-0.5Cu 焊料的率敏感性在第三阶段减小，表现为率相关指数随温度升高而变大。

(2) 结合双曲正切函数和双曲余切函数的特性，建立了新的考虑温度对率敏感性影响的统一蠕变塑性本构模型。由于温度对率敏感性的影响较为复杂，无法用单一的函数进行描述，因此本章采用分段模拟的方法。对于双曲正切函数和双曲余切函数，当自变量足够大时，函数值无限趋近于 1。因此通过定义适当的调节函数，可以让多个双曲正切函数或者双曲余切函数相乘，单个函数分别表示率敏感性演化的一个单调区间，从而实现了率敏感性随温度变化关系的分段模拟。

(3) 分析了模型中率相关指数的作用。通过模拟高强合金钢和 Sn-3.0Ag-0.5Cu 焊料的实验数据，验证了模型的正确性和适用性。同时证明模型不只能模拟材料单调拉伸实验，还能准确表征变加载率拉伸的情况。通过参数分析发现，新引入的两个率相关指数随函数形式的改变，对计算结果影响不同。当函数为双曲正切时，随着率相关指数从 1 减小到 1/3，得到的计算结果表现出更强的率相关性；当函数为双曲余切时，随着率相关指数减小，计算结果反映出的率敏感性减小。但是，在较高应变率条件下，不同值之间的计算差距很小，可以忽略。

参 考 文 献

[1] BUSSO E P, KITANO M, KUMAZAWA T. A viscoplastic constitutive model for 60/40 tin-lead solder used in IC package joints[J]. Journal of Engineering Materials and Technology, 1992, 114(3): 331-337.

[2] RUSINEK A, ZAERA R, KLEPACZKO J R. Constitutive relations in 3-D for a wide range of strain rates and temperatures—Application to mild steels[J]. International Journal of Solids and Structures, 2007, 44(17): 5611-5634.

[3] YAO Y, HE X, KEER L M, et al. A continuum damage mechanics-based unified creep and plasticity model for solder materials[J]. Acta Materialia, 2015, 83:160-168.

[4] KLEPACZKO J. Physical-state variables—The key to constitutive modeling in dynamic plasticity[J]. Nuclear Engineering and Design, 1991, 127(1): 103-115.

[5] LEE W S, LIN C F. Impact properties and microstructure evolution of 304L stainless steel[J]. Materials Science and Engineering A, 2001, 308(1): 124-135.

[6] ABED F H, RANGANATHAN S I, SERRY M A. Constitutive modeling of nitrogen-alloyed austenitic stainless steel at low and high strain rates and temperatures[J]. Mechanics of Materials, 2014, 77:142-157.

[7] DONG Y, KANG G, YU C. A dislocation-based cyclic polycrystalline visco-plastic constitutive model for ratchetting of metals with face-centered cubic crystal structure[J]. Computational Materials Science, 2014, 91(2): 75-82.

[8] ZHANG Y, VOLINSKY A A, XU Q Q, et al. Deformation behavior and microstructure evolution of the Cu-2Ni-0.5Si-0.15Ag alloy during hot compression[J]. Metallurgical and Materials Transactions A, 2015, 46(12): 5871-5876.

[9] BERNSTEIN B, FONG J T. A nonequilibrium thermodynamic theory of viscoplastic materials[J]. Journal of Applied Physics, 1993, 74(4): 2220-2228.

[10] CHABOCHE J L. Thermodynamic formulation of constitutive equations and application to the viscoplasticity and viscoelasticity of metals and polymers[J]. International Journal of Solids and Structures, 1997, 34(18): 2239-2254.

[11] SCHEIDLER M, WRIGHT T W. A continuum framework for finite viscoplasticity[J]. International Journal of Plasticity, 2001, 17(8): 1033-1085.

[12] HELM D. Stress computation in finite thermoviscoplasticity[J]. International Journal of Plasticity, 2006, 22(9): 1699-1727.

[13] HALL R B. Combined thermodynamics approach for anisotropic, finite deformation overstress models of viscoplasticity[J]. International Journal of Engineering Science, 2008, 46(2): 119-130.

[14] SHUTOV A V, IHLEMANN J. A viscoplasticity model with an enhanced control of the yield surface distortion[J]. International Journal of Plasticity, 2012, 39(4): 152-167.

[15] MAYEUR J R, MCDOWELL D L. A three-dimensional crystal plasticity model for duplex Ti-6Al-4V[J]. International Journal of Plasticity, 2007, 23(9): 1457-1485.

[16] ZENG T, SHAO J F, XU W Y. Multiscale modeling of cohesive geomaterials with a polycrystalline approach[J]. Mechanics of Materials, 2014, 69(1): 132-145.

[17] GAN Y, SONG W, NING J, et al. An elastic-viscoplastic crystal plasticity modeling and strain hardening for plane strain deformation of pure magnesium[J]. Mechanics of Materials, 2016, 92:185- 197.

[18] KABIRIAN F, KHAN A S, PANDEY A. Negative to positive strain rate sensitivity in 5xxx series aluminum alloys: Experiment and constitutive modeling[J]. International Journal of Plasticity, 2014, 55:232-246.

[19] ANDRADE E N D. On the viscous flow in metals, and allied phenomena[J]. Physikalische Zeitschrift, 1910, 11: 709-15.

[20] NORTON F H. The Creep of Steel at High Temperatures[M]. New York: McGraw-Hill Book Company, Incorporated, 1929.
[21] ARGON A. Strengthening Mechanisms in Crystal Plasticity[M]. Oxford: Oxford University Press on Demand, 2008.
[22] HOKKA J, MATTILA T T, XU H, et al. Thermal cycling reliability of Sn-Ag-Cu solder interconnections—Part 2: Failure mechanisms[J]. Journal of Electronic Materials, 2013, 42(6): 963-972.
[23] LIN Y, CHEN X M, LIU G. A modified Johnson-Cook model for tensile behaviors of typical high-strength alloy steel[J]. Materials Science and Engineering A, 2010, 527(26): 6980-6986.
[24] BAI N, CHEN X. A new unified constitutive model with short- and long-range back stress for lead-free solders of Sn-3Ag-0.5Cu and Sn-0.7Cu[J]. International Journal of Plasticity, 2009, 25(11): 2181-2203.

第 10 章 纳米银损伤蠕变模型

目前，SnAg、SnAgCu(熔点为 210～220℃)等无铅焊料熔点低，导致工作温度范围相对窄，高温可靠性差。铅基等传统焊料的低熔点、环境不友好以及高温可靠性等问题导致铅基焊料在高温环境中的应用受阻，以往在电子器件中常用的重要金属材料铅(Pb)因对人体有害而被禁止使用。但是，由于目前没有合适的焊料替代物，一级封装中仍在使用含铅焊料。因此，寻找取代含铅焊料的高温无铅焊料问题亟待解决。作者团队近年来围绕纳米银材料力学性能展开深入研究，并取得一定成果[1-11]。

烧结纳米银作为新型高功率芯片封装材料，理论上可以达到 960℃的熔化温度，满足第三代半导体高温工作环境的要求，可有效地替代目前广泛使用的低熔点无铅焊料，这些焊料无法满足新能源汽车、航空等严酷的工作环境。纳米银浆通常由纳米级导电金属颗粒和有机溶剂组成，银颗粒形貌通常为片状或颗粒状。此外，一些研究中也会添加微米级银颗粒形成混合粒径的烧结银浆。由于银纳米颗粒粒径小，具有高表面能，因此可在相对熔点较低的温度下实现烧结，形成多孔的固体。选择烧结温度时要考虑溶剂的熔点，保证溶剂在烧结的过程中全部挥发和燃烧，形成 100%的 Ag 作为承载和传递电信号的媒介。随着有机溶剂的挥发，烧结形成的内部微观孔洞在一定程度上缓解了封装结构中材料热失配导致的内应力，但是也影响了封装结构的可靠性。

在保证烧结纳米银电学、热学的基础上，烧结纳米银的力学性能决定了封装结构可靠性。因此针对烧结纳米银的拉伸、剪切、疲劳和尺寸效应等力学性能的实验研究一直是封装领域的研究热点，相应的理论预测模型也得到了推进和发展。电子产品的跌落会导致烧结纳米银承受压缩破坏，正常工作中的电子器件封装组件的局部翘曲导致烧结纳米银长时间受压，同时蠕变诱发的裂纹加速了封装结构的破坏，蠕变成为电子组件破坏的主要威胁之一。

由于银纳米颗粒粒径小，具有高表面能，通过透射电子显微镜(TEM)拍摄的纳米银微观结构如图 10.1 所示，因此可在相对熔点较低的温度下实现烧结，形成多孔的固体。

烧结后的纳米银在微观上，内部的孔洞呈现多尺度分布，从孔径上区分，分为微米级别孔洞和亚微米级别孔洞，如图 10.2(a)、(b)和(c)所示。在微米级别孔洞内部，由于烧结时的孔隙压力形成了裂纹，在后续加载中诱发孔洞坍塌。亚微米

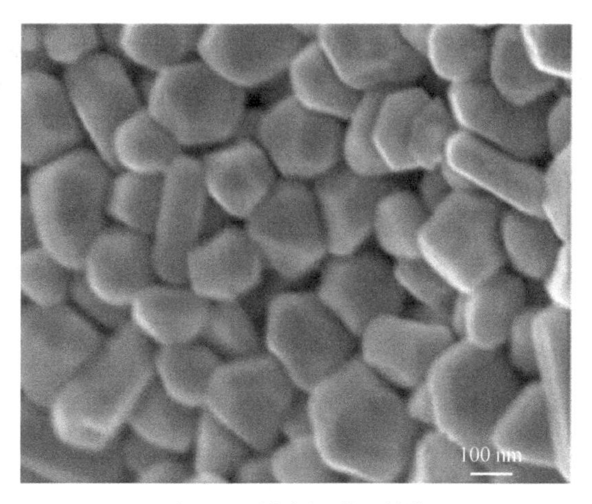

图 10.1　纳米银微观结构

级别孔洞通常存在于微米级孔洞的孔壁上，由烧结颈作为孔洞的支撑，如图 10.2(c)所示。在压缩破坏前，烧结纳米银的微观形貌完整，孔洞清晰可辨。经过压缩破坏后，微米级别孔洞内部裂纹继续扩张、发育(图 10.2(e))导致微米级别孔洞坍塌(图 10.2(d))。压缩破坏后，烧结纳米银内部的微观结构破坏，烧结颈断裂，失去支撑结构后各个尺度的孔洞发生闭合，如图 10.2(f)所示。

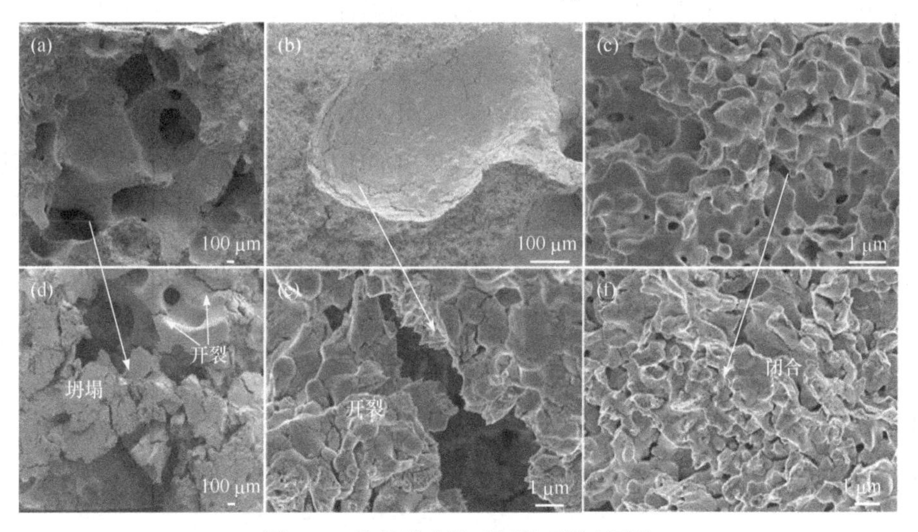

图 10.2　烧结纳米银破坏前后微观图像

(a)、(b)和(c)是烧结纳米银未压缩的微观形貌；(d)、(e)和(f)是烧结纳米银压缩破坏后的微观形貌

对于多孔介质材料，由于孔洞的演化，静水压力对塑性性能的作用不能忽略。在此基础上，Gurson[12]建立了一个考虑孔洞演化的本构模型，Tvergaard[13-14]在 Gurson 模型中引入了三个修正参数，进一步提高了模型的预测精度，

Tvergaard 和 Needleman[15]考虑了孔洞聚合对材料性能的影响，将孔洞体积分数划分为一个分段函数,该函数通常被称为 Gurson-Tvergaard-Needleman(GTN)模型。GTN 模型为分析多孔介质材料的弹塑性行为提供了一种细观物理方法，可以更好地描述微孔洞演化对材料变形行为的影响。损伤与孔洞演化相关，孔洞演化定义了具有明确物理意义的损伤演化。Gurson 模型及其扩展模型在模拟含孔介质方面具有良好的通用性，相关学者已将其扩展应用于混凝土、岩石等领域[16-19]。GTN 模型虽然可以分析多孔材料屈服面的演化，但不能直接描述材料的黏塑性力学性能。因此，在本章研究中，结合 UCP 模型和 GTN 模型提出了一种用于描述烧结纳米银压缩力学性能的修正统一蠕变塑性本构模型。基于黏塑性本构理论，利用 GTN 模型的屈服势函数计算了烧结纳米银的黏性过应力。

10.1 本构理论框架

10.1.1 黏塑性本构模型

与其他封装焊接材料相似，烧结纳米银具有明显的黏塑性性能，因此采用统一黏塑性本构模型框架[20]。总的应变率 $\dot{\varepsilon}$ 分为弹性应变率 $\dot{\varepsilon}^{\mathrm{e}}$ 和非弹性应变率 $\dot{\varepsilon}^{\mathrm{in}}$ 两部分：

$$\dot{\varepsilon} = \dot{\varepsilon}^{\mathrm{e}} + \dot{\varepsilon}^{\mathrm{in}} \tag{10.1}$$

非弹性应变可以通过 McDowell 等[19]提出的流动法则来计算。McDowell 等提出了一个唯象统一蠕变模型来描述温度与率相关金属合金的变形计算公式，其中黏塑性流动法则如下：

$$\dot{\varepsilon}^{\mathrm{in}} = \sqrt{\frac{3}{2}} A\left(\frac{\langle S_v \rangle}{d}\right)^n \exp\left(B\left(\frac{\langle S_v \rangle}{d}\right)^{n+1}\right)\theta N \tag{10.2}$$

式中，A、B 和 n 为材料参数；S_v 为过应力；d 为拖拽强度；θ 为扩散参数；N 为应变率方向；$\langle\ \rangle$ 为 Macauley 计算符号，$\langle x \rangle = \dfrac{x+|x|}{2}$。

对于 $T \leqslant T_{\mathrm{m}}/2$，扩散参数 θ 被定义为

$$\theta = \exp\left(-\frac{2Q}{R_{\mathrm{G}}T}\left(\ln\left(\frac{T_{\mathrm{m}}}{2T}\right)+1\right)\right) \tag{10.3}$$

对于 $T > T_{\mathrm{m}}/2$，扩散参数 θ 被定义为

$$\theta = \exp\left(-\frac{Q}{R_G T}\right) \tag{10.4}$$

式中，Q 为激活能；R_G 为统一气体常数；T 为热力学温度；T_m 为熔点温度。

应变率方向为

$$N = \frac{\boldsymbol{S}}{\|\boldsymbol{S}\|} \tag{10.5}$$

式中，应力偏张量 $\boldsymbol{S}$ 为

$$\boldsymbol{S} = \sigma - \frac{1}{3}\mathrm{tr}(\sigma) \tag{10.6}$$

应力张量的变化率 $\dot{\sigma}$ 为

$$\dot{\sigma} = (1-D)C(T):(\dot{\varepsilon} - \dot{\varepsilon}^{\mathrm{in}}) \tag{10.7}$$

式中，D 为各向同性损伤参数。

考虑损伤后，Mises 过应力为

$$S_v = \frac{3}{2}\frac{1}{1-D}S - R \tag{10.8}$$

式中，R 为屈服强度。

10.1.2 GTN 本构模型

静水压力 q_i 对多孔材料的影响不容忽视，会导致局部屈服从而孔洞增长，由于式(10.8)忽略了净水压力的影响，因此它并不适用于具有多孔微观结构的烧结纳米银的本构分析。Gurson 根据连续介质中包含球孔洞推导出含孔材料的本构模型[12]。GTN 模型的屈服面方程为[15]

$$\varPhi = \left(\frac{\sigma_{\mathrm{eq}}}{\sigma_{\mathrm{y}}}\right)^2 + 2q_1 f \cos h\left(\frac{3}{2}\frac{q_2\sigma_{\mathrm{m}}}{\sigma_{\mathrm{y}}}\right) - \left(1 + q_3 f^2\right) \tag{10.9}$$

式中，σ_{eq} 为等效 Mises 应力，可通过式(10.10)计算：

$$\sigma_{\mathrm{eq}} = \left(\frac{3}{2}S_{ij}S_{ij}\right)^{\frac{1}{2}} \tag{10.10}$$

式中，S_{ij} 为应力偏张量，$S_{ij} = \sigma_{ij} - \frac{1}{3}\sigma_{kk}$。

静水压力 σ_{m} 为

$$\sigma_{\mathrm{m}}=\frac{1}{3}\sigma_{kk} \tag{10.11}$$

Tvergaard 和 Needleman 提出了分段形式的孔洞体积分数计算公式[15]：

$$f^{*}(f)=\begin{cases}f, & \forall f\leqslant f_{\mathrm{c}}\\ f_{\mathrm{c}}+\dfrac{q_{1}^{-1}-f_{\mathrm{c}}}{f_{\mathrm{F}}-f_{\mathrm{c}}}(f-f_{\mathrm{c}}), & \forall f>f_{\mathrm{c}}\end{cases} \tag{10.12}$$

式中，f_{c} 为孔洞体积分数的临界值；f_{F} 为材料强度完全丧失时的孔洞体积分数。

孔洞的改变主要来源于孔洞体积的增长 $\dot{f}_{\mathrm{growth}}$ 以及新孔洞的萌生 $\dot{f}_{\mathrm{nucleation}}$。因此，孔洞体积分数演化方程为

$$\dot{f}=\dot{f}_{\mathrm{growth}}+\dot{f}_{\mathrm{nucleation}} \tag{10.13}$$

孔洞体积分数增长率为

$$\dot{f}_{\mathrm{growth}}=(1-f)\dot{\varepsilon}_{ii}^{\mathrm{p}} \tag{10.14}$$

式中，$\dot{\varepsilon}_{ii}^{\mathrm{p}}$ 为应变球张量。

通过统计方法得到孔洞萌生法则为

$$\dot{f}_{\mathrm{nucleation}}=\frac{f_{\mathrm{N}}}{s_{\mathrm{N}}\sqrt{2\pi}}\exp\left[-\frac{1}{2}\left(\frac{\bar{\varepsilon}_{\mathrm{vm}}^{\mathrm{p}}-\varepsilon_{\mathrm{N}}}{s_{\mathrm{N}}}\right)^{2}\right]\dot{\bar{\varepsilon}}_{\mathrm{vm}}^{\mathrm{p}} \tag{10.15}$$

式中，$\dot{\bar{\varepsilon}}_{\mathrm{vm}}^{\mathrm{p}}$ 为基体材料等效塑性应变率；$\bar{\varepsilon}_{\mathrm{vm}}^{\mathrm{p}}$ 为基体材料等效塑性应变；f_{N} 为孔洞萌生的极限体积分数；s_{N} 为孔洞萌生的标准差；ε_{N} 为孔洞萌生时的平均应变。

整理得到式(10.16)：

$$\varPhi=\frac{\sigma_{\mathrm{eq}}^{2}}{\left(1+q_{3}f^{2}\right)-2q_{1}f\cosh\left(\dfrac{3}{2}\dfrac{q_{2}\sigma_{\mathrm{m}}}{\sigma_{\mathrm{y}}}\right)}-\sigma_{\mathrm{y}}^{2} \tag{10.16}$$

对照式(10.8)，在本章中，烧结纳米银多孔材料的过应力可以被定义为

$$S_{v}=\sqrt{\frac{\sigma_{\mathrm{eq}}^{2}}{\left(1+q_{3}f^{2}\right)-2q_{1}f\cosh\left(\dfrac{3}{2}\dfrac{q_{2}\sigma_{\mathrm{m}}}{\sigma_{\mathrm{y}}}\right)}-\sigma_{\mathrm{y}}^{2}} \tag{10.17}$$

此时，根据有效应力概念得到多孔材料的损伤演化过程可以被定义为

$$D_t = 1 - \sqrt{\left(1 + q_3 f^2\right) - 2q_1 f \cosh\left(\frac{3}{2}\frac{q_2 \sigma_{\mathrm{m}}}{\sigma_{\mathrm{y}}}\right)} \tag{10.18}$$

通过式(10.18)将烧结纳米银的损伤演化与孔洞体积分数建立了关系。GTN 模型从微观缺陷出发建立了屈服方程用于模拟材料的延性损伤和断裂。但是，在其应用上仍有缺陷。例如，由于原始的 GTN 模型不包含剪切效应，不能预测低三轴度情况。同时，GTN 模型不能用于模拟材料的黏塑性行为。此外，GTN 模型的建立需要较多的微观参数，对其实际应用产生了阻碍作用。

10.2　Bonora 损伤及模拟

10.2.1　损伤与孔洞体积分数的转化

连续介质力学中的损伤用来表示材料刚度的衰退[21]。如图 10.3 所示，在各向同性假设下，微观缺陷的分布在所有方向上具有一致性，损伤变量为不依赖方向 $\vec{n}$ 的标量。参考 RVE 的横截面面积为 S，微观孔洞和微观缺陷导致的损伤面积为 S_D，因此 Kachanov[22]提出损伤变量 D：

$$D = \frac{S_D}{S} \tag{10.19}$$

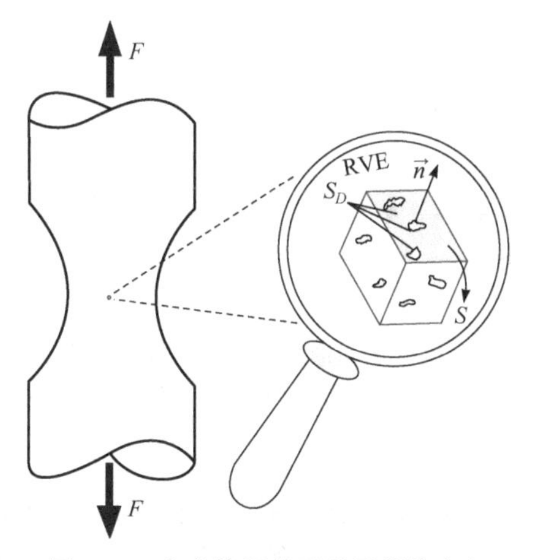

图 10.3　参考体积单元以及损伤定义

通过式(10.19)得到的损伤实际为面损伤，而式(10.17)和式(10.18)所需要的参数为孔洞体积分数，因此需要将式(10.19)与孔洞体积分数建立关系。烧结纳米银内部孔洞的形状具有一定的随机性，一类孔洞呈球状，另一类孔洞呈不规则形状，纳米孔洞横截面呈椭圆形。在受力过程中，孔洞形状变化与受力相关，为不规则形状。图 10.4 所示，将材料内部微观孔洞、裂纹等缺陷的等效为代表性体积单元(RVE)内部的孔洞。通常，不同材料内部损伤形状具有差异性，本章按照沿代表性体积单元剖面(RVA)的孔洞形状，将损伤的形状分别等效为球孔洞和正方体孔洞对式(10.19)与孔洞体积分数之间的关系进行推导。

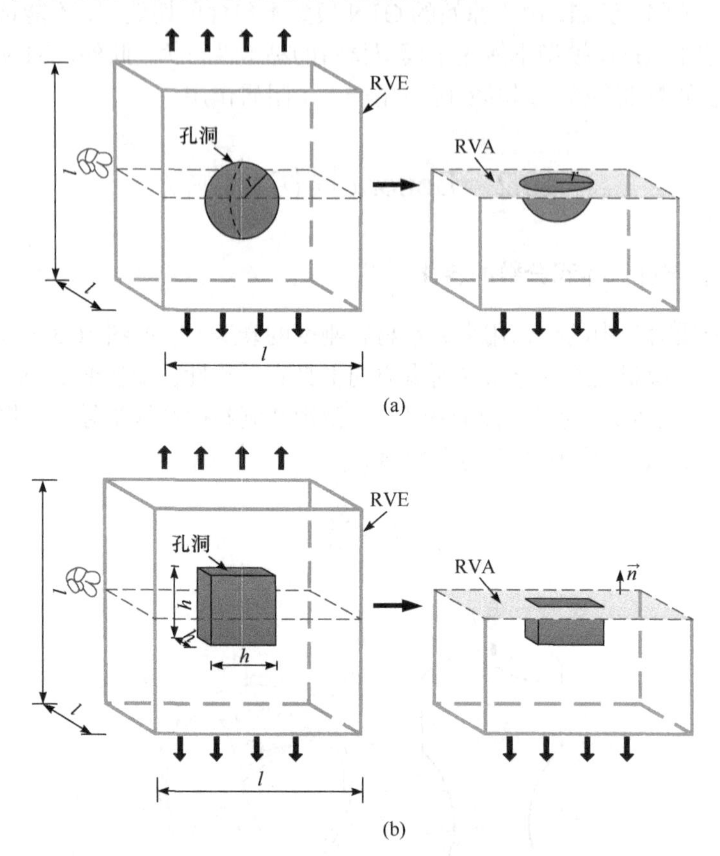

图 10.4　不同形状等效形式损伤示意图

(a) 球孔洞；(b) 正方体孔洞

1) 等效球孔洞

假设参考体积单元内部的孔洞为球状，如图 10.4(a)所示。其中，参考体积单元取为边长为 l 的正方体，等效球孔洞的半径为 r 。参考体积单元的截面积为

$$S_{\mathrm{v}} = l^2 \tag{10.20}$$

参考体积单元的体积为

$$V_{\mathrm{v}} = l^3 \tag{10.21}$$

等效球孔洞的截面积为

$$S_{\mathrm{s}}=\pi r^{2} \tag{10.22}$$

等效球孔洞的体积为

$$V_{\mathrm{s}}=\frac{4}{3}\pi r^{3} \tag{10.23}$$

因此，参考体积单元内部等效球孔洞所占的孔洞体积分数 f 为

$$f=\frac{V_{\mathrm{s}}}{V_{\mathrm{v}}}=\frac{\frac{4}{3}\pi r^{3}}{l^{3}} \tag{10.24}$$

根据式(10.19)，由等效球孔洞控制的损伤变量计算公式为

$$D=\frac{S_{\mathrm{s}}}{S_{\mathrm{v}}}=\frac{\pi r^{2}}{l^{2}} \tag{10.25}$$

根据式(10.24)、式(10.25)分别推导出等效球孔洞的半径 r 和参考体积单元边长 l 的关系为

$$\frac{r}{l}=\sqrt[3]{\frac{3f}{4\pi}} \tag{10.26}$$

$$\frac{r}{l}=\sqrt{\frac{D}{\pi}} \tag{10.27}$$

联立式(10.26)、式(10.27)，可得缺陷为等效球孔洞时孔洞体积分数 f 与面损伤变量 D 的关系：

$$f=\frac{4}{3\sqrt{\pi}}(\sqrt{D})^{3} \tag{10.28}$$

2) 等效正方体孔洞

将材料内部的缺陷假设为等效正方体孔洞，如图 10.4(b)所示。参考体积单元的边长取为 l，等效正方体孔洞边长为 h。

等效正方体孔洞的截面积为

$$S_{\mathrm{c}}=h^{2} \tag{10.29}$$

等效正方体孔洞的体积为

$$V_{\mathrm{c}}=h^{3} \tag{10.30}$$

结合式(10.21)，参考体积单元内等效正方体孔洞体积分数 f 为

$$f=\frac{V_{\mathrm{c}}}{V_{\mathrm{v}}}=\frac{h^{3}}{l^{3}} \tag{10.31}$$

此时，由等效正方体孔洞控制的面损伤变量根据式(10.19)计算：

$$D = \frac{S_c}{S_v} = \frac{h^2}{l^2} \tag{10.32}$$

根据式(10.31)、式(10.32)分别推导出等效正方体孔洞边长 h 和参考体积单元边长 l 的关系为

$$\frac{r}{l} = \sqrt[3]{f} \tag{10.33}$$

$$\frac{r}{l} = \sqrt{D} \tag{10.34}$$

联立式(10.33)、式(10.34)，可得缺陷为等效正方体孔洞时孔洞体积分数与损伤的关系：

$$f = \left(\sqrt{D}\right)^3 \tag{10.35}$$

本章中，分别将烧结纳米银中的孔洞等效为球和正方体，推导出面损伤和孔洞体积分数之间的关系，从式(10.28)、式(10.35)可知，面损伤和孔洞体积分数之间的关系与材料内部微观缺陷的等效形式有关，面损伤与孔洞体积分数之间的关系可以被定义为

$$f = \kappa D^{\eta} \tag{10.36}$$

式中，κ、η 为与缺陷形状相关的参数，当缺陷为球状时 $\eta = 3/2$，$\kappa = \frac{4}{4}\pi^{-(1/2)}$；当缺陷为正方体时 $\eta = 3/2$，$\kappa = 1$。

10.2.2 Bonora 损伤模型

在热力学的框架内，材料的本构方程可以通过状态变量得到，状态势 ψ、内变量 x_i 和内部相关变量 y_i 的关系被定义为

$$y_i = \frac{\partial \rho \psi}{\partial x_i} \tag{10.37}$$

式中，ρ 为材料密度。

通常地，亥姆霍兹自由能被选作状态势，是温度和其他变量的标量方程。损伤仅通过有效应力引入，弹性和塑性解耦即可得到：

$$\psi = \psi_e\left(\varepsilon_{ij}^e, T, D\right) + \psi_p\left(T, r, \chi\right) \tag{10.38}$$

式中，T 为温度；r 为硬化变量；χ 为随动硬化。

损伤应变能释放率 Y 为

$$Y=\rho\frac{\partial\psi_{\mathrm{e}}}{\partial D}=-\frac{\sigma_{\mathrm{eq}}^{2}}{2E(1-D)^{2}}f\left(\frac{\sigma_{\mathrm{m}}}{\sigma_{\mathrm{eq}}}\right)\tag{10.39}$$

其中，

$$f\left(\frac{\sigma_{\mathrm{m}}}{\sigma_{\mathrm{eq}}}\right)=\frac{2}{3}(1+\nu)+3(1-2\nu)\left(\frac{\sigma_{\mathrm{m}}}{\sigma_{\mathrm{eq}}}\right)^{2}\tag{10.40}$$

式中，ν 为泊松比。

通过损伤耗散势能 F_D，可以得到损伤演化法则：

$$\dot{D}=-\dot{\lambda}\frac{\partial F_{D}}{\partial Y}\tag{10.41}$$

式中，$\dot{\lambda}$ 为塑性乘子。

Bonora 提出一个损伤扩散势能方程，后被进一步修正，用于焊料等金属材料的本构模拟。在本章中，损伤耗散势能取为

$$F_{D}=\left[\frac{1}{2}\left(-\frac{Y}{s_{0}}\right)^{2}\frac{s_{0}}{1-D}\right]\frac{(D_{\mathrm{cr}}-D)^{\alpha-1/\alpha}}{p^{2+n/n}}\tag{10.42}$$

式中，s_0 为材料参数；D_{cr} 为临界损伤；α 为损伤指数，采用不同的损伤指数可以描述不同的损伤形式；p 为累积等效塑性应变。

对损伤耗散势能 F_D 求解关于损伤应变能释放率 Y 的偏微分：

$$\frac{\partial F_{D}}{\partial Y}=\frac{Y\left(D_{\mathrm{cr}}-D\right)^{\alpha-1/\alpha}}{S_{0}p^{2+n/n}(1-D)}\tag{10.43}$$

将式(10.39)代入式(10.43)，得到

$$\frac{\partial F_{D}}{\partial Y}=-\frac{\sigma_{\mathrm{eq}}^{2}}{2E(1-D)^{2}}f\left(\frac{\sigma_{\mathrm{m}}}{\sigma_{\mathrm{eq}}}\right)\frac{(D_{\mathrm{cr}}-D)^{\alpha-1/\alpha}}{S_{0}p^{2+n/n}(1-D)}\tag{10.44}$$

对于塑性材料，等效 Mises 应力与累积塑性应变满足 Ramberg-Osgood 幂律公式：

$$\frac{\sigma_{\mathrm{eq}}^{2}}{1-D}=Kp^{1/n}\tag{10.45}$$

式中，K 为材料常数。

将式(10.44)、式(10.45)代入式(10.41)，得到

$$\dot{D}=\frac{K^{2}}{2ES_{0}}(D_{\mathrm{cr}}-D)^{\alpha-1/\alpha}f\left(\frac{\sigma_{\mathrm{m}}}{\sigma_{\mathrm{eq}}}\right)\frac{\dot{p}}{p}\tag{10.46}$$

其中，

$$\dot{\lambda}=\dot{p}(1-D) \tag{10.47}$$

累积塑性应变率为

$$\dot{p}=\left(\frac{2}{3}\dot{\varepsilon}^{\text{in}}\dot{\varepsilon}^{\text{in}}\right)^{\frac{1}{2}} \tag{10.48}$$

当累积塑性应变达到门槛值，损伤开始萌生。当累积塑性应变达到临界值，损伤达到临界值。对式(10.46)进行积分、整理，得到单轴下损伤演化公式：

$$D=D_0+(D_{\text{cr}}-D_0)\left\{1-\left[1-\frac{\ln(\varepsilon/\varepsilon_{\text{th}})}{\ln(\varepsilon_{\text{cr}}/\varepsilon_{\text{th}})}\right]^{\alpha}\right\} \tag{10.49}$$

式(10.49)通过应变和损伤指数 α 控制损伤的演化，当损伤指数取不同值时可分别描述由孔洞萌生、孔洞增长或两者兼具的损伤演化机制。将式(10.36)、式(10.49)代入式(10.18)，即可得到烧结纳米银压缩损伤演化公式。

10.2.3　压缩力学性能模拟

将等效球孔洞和等效正方体孔洞结合 Bonora 损伤推导孔洞演化方程耦合到黏塑性本构方程中，对烧结纳米银压缩应力-应变曲线进行预测，不同加载率下烧结纳米银室温压缩应力-应变实验数据与有限元结果对比以及有限元模拟的损伤结果如图 10.5 所示。在确定损伤参数时，弹性模量、屈服强度等参数考虑了烧结纳米银材料内部初始孔洞的影响，因此在本构模型中不再重复考虑初始孔洞的影响。从图 10.5 可知，黏塑性本构框架耦合损伤后能较好地预测烧结纳米银室温压缩工况下压缩应力随着压缩应变增加而减小的阶段。

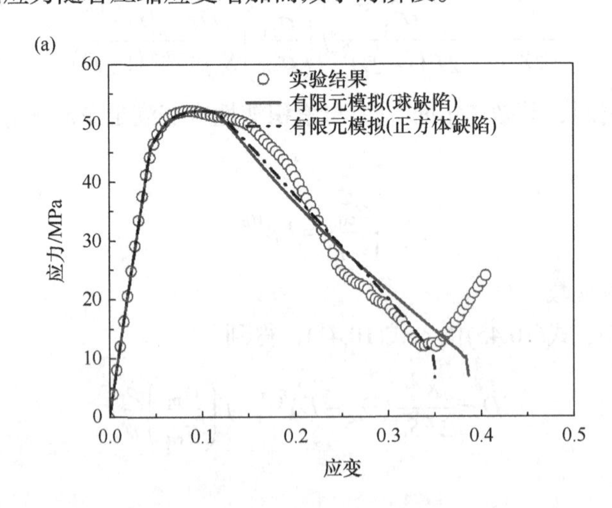

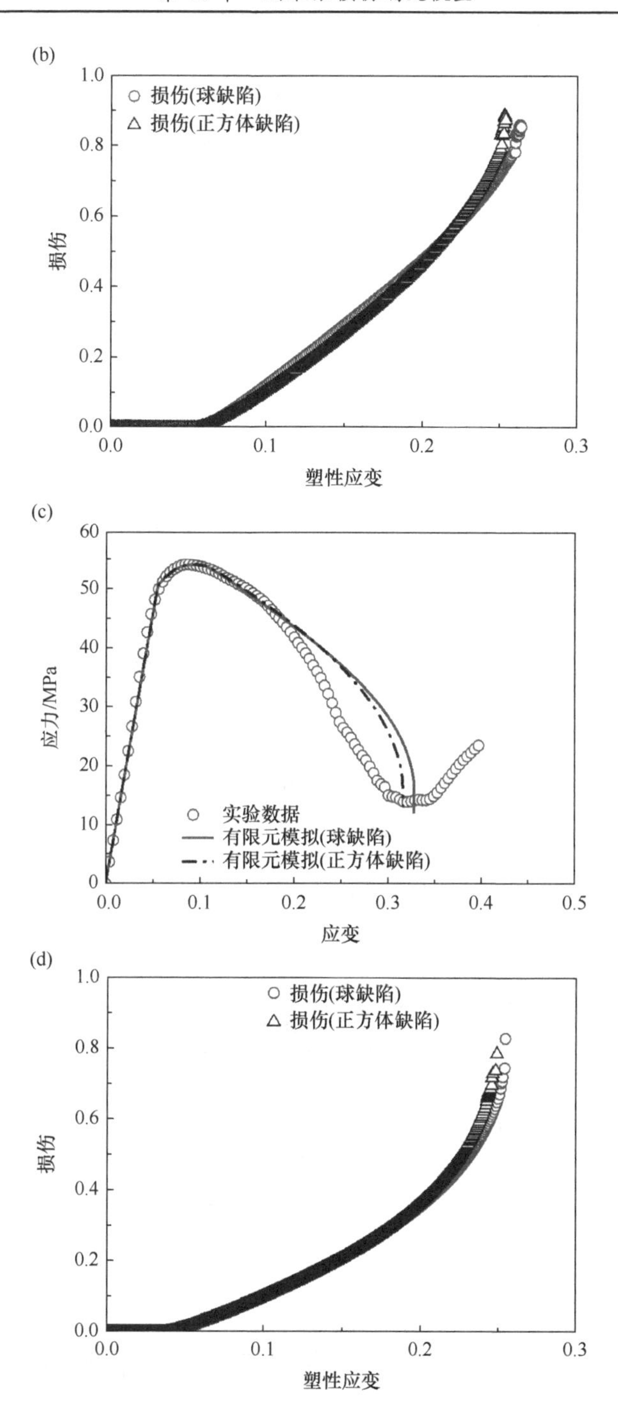
(b)
1.0
0.8
0.6
0.4
0.2
0.0
损伤
○ 损伤(球缺陷)
△ 损伤(正方体缺陷)
0.0
0.1
0.2
0.3
塑性应变
(c)
60
50
40
30
20
10
0
应力/MPa
○ 实验数据
有限元模拟(球缺陷)
有限元模拟(正方体缺陷)
0.0
0.1
0.2
0.3
0.4
0.5
应变
(d)
1.0
0.8
0.6
0.4
0.2
0.0
损伤
○ 损伤(球缺陷)
△ 损伤(正方体缺陷)
0.0
0.1
0.2
0.3
塑性应变

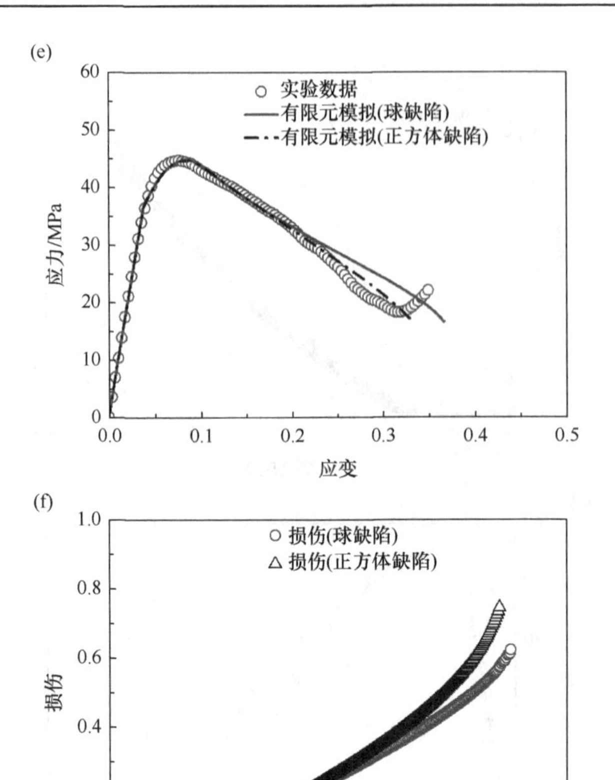
(e)
实验数据
有限元模拟(球缺陷)
有限元模拟(正方体缺陷)
应力/MPa
应变
0
10
20
30
40
50
60
0.0
0.1
0.2
0.3
0.4
0.5
(f)
损伤(球缺陷)
损伤(正方体缺陷)
损伤
塑性应变
0.0
0.2
0.4
0.6
0.8
1.0
0.0
0.1
0.2
0.3

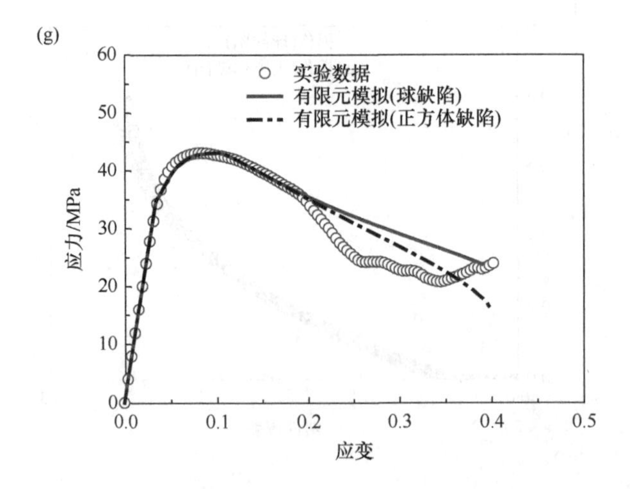
(g)
实验数据
有限元模拟(球缺陷)
有限元模拟(正方体缺陷)
应力/MPa
应变
0
10
20
30
40
50
60
0.0
0.1
0.2
0.3
0.4
0.5

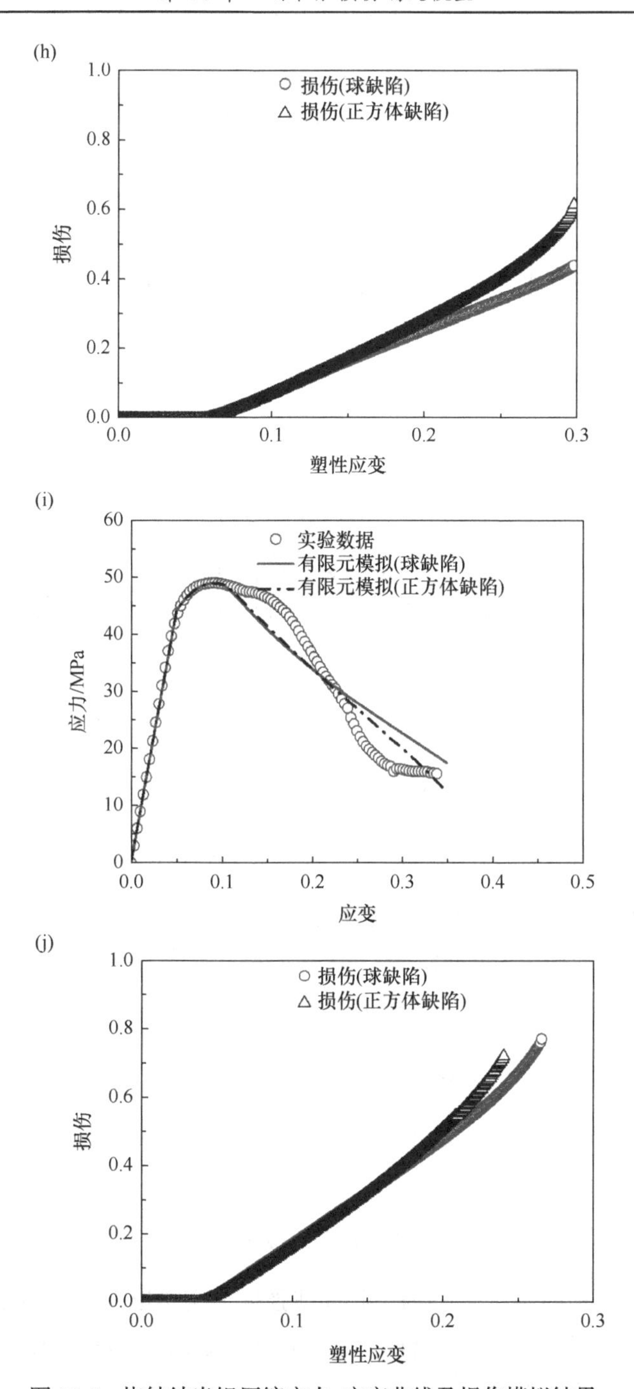

图 10.5　烧结纳米银压缩应力-应变曲线及损伤模拟结果

(a)、(c)、(e)、(g)、(i)分别为加载率 $1\times10^{-1}s^{-1}$、$5\times10^{-2}s^{-1}$、$1\times10^{-3}s^{-1}$、$1\times10^{-4}s^{-1}$、$1\times10^{-2}s^{-1}$ 的烧结纳米银压缩应力-应变曲线；(b)、(d)、(f)、(h)、(j)分别为加载率 $1\times10^{-1}s^{-1}$、$5\times10^{-2}s^{-1}$、$1\times10^{-3}s^{-1}$、$1\times10^{-4}s^{-1}$、$1\times10^{-2}s^{-1}$ 的烧结纳米银压缩损伤演化

10.3 Weibull 分布损伤

烧结纳米银的微观结构呈现多孔特性。在微观上，烧结颈作为承载体系的支撑结构。因此，从力学角度将烧结颈等效为离散的微小单元，每个单元的失效概率不同，且整体服从韦布尔(Weibull)分布[23-24]。Weibull 分布的概率密度为

$$f(x)=\frac{k}{\lambda}\left(\frac{x}{\lambda}\right)^{k-1}\mathrm{e}^{-(x/\lambda)^k} \tag{10.50}$$

Weibull 分布的累计分布为

$$F(x)=1-\mathrm{e}^{-(x/\lambda)^k} \tag{10.51}$$

式中，x 为变量；k 为 Weibull 模量；λ 为特征参数。

Weibull 分布相关的损伤形式已被提出并用于不同材料的损伤分析。其中，单轴受力状态下，可以将微单元的失效概率定义为[25-26]

$$f(x)=\mu\theta(\varepsilon-\varepsilon_0)^{\mu-1}\exp\left(-\theta(\varepsilon-\varepsilon_0)^{\mu}\right) \tag{10.52}$$

则与 Weibull 分布类似的概率分布函数为

$$F(x)=1-\exp\left(-\theta(\varepsilon-\varepsilon_0)^{\mu}\right) \tag{10.53}$$

烧结纳米银微观呈现三维网状结构，烧结颈作为烧结纳米银体系的承载结构，每个烧结颈等效为一个微单元，每个微单元的失效均会导致烧结纳米银内部承载体系的破坏。因此，在本节中将损伤定义为

$$D=1-\exp\left(-\theta\left(|\varepsilon|-|\varepsilon_0|\right)^{\mu}\right) \tag{10.54}$$

将式(10.54)代入上述的黏塑性本构框架即可得到烧结纳米银的损伤本构模型。在本章中将拖拽强度定义为

$$d=d_0+d_k\left(1-\exp(-bp)\right) \tag{10.55}$$

式中，d_0 为初始拖拽强度；d_k 为饱和拖拽强度与初始拖拽强度的差值；b 为拟合参数，这些参数可以通过拟合烧结纳米银应力-应变曲线的非损伤段进行确定。

对式(10.54)进行求导，得

$$D=\theta\mu\dot{\varepsilon}\exp\left(-\theta\left(|\varepsilon|-|\varepsilon_0|\right)^{\mu}\right)\left(|\varepsilon|-|\varepsilon_0|\right)^{\mu-1} \tag{10.56}$$

通过式(10.56)可知，损伤增长速率的非线性程度主要受到参数θ和μ及应变ε取值范围的影响。对于普通金属，真实应变通常小于 1，但是对于高延性金属，真实压缩应变可能大于 1。对于传统金属，损伤演化的运动法则由参数θ和μ控制，实现了对金属塑性变形中微观孔洞萌生、生长和聚合等不同过程的表征。通过调控参数θ和μ的取值，实现了微观缺陷不同演化机制主导的 3 种损伤形式，如图 10.6 所示。与文献中相似，Type 1 损伤由已有孔洞的增长控制，Type 3 损伤由新萌生孔洞控制，Type 2 损伤由孔洞的增长和形核共同控制。

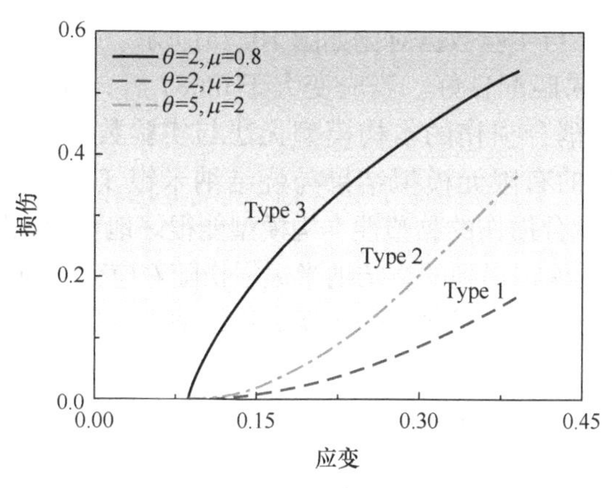

图 10.6　损伤形式与参数分析

不包含损伤的黏塑性本构模型中的参数A和拖拽强度相关的参数需要通过拟合烧结纳米银的非损伤段进行确定，非损伤段为$(0,\varepsilon_0)$。为了确定 Weibull 损伤中的参数θ和μ，通过损伤耦合黏塑性本构模型，对烧结纳米银压缩阶段的应力-应变曲线进行模拟。烧结纳米银黏塑性本构模型参数与损伤参数如表 10.1 所示。

表 10.1　烧结纳米银黏塑性本构模型参数与损伤参数

A	d_0	d_k	b	θ	μ
2.0×10^9	33	14	8	5	1.5

临界损伤定义为

$$D_{\mathrm{cr}}=1-\frac{\sigma_{\min}^{\mathrm{E}}}{\sigma_{\max}^{\mathrm{F}}} \tag{10.57}$$

式中，$\sigma_{\min}^{\mathrm{E}}$为实验应力-应变曲线损伤段的最小应力；$\sigma_{\max}^{\mathrm{F}}$为有限元模拟的不包含损伤的应力-应变曲线的最大应力。

10.4　模拟结果与讨论

使用不包含损伤的本构模型，不包含损伤的黏塑性本构模型中非弹性应变公式可通过式(10.2)简化为

$$\dot{\varepsilon}^{\text{in}} = \sqrt{\frac{3}{2}}\frac{S_v^n}{d}N \tag{10.58}$$

有限元模拟结果与实验数据对比如图 10.7(a)所示。应变在 0～0.087，有限元模拟结果与实验结果匹配良好。当应变大于 0.087 后，烧结纳米银实验出现了明显的损伤。没有耦合损伤的本构模型无法与实验数据相互匹配。使用耦合损伤的黏塑性本构的有限元模拟结果与烧结纳米银实验数据进行对比，结果如图 10.7(b)所示。耦合损伤的黏塑性本构模型能很好地预测烧结纳米银的应力损伤阶段。通过有限元模拟得到的烧结纳米银损伤随着应变的演化关系如图 10.7(c)所示。与图 10.6 对比可知，该加载条件下，烧结纳米银的损伤为 Type 2 形式。损

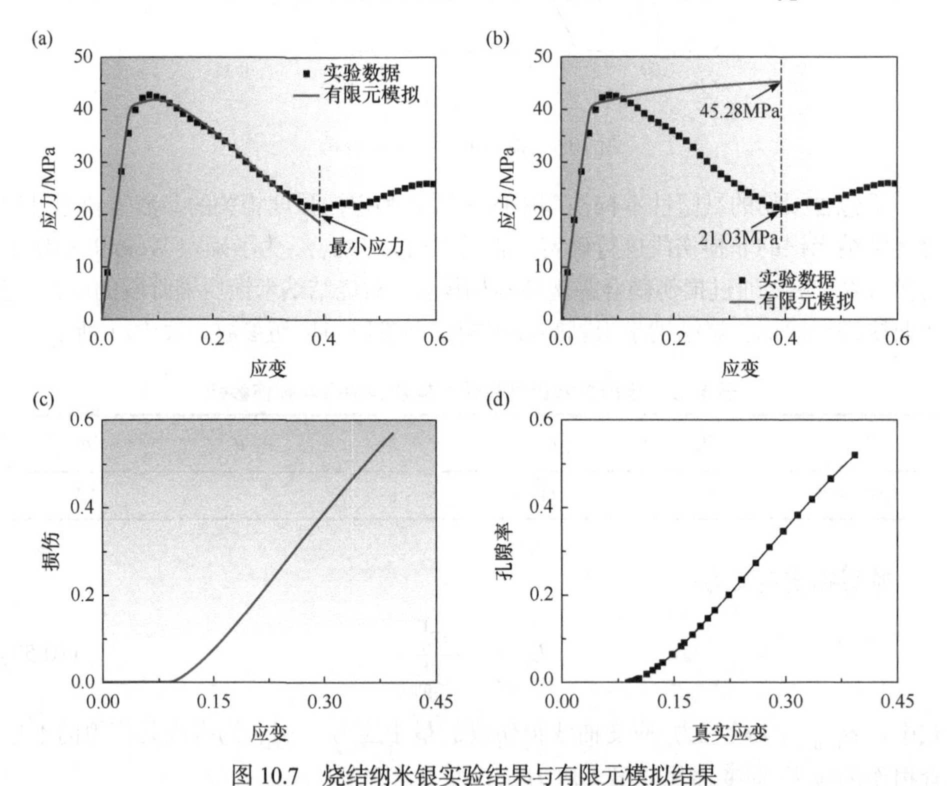

图 10.7　烧结纳米银实验结果与有限元模拟结果

(a) 无损伤的烧结纳米银应力-应变曲线；(b) 包含损伤的烧结纳米银应力-应变曲线；(c) 损伤；(d) 孔隙率

伤同时受到萌生孔洞和孔洞增量两部分影响。由图 10.7(a)可知，通过不包含损伤的本构模型预测的烧结纳米银最大应变下对应的未损伤应力为 45.28MPa，通过实验数据得到最大应变为 0.393。通过平均实验应力-应变曲线得到的最小应力为 21.03MPa。因此，根据式(10.57)可得临界损伤为 0.536。通过本构模型模拟得到的临界损伤为 0.571，有限元模拟结果与实验结果相差 6.5%，表明两者拟合良好，均在可接受的范围内。

10.5　本 章 小 结

对于烧结纳米银在封装中的应用，实验研究能提供有效数据，揭示失效机理，推动相应理论的发展。对于由烧结纳米银制备的封装结构数值模拟，烧结纳米银的本构模型是必不可少的，也是其数值模拟结果可靠性的决定性因素。因此，本构模型对准确表达烧结纳米银的压缩应力-应变及损伤演化至关重要。由于烧结纳米银的特殊微观形貌，在传统焊料本构直接应用于烧结纳米银分析存在争议的情况下，以及目前针对烧结纳米银压缩本构鲜有相关报道的前提下，本章使用统一黏塑性本构模型表征烧结纳米银的黏塑性行为，通过修正 Gurson 模型推导包含孔洞影响的损伤以及引入静水压力对黏塑性变形的影响，将烧结纳米银内部的孔洞等效为球孔洞和正方体孔洞推导出面损伤和孔洞体积分数的关系，结合 Bonora 提出的损伤模型表征烧结纳米银受压过程中内部孔洞的演化，本章建立了一套专用于烧结纳米银压缩的黏塑性本构模型。

结合烧结纳米银室温压缩实验数据，使用本章提出的黏塑性本构对烧结纳米银压缩力学性能进行理论预测。与实验结果对比发现，由等效球孔洞和等效正方体孔洞推导的损伤耦合的黏塑性模型均能预测出烧结纳米银的压缩应力-应变趋势。相对而言，由于烧结纳米银在压缩过程中孔洞演化是不规则的，因此等效正方体孔洞推导的损伤结合黏塑性本构模型预测结果与实验数据更匹配。

参 考 文 献

[1] YAO Y, GONG H. Damage and viscoplastic behavior of sintered nano-silver joints under shear loading[J]. Engineering Fracture Mechanics, 2019, 222:106741.

[2] GONG H, CHEN C, YAO Y. A void evolution-based damage model for ductile fracture of metallic materials[J]. Journal of Micromechanics and Molecular Physics, 2019, 4(4): 1950008.

[3] WANG S, KIRCHLECHNER C, KEER L, et al. Interfacial fracture toughness of sintered hybrid silver interconnects[J]. Journal of Materials Science, 2020, 55: 2891-2904.

[4] GONG H, YAO Y, ZHAO F. Corrosion effects on sintered nano-silver joints and the secondary biological hazards[J]. Journal of Materials Science: Materials in Electronics, 2020, 31: 7649-7662.

[5] GONG H, YAO Y, YANG Y. Size effect on the fracture of sintered porous nano-silver joints:

Experiments and Weibull analysis[J]. Journal of Alloys and Compounds, 2021, 863: 158611.
[6] HE X, LIU L, LI B, et al. Micromechanical modeling of the elastic-viscoplastic deformation for considering voids and imperfect interfaces in sintered nano-silver under compression[J]. International Journal of Solids and Structures, 2022, 259: 112023.
[7] LI B, WANG J, YAO Y. Creep behavior of sintered nano-silver at high temperature: Experimental and theoretical analysis[J]. Materials Today Communications, 2023, 37: 106956.
[8] GONG H, GOU H, LI S, et al. Compressive failure mechanism of sintered nano-silver[J]. Journal of Materials Research, 2023, 38(18): 4201-4213.
[9] GONG H, CHEN X, SONG Y, et al. A study of the creep properties and constitutive model of sintered nano-silver: Role of loading condition and temperature[J]. JOM, 2023, 75(9): 3859-3869.
[10] HU Y, WANG Y, YAO Y. Molecular dynamics on the sintering mechanism and mechanical feature of the silver nanoparticles at different temperatures[J]. Materials Today Communications, 2023, 34: 105292.
[11] GONG H, WANG T, ZHU J, et al. Compressive experimental analysis and constitutive model of sintered nano-silver[J]. Journal of Applied Mechanics, 2023, 90(3): 031004.
[12] GURSON A L. Continuum theory of ductile rupture by void nucleation and growth. Part Ⅰ. Yield criteria and flow rules for porous ductile media[J]. Journal of Engineering Materials and Technology-Transactions of the Asme, 1977, 99(1): 2-15.
[13] TVERGAARD V. Influence of voids on shear band instabilities under plane-strain conditions[J]. International Journal of Fracture, 1981, 17(4): 389-407.
[14] TVERGAARD V. On localization in ductile materials containing spherical voids[J]. International Journal of Fracture, 1982, 18(4): 237-252.
[15] TVERGAARD V, NEEDLEMAN A. Analysis of the cup-cone fracture in a round tensile bar[J]. Acta Metallurgica, 1984, 32(1): 157-169.
[16] BURLION N, GATUINGT F, PIJAUDIER-CABOT G, et al. Compaction and tensile damage in concrete: Constitutive modelling and application to dynamics[J]. Computer Methods in Applied Mechanics and Engineering, 2000, 183(3-4): 291-308.
[17] HORNAND S, SHAO J F. Mechanical behaviour of a porous chalk and water/chalk interaction part Ⅱ: Numerical modelling[J]. Oil & Gas Science and Technology-Revue D Ifp Energies Nouvelles, 2000, 55(6): 599-609.
[18] XIE S Y, SHAO J F. Elastoplastic deformation of a porous rock and water interaction[J]. International Journal of Plasticity, 2006, 22(12): 2195-2225.
[19] MCDOWELL D L, MILLER M P, BROOKS D C. A unified creep-plasticity theory for solder alloys[J]. ASTM International, 1994, 42-59.
[20] YAO Y, KEER L M, FINE M E. Modeling the failure of intermetallic/solder interfaces[J]. Intermetallics, 2010, 18: 1603-1611 .
[21] BONORA N, NEWAZ G M. Low cycle fatigue life estimation for ductile metals using a nonlinear continuum damage mechanics model[J]. International Journal of Solids and Structures, 1998, 35(16): 1881-1894.
[22] KACHANOV M. On the time to failure under creep conditions[J]. Izvestiya Akademii Nauk

USSR, Otdelenie Tekhnicheskikh Nauk, 1958, 8: 26-31.
[23] BEHNIA A, CHAI H K, RANJBAR N, et al. Damage detection of SFRC concrete beams subjected to pure torsion by integrating acoustic emission and Weibull damage function[J]. Structural Control and Health Monitoring, 2016, 23: 51-68.
[24] GUO C, GUO P, ZHAO L, et al. A Weibull-based damage model for the shear softening behaviours of soil-structure interfaces[J]. Geotechnical Research, 2021, 8: 54-63.
[25] CHEN B, LIU J. Experimental study on AE characteristics of three-point-bending concrete beams[J]. Cement and Concrete Research, 2004, 34: 391-397.
[26] CHEN G, ZHANG Z S, MEI Y H, et al. Applying viscoplastic constitutive models to predict ratcheting behavior of sintered nanosilver lap-shear joint[J]. Mechanics of Materials, 2014, 72: 61-71.

第 11 章　人工智能在本构研究中的应用

11.1　研 究 背 景

人工智能作为正在进行的工业和产业革命的核心技术，在目前多学科交叉研究中起着重要的作用。人工智能作为一种黑箱工具，在决策制定和多参数优化方面有诸多优势。通过与人工智能结合，传统行业能从诸多角度得到赋能，从而实现提质增效。其中，材料性能提升是传统行业提质升级的关键，材料的研发和制备通常以材料本构关系的研究作为核心。在常规的研究场景当中，材料的性能和本构关系是通过大量可以定量分析的实验数据，利用统计学方法拟合归纳出较强普适性的材料力学规律或本构关系[1]。然而，随着本构研究的深入，材料本构模型的参数体系和材料参数间的相互作用逐渐复杂，传统统计学在拟合精度和处理复杂参数体系的能力上难以满足材料力学性能研究的需求[2]。在人工智能辅助的材料性能研究开展的 20 年间，得益于人工智能在模式识别和复杂非线性超参数优化方面的优势，材料力学规律通过加速迭代拟合材料力学参数的方法，有效提升了计算效率，而且人工智能的引入逐渐改变了材料本构的研究方式[3-4]。然而，限于计算机的计算性能和人工智能模型的可靠程度，人工智能辅助的材料性能研究相对缺乏突破性进展。随着人工智能算法在近年来的飞速发展和计算机计算能力的提高，以数值分析和特征提取为代表的人工智能算法成为材料开发人员和力学研究人员在力学研究中使用的热门方法之一[5-6]。针对不同研究场景，机器学习在以下方面对本构的研究产生了较大的影响。

首先，随着材料开发的不断深入，材料本构的参数体系逐渐复杂，即工况和材料参数间的相互耦合。复杂参数体系与表征材料力学性能的物理量间存在着大量的非线性关系难以被传统本构模型所描述。为解决上述材料力学性能研究的难点，通过结合大量材料实验数据和人工智能算法，相关材料力学性能研究尝试利用人工智能算法去归纳描述力学规律[7-8]。以不锈钢材料低周疲劳过程的研究为例，通过利用图像识别 316L 不锈钢低周疲劳滞回图像的特征，利用迁移学习的方法可以对有相同疲劳规律的材料疲劳性能进行预测且有较高的精度[9]。

其次，特殊工况下材料的力学表现作为非线性力学研究的主要方向之一，其中材料在耦合场影响下的非线性力学关系是材料和结构研究的重点。同时，随着复合材料和复合结构的发展，材料和结构力学性能难以被多场耦合下表征各场强度的物理量和各组分材料性能所解释。因此，上述非线性力学的研究难点也增加了传统本构体系描述材料和结构力学在耦合场下力学行为的难度。其中，在实际工程实践中，热-力耦合场作为一种典型的多场耦合工作环境，应力场参数作为非线性力学研究中主要研究对象的同时，材料温度场参数的不均匀变化加剧了材料的非线性，上述变化的相互耦合材料与工况间的复杂关系难以被传统本构关系捕捉[10]。综上，温度场和材料应力场的耦合对材料和结构力学表现有着显著的影响，继而这种耦合作用会导致复合结构和材料在高温下产生表面剥落和爆裂等更加剧烈的表现。基于上述热-力耦合场研究的难点和必要性，在研究材料耐火极限时，通过利用机器学习在模式识别的优势，根据输入场参数的不同，可以对混凝土材料和复合结构的耐火极限进行验证，且与实验数据有较好的符合程度[11]。

最后，随着以合金和混凝土为主的复合材料开发逐渐深入，复合材料各组分间影响材料力学性能的参数也逐渐增多，通过应用人工智能算法可以有效地描述复合材料组分对材料力学性能的影响，进而就复合材料组分进行智能化的设计[12]。相关研究利用大量不同配合比的复合材料的材性实验数据，基于机器学习的数值预测模型分析得出材料组分与材料力学性能间的关系[4, 6]。尽管相关统计学工具可以定量描述组分材料对混凝土强度的影响程度[13]，然而由于机器学习算法的黑箱本质，机器学习算法在具象化描述材料力学性能规律时仍与传统本构模型有着一定的差距。而且，机器学习分析对数据的质量和数量有着很高的要求。因此，基于充分发挥机器学习模型精度优势的改进，对进一步深化机器学习算法在材料力学研究中的应用有推动作用 [14]。

因此，按照人工智能算法在材料力学性能研究中所起的作用，本章将介绍机器学习方法在以下几个方面对本构研究产生的较大推动作用：模型选择和评估[4, 13, 15-18]、自适应建模[8, 19-21]、数据驱动的材料本构研究[14, 22-24]。基于上述人工智能在本构研究中的应用，综合上述机器学习在本构研究方面产生的影响，本构研究中应用的热门机器学习算法也会被简要介绍，包括算法原理和模型优化思路。

11.2　机器学习在本构研究中的应用现状

在材料开发和工程应用过程中，常用的方法是通过基于实验数据的拟合公式，总结材料的物理化学特性与其宏观性能之间的关系[2, 7]。同时，在一些多场耦合的本构体系中，随着材料本构体系中相关场参数的复杂化，相当多的本构理论会运用一些拟合、半拟合的参数来表示材料特性在材料本构体系中所起的作用[25]。因此，基于统计学和运筹学的线性规划和拟合常被应用于材料物化性能实验后的数据处理和规律总结[26-27]。机器学习作为一种新兴的数据优化技术，和常规的拟合手段有相同的数学思想和统计学评价参数。然而，随着机器学习算法在数值预测精度和对非线性规律的归纳能力方面的提升[28]，基于工程和材料开发对数据处理的方法更高精度的要求，统计学的数值拟合和预测方法逐渐被机器学习主导的数值预测所超越。

11.2.1 模型选择和评估

模型的选择和评估作为一种针对力学和机器学习模型可用性的研究，其主要研究方向集中于评估机器学习模型在材料力学行为预测中的表现，从而寻找适应特定材料和力学问题的机器学习模型。基于以上研究主题，研究形式主要以比较研究为主。

机器学习模型作为力学研究中的回归预测工具，其和众多统计学回归预测模型在研究目标上存在重叠。因此，针对两种模型的回归预测精度，关于统计学回归预测模型和机器学习模型的预测精度比较是研究的重点之一。同时，随着机器学习模型和算法的进步，模型选择和评估的研究重点逐渐转向对不同机器学习算法预测精度的对比研究。

1) 机器学习模型和传统统计学回归预测模型的对比

在本构研究中机器学习应用的早期，模型选择和评估作为机器学习在本构研究中相对较为基础的内容，其主要作用是评估机器学习模型在本构研究中的可用性，进而选择出适应相关特定力学问题的机器学习模型，以便后期开展相关机器学习和力学相关的研究工作[29-30]。因此，相关机器学习可用性的研究在机器学习和本构研究结合的应用中一直保持着较为长久的生命力，尤其是近年来机器学习模型和相关算法在力学领域的应用更为广泛，该类研究延伸至工程力学和材料开发领域，涉及的力学问题也逐渐复杂[3, 31-32]。

在传统的力学研究和材料设计方法中，统计学方法与力学的结合作为一种常用的研究方法，其在预测材料力学行为方面有重要的作用。其中，统计学方法在该类研究中能更准确地拟合实验数据,并减少模型预测结果与实验结果间的差距,以期找到准确描述材料力学行为的拟合预测模型。相关统计学方法被广泛使用在复合材料设计和性能优化中，其中被广泛使用的统计学方法有线性回归(linear regression, LR)法[33]、多元线性回归(multivariate linear regression, MLR)法[1]和统计混合设计(statistical mixing design, SMD)法[3, 26]。然而，在捕捉实验数据间非线性关系的过程中，基于统计学原理的数值预测模型略逊于参数和模型结构优化后的机器学习[26]。

此外，针对复合材料的设计，基于统计学理论的材料设计方法优化了复合材料性能的同时，也起到确定组分材料配合比的作用。响应面法(response surface methodology, RSM)和中心复合设计(center composite design, CCD)作为两种典型的复合材料优化设计方法，都可根据实验数据的统计特征设计出优化力学性能的复合材料成分组合[26, 34]。同时，在 Design Expert 和 SPSS 等统计软件的帮助下，统计学模型在混凝土、合金等典型复合材料设计中的应用更为便捷[33]。例如，Diler 与 Ipek[34]在 2013 年使用 CCD 对铝基碳化硅复合材料(Al-SiC$_p$)的设计取得了较好的应用效果。同时，针对相对成分较为复杂且不均匀的水泥基复合材料，Lu 等[1]于 2022 年利用 CCD 对轻质高强混凝土的力学性能进行了优化，相关结果获得了广泛认可。考虑到基于统计的材料设计方法的优势，应用上述方法不仅能得到令人满意的可靠性，而且能直观地反映出材料性能的优化方向。同时，上述统计材料性能预测模型的模型精度也可以通过相关统计指标和方差分析(analysis of variance, ANOVA)进行定量描述[35]。

然而，机器学习模型作为一种基于统计理论的回归拟合模型，其与上述统计材料性能预测模型的材料优化和设计方法存在重叠，且拟合、预测精度的定量分析工具相同。因此，基于对材料力学性能预测的需要，产生了大量的关于统计学回归预测模型和机器学习模型的比较研究[4]。

基于最小二乘法的多元线性回归作为常用的回归分析方法，通过确定最佳参数值、验证预测、量化不确定性和参数敏感性，在开发准确可靠的本构模型方面发挥着至关重要的作用[36]。然而，随着机器学习模型在回归分析任务上精度的不断提升，以人工神经网络(artificial neural network, ANN)模型为代表的机器学习模型在框架相对简单的前提下就相对多元线性回归模型有较大的精度优势。例如，Chithra 等[4]在 2016 年针对混凝土材料抗压强度的预测，做了多元线性回归模型和 ANN 模型的比较研究，结果如图 11.1 所示，根据决定系数的分析可以得出基于 ANN 的回归预测模型精度。

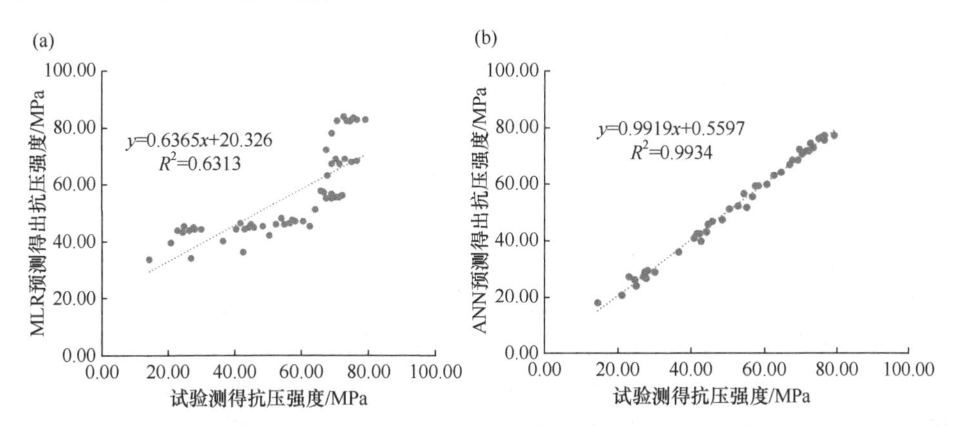

图 11.1　不同模型抗压强度预测结果(使用同一实验数据集)[4]

(a) MLR 模型，R^2 为 0.6313；(b) ANN 模型，R^2 为 0.9934

同时，SMD 作为一系列基于统计学原理的材料和力学参数分析方法(如 CCD

和 RSM)，可在一定数量实验数据的基础上对材料参数进行统计分析，同时可以构建基于实验数据的优化平面以直观展示对参数优化的结果[37]。而且，随着软件集成化的发展，相关统计学软件(如 SPSS 和 Design Expert)的发展降低了 SMD 的应用门槛[1, 33]。在计算机软件集成化发展的同时，以机器学习算法为代表的人工智能算法在计算精度和计算速度方面也有了极大的进步。复合材料设计作为相对复杂的模式识别任务，机器学习模型在复合材料设计方面的应用逐渐引起工业界和学界的注意。Lashari 等[15]于 2021 年，以氧化石墨烯-二氧化硅和聚丙烯酰胺(GO-SiO_2/HPAM)复合材料的流变性能为研究主体，对 RSM 和众多机器学习的预测精度做了比较研究，并得出结论：以极限梯度提升(extreme gradient boosting, XGBoost)为代表的机器学习模型在相关材料力学性能预测方面相比 RSM 更有优势(图 11.2)。

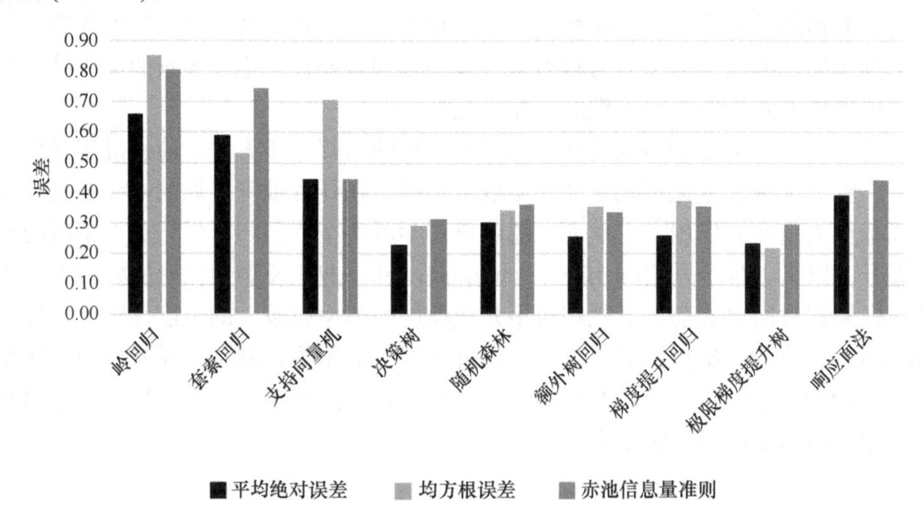

图 11.2　不同机器学习模型和 RSM 预测结果的误差对比[15]

综上，机器学习模型相对传统统计学回归预测模型在力学规律总结和数据拟合方面的优势被广泛认可，推动了机器学习模型在复合材料设计中的应用。

2) 机器学习模型的选择与评估

机器学习在力学研究中的一个主要应用方向是预测材料的力学性能和归纳材料力学规律。随着机器学习模型在复合材料设计和材料宏微观本构关系方面的广泛应用，以及人工智能算法的不断进步，机器学习算法在力学领域的应用得到越来越多的关注。从模型精度和预测结果相关性的角度出发，关于不同机器学习算法在材料性能预测问题中的比较研究被广泛开展[3, 9, 14]，以探索不同机器学习算法在力学研究中的应用潜力。

其中，ANN[5, 38]、支持向量机(support vector machine, SVM)[29, 39]和决策树

(decision tree, DT)[6]作为三种计算原理相互独立的机器算法，在不同的力学规律识别任务中有不同的优势，在机器学习的可用性研究中经常被作为对照组来相互对比并验证新机器学习算法在特定力学问题中的可用性。

同时，随着计算科学的不断发展，更多有着良好预测精度的机器学习模型不断被开发并应用到相关力学问题的研究中，如 XGBoost[13]、轻量级梯度提升机(light gradient boosting machine, LGBM)算法[16]和自适应增强(adaptive boosting, AdaBoost)[17-18]，以解决力学研究中的分类和数值预测等任务。有关比较研究中使用机器学习模型和所解决力学问题的统计结果表明，XGBoost 作为一种以分类回归树(classification and regression tree, CART)为基础的模型，在数值预测和分类任务的精度上相较其他模型有一定优势[40]。表 11.1 是基于不同材料力学研究方向的机器学习模型选择与评估。

表 11.1　基于不同材料力学研究方向的机器学习模型选择与评估

材料力学问题中的应用方向	机器学习算法	参考文献
混凝土包覆钢结构的黏结强度预测	GA-ANN、PSO-ANN	Wang 等[38](2021)
混凝土抗压强度	ANN、SVM、BT、RF	Young 等[29](2019)
水泥基砂浆材料抗压强度	ANN、ANFIS	Armaghani 等[5](2020)
地质聚合物复合材料的抗压强度	ANN、SVM、AdaBoost、RF	Amin 等[17](2022)
疲劳和蠕变疲劳条件下金属部件的寿命预测	ANN、SVM、RF、GPR	Zhang 等[39](2021)
钢筋混凝土柱失效模式分类	ANN、SVM、AdaBoost、CART、RF	Feng 等[18](2020)
混凝土蠕变性能	RF、XGBoost、LGBM	Liang 等[16](2022)
固废超高强混凝土抗压强度预测	DT、ANN、SVM、RF、MLR	Farooq 等[6](2021)
碳纳米管对水泥基材料抗压强度影响	LR、SVM、RF、XGBoost	Li 等[13](2022)

注：GA 表示遗传算法(genetic algorithm)；PSO 表示粒子群优化(particle swarm optimization)；RF 表示随机森林(random forest)；ANFIS 表示自适应神经模糊系统(adaptive neuro fuzzy inference system)；GPR 表示高斯过程回归(Gaussian process regression)。

对于力学研究中的分类和数值预测任务，虽然各机器学习模型的精度会因数据质量和模型结构等因素发生变化，但 XGBoost 和 LGBM 因其集成化程度高的特性和预测精度上的优势被广泛应用于材料物化性能的数值预测[13, 16]。同时，值得注意的是，在相关力学问题中存在复杂计算需求时，以 ANN 为基础原理的深度神经网络(deep-learning neural network, DNN)作为一种常用的机器学习模型，因其不同隐藏层对神经网络任务执行效果会有较大的影响，且有较好的适应性[22, 41-43]。

因此，11.3 节将对 ANN 和 XGBoost 的数学原理进行简要介绍。

11.2.2 实时和自适应建模

在材料力学性能的研究中，存在相当多的和材料加载历程相关的力学问题，其加载过程可以是耦合场中单一场变量的变化，如材料的高温蠕变和构件的疲劳滞回行为[44]，也可以是耦合场中多个场参数的变化，如升温过程中材料和构件围压变化[45]。为解决和加载历程相关的力学研究中连续数据特征难以被捕捉的问题，并在工程实践中实现对材料和构件力学状态的精细化和实时检测，通过利用机器学习模型在捕捉规律方面的优势，基于人工智能的实时和自适应建模应运而生。实时和自适应建模相关的研究重点主要集中在：①利用机器学习算法对材料在力学方面的表现进行连续的监测；②利用计算机视觉相关算法在图像特征提取方面的优势，对复合材料中组分材料分布进行识别并建立计算力学模型。

1) 基于机器学习的全生命周期材料性能检测

在本构研究以及工程实践和维护日益精细化的今天，材料和构件制备过程及服役过程中，加载历程相关的材料力学性能数据在材料力学研究中的重要性日益凸显，如材料和构件的蠕变性能以及全生命周期的材料性能监测[8, 41, 46]。材料生命周期监测和加载历程相关的数据作为典型的时序数据，有以下特点：①由于力学传感器有采集频率高的特点，因此力学研究中的时序数据通常数据量极大；②由于力学研究中的加载历程有较强的周期性，如往复加载和温度的保持时间，因此时序数据与时间或加载历程相关性强。

首先，从分析时序数据的机器学习算法出发，相关算法应可以利用时序数据的结构特征捕捉力学研究中高通量数据所包含参数间的关系。基于近年来自然语言处理和时序数据预测算法的飞速发展[47]，与普通时序数据有共通处的力学时序数据也有被相关时序分析算法处理的潜力，且相关研究已有了进展。以材料的滞回曲线数据为例，滞回曲线作为一种典型的和材料与构件加载周期相关的材料力学表现，时序相关的机器学习模型捕捉滞回曲线在加载历程中的特性方面有独到的优势[48]，用于开展此类研究的时序分析算法有：长短期记忆(long short-term memory, LSTM)网络[21]和循环生成对抗网络(cyclical generative adversarial network, cGAN)[8]等。深度学习框架(deep learning framework, DFM)可以理解为以 ANN 为基础原理的算法框架，通过将不同功能的 ANN 串联，达到对相对复杂数据的分析，相关研究已经应用于材料滞回性能的分析中[49]。

其次，在工程实践中，材料和构件的制备与维护过程中不乏与荷载历程相关的力学性能变化，同时，一些材料宏微观特性的变化会向材料中引入损伤，不利于材料力学性能发展[50]。因此，基于对材料力学性能发展过程的监测，可利用维护措施，修复或减缓相关材料力学性能的损失，提高制成材料的良品率[51-52]。在复合材料的制备过程中，结合相关先进传感器，收集材料宏微观材料参数，归纳和预测复合材料强度发展的规律[53]。

因此，上述机器学习模型在成熟实验数据的支持下可以有效地归纳力学研究中时序数据的特点，并根据相关材料和受力环境变量生成相关材料的时序力学规律[8]。同时，使用上述的机器学习模型可以有效地对材料的力学性能变化进行预测，减少材料开发时对实验量的需求，对实验时间和成本都有积极意义。

2) 基于计算机视觉的复合材料计算力学模型建立

从计算力学的角度出发，复合材料的宏观力学行为通常与材料组分在材料内部的分布和应力状态有关[54]，因此复合材料的组分材料计算力学分析是一种了解材料力学性能的优良方法。随着复合材料设计与计算力学结合逐渐紧密，对复合材料的计算力学模型有了更高的要求。以合金和混凝土为代表的复合材料设计需要更为精细的计算力学模型，以期对复合材料力学性能了解更全面[55]。

利用常规的计算力学方法计算加载过程中材料和构件的力学行为，虽然可以对均一化处理后的材料和构件的力学行为进行相对精确的计算，但是由于复合材料内部成分的几何形状和分布的随机性，以材料细观力学性能模拟为代表的材料计算力学难以精细化完成材料内部特征的识别和重构。随着近年来图像识别和计算机视觉的快速发展，以卷积神经网络(convolutional neural network, CNN)为代表的图像识别算法可快速建立适合计算力学分析的精细化计算力学模型[19]。Lorenzoni 等[19]在 2020 年对硬化后水泥基材料计算机断层扫描(computed tomography, CT)图像截面进行图像识别，建立了精细化的水泥基材料成分分布模型，如图 11.3 所示。

图 11.3　基于 CNN 的截面图像识别的复合材料材料成分分布识别[19, 56]

(a) 基于 CNN 的金属材料夹杂粉末识别[56]；(b) 基于 CNN 的水泥基材料细观建模[19]

同时，受材料和构件材质的均一性影响，边界条件和力学性能通常与材料和构件的内部初始损伤分布和应力状态有关，因此以 CNN 为基础的材料损伤提取算法可以对材料损伤和应力分布预测，进而可以根据损伤分布特性对材料力学性能特征进行预测。例如，Gao 等[20]在 2023 年基于纤维截面图像，利用 CNN 模型将纤维图像特征转化为纤维的损伤特征，并以此为基础较好地预测了纤维的峰值荷载。

11.2.3　数据驱动的材料本构研究

在传统的本构研究和本构模型的建立过程中，相关研究的总目标是根据材料和构件力学性能的实验数据，结合统计力学对特定材料力学行为进行有效归纳。因此，相关数学和统计学计算工具在材料本构研究中所起作用主要是根据材料力学实验结果归纳足以描述最广泛材料力学行为的数学模型，相关唯象力学模型包括高温下材料的蠕变行为[10]、满足纤维加强混凝土的损伤理论[25]以及复合材料在周期荷载下的应力-应变关系[32]。因此，数据挖掘(data minning)作为计算科学的研究热点之一，也被应用于材料力学和本构研究中。被广泛应用的成果有：利用迁移学习手段，使用 316L 不锈钢低周滞回数据，对有类似宏观力学性能的 316L 不锈钢低周滞回行为进行预测[9]。因此，相较传统的本构模型，数据驱动的本构模型可以有效地融合多尺度和异构数据源[57-58]，如实验测量、模拟结果或材料性能数据库。通过集成各种数据集，这些模型可以捕获材料固有的变异性和异质性，从而在不同尺度和条件下进行更准确的预测。

1) 与传统本构模型框架结合的数据驱动本构模型

机器学习模型能够基于材料实验数据和计算力学的结果，对材料的力学规律进行有效归纳。通过模型评估和选择确定机器学习模型在特定力学问题中的可用性后，机器学习也被应用于更具深度的力学问题中，如求解描述流体运动和材料性能的偏微分方程。其中，偏微分方程的求解作为本构研究和材料与构件运动分析的核心手段，通过将机器学习模型和材料力学的偏微分方程结合，物理信息神经网络(physics-informed neural network, PINN)应运而生。在已知与材料本构和运动相关的偏微分方程框架内，通过对机器学习的优化机制进行特异于偏微分方程求解方法的调整，使机器学习模型对材料进行更符合材料力学性能规律的优化。

其中的典型研究有：Raissi 等[22]在 2019 年以非线性流体运动的纳维-斯托克斯方程(Navier-Stokes function)为研究主题，使用深度学习框架(deep learning framework, DFM)结合龙格-库塔法(Runge-Kutta method)，利用近似逼近的思路，通过构建 ANN 算法中的损失函数，在物理规律的约束下对力学规律进行更准确的预测，其基本思路如图 11.4 所示。相关的思路和方法也被应用于优化材料工作性能的预测研究中。例如，Zhang 等[23]在 2023 年，利用 PINN 思路，在水泥基材料流变偏微分方程的框架内，通过修改 ANN 的模型优化策略，对水泥基材料的流变性能进行了研究，并通过与有限元模型结果对比验证了提出的流变网络(RheologyNet)在力学研究中的可用性。

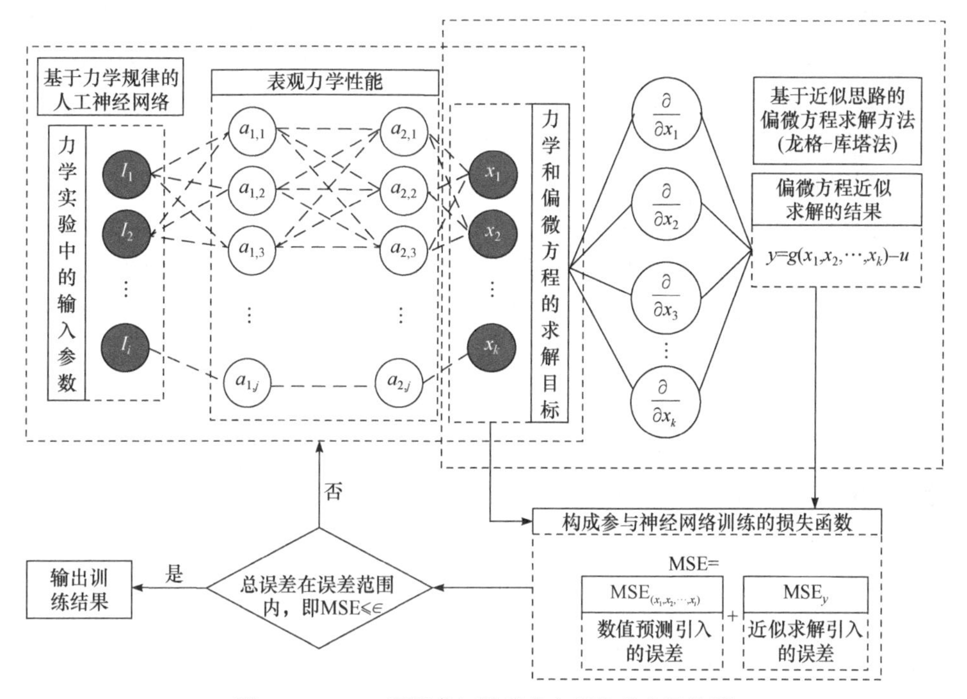

图 11.4　PINN 逼近求解偏微分方程的基本思路[22]

然而，值得注意的是，虽然这种数据驱动的材料力学性能研究在预测精度、计算速度以及对复杂规律的识别能力方面具有优势，但此类基于数据和机器学习模型的研究具有局限性。数据驱动的力学研究在很大程度上依赖于训练数据的质量和代表性，并且机器学习模型的黑盒性质可能会限制训练后模型对底层物理机制的解释和理解。尽管相关研究中使用沙普利可加性特征解释方法(SHAP)等定量的去分析各参数对预测目标的影响程度，但无法归纳在同一个规律的表达式中[13]。因此，将数据驱动模型与传统模型和领域专业知识结合的本构研究方法更具稳健性。相关研究已经开展，以期平衡数据对数据驱动本构模型的影响，或提高机器学习模型在数据驱动本构模型的实用能力。例如，Zhang 等[24]于 2023 年在纤维加强混凝土黏结强度经验公式与实验数据相关性分析的基础上，以及在确定 XGBoost 模型有更好的预测精度的前提下，利用相关性最好的经验公式形式对 XGBoost 模型进行了具象化的表示。

2) 提高机器学习模型适用性的实践

人工智能近年来迅猛发展，逐渐出现以机器学习为代表的人工智能算法与各传统学科的交叉结合。随着研究不断深入，筛选出适合力学研究的机器学习模型，如以 ANN 为基础的 CNN[9, 20]、DNN[37, 40]，和以 CART 为基础 XGBoost[13]。虽然上述模型在力学问题中的应用结果得到了普遍性的接受，但是在材料设计和力学问题求解过程中也暴露出缺点，如实验数据缺失优化对预测结果影响较大，机器学习模型对力学规律的解释能力差等。因此，提高机器学习模型在力学研究中的适用性仍是研究重点。通过利用其他算法或计算力学的方法对力学实验数据进行插值处理，以解决机器学习模型在应用过程中对数据完整性的依赖。例如，Lyngdoh 等[14]在 2022 年通过利用 K-近邻(K-nearest neighbor, KNN)算法对实验数据进行插值处理，将处理后数据提交 XGBoost 模型训练，得到较好的预测结果。同时，Sun 等[8]在 2022 年使用 cGAN 方法对实验数据进行了数据增强处理，并在机器学习模型训练阶段使用了相关增强后的数据，各机器学习模型的预测精度都有了极大的提升，见图 11.5。

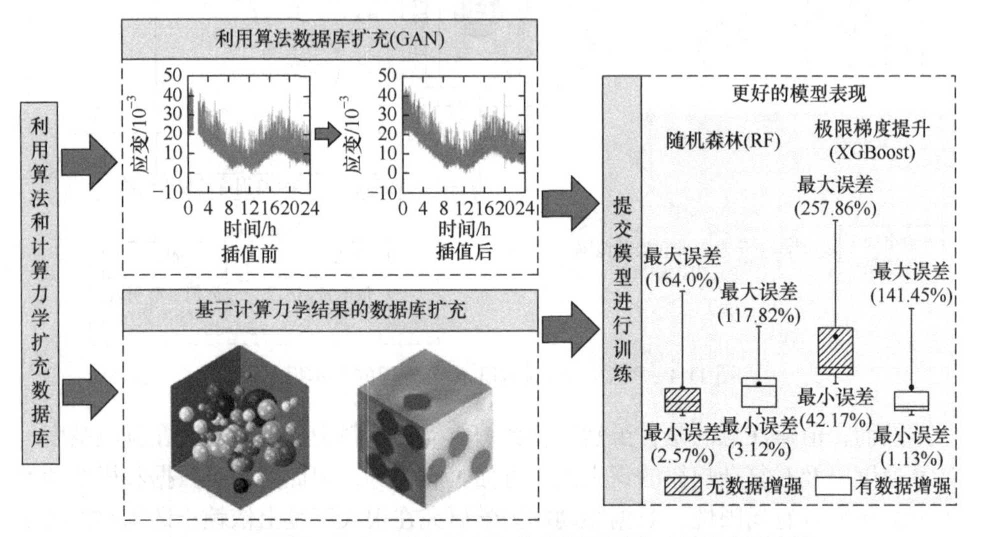

图 11.5　利用插值法和数据增强提升数值预测模型的精度[8, 59, 60]

综上，以数值预测和模式识别为代表的机器学习算法具有较高的预测准确性，为本构研究提供了新思路，同时，由于其对规律的较强归纳能力，在新材料开发方面有着独特的优势。然而，基于机器学习算法对实验数据在质量和数量上的要求，以及机器学习算法在具象化描述材料力学规律方面的不足，大多数学者对机器学习算法在本构研究中的应用前景保持审慎的态度。

11.3　人工智能的基本数学原理

参考机器学习多年来在不同领域的应用现状[28, 61]，以及本构研究中对数值预测的精度要求，人工神经网络(ANN)在数值预测评估方面的表现普遍满足材料本构研究的精度要求[3]。同时，通过组合不同功能的人工神经网络构建深度学习框架(DFM)，可以归纳复杂材料和构件的力学规律[22, 49]，因此 ANN 被广泛接受并应用在材料性能的研究中。随着机器学习算法的进步，以 CART 为基础的 XGBoost 作为一种数值预测和分类识别工具，相比 ANN 等一系列数值预测模型，其在单一数值预测任务中的精度和准确性方面有较大优势[13, 16]。综上，XGBoost 在材料开发和构件数据预测领域有较大的潜力，成为材料力学数据的常用分析方法之一。ANN 和 XGBoost 作为两种典型的机器学习算法，尽管其数学原理有较大区别，但都满足力学数值预测的精度要求，因此下面简要介绍其数学原理。

11.3.1　人工神经网络

多层感知器(MLP)作为一种典型的基于 ANN 的机器学习模型，其基本数学原理是指通过应用关于梯度下降理论最小化目标函数，利用迭代优化的原理，得到可以进行预测的优化权重矩阵 $\boldsymbol{w}$ 和偏置矩阵 $\boldsymbol{b}$[61]。ANN 模型中不同类型的隐藏层赋予了 ANN 处理不同数据处理任务的能力，如数值预测、分类任务、图像处理[3, 20]。接下来以一个 2 隐藏层的数值预测神经网络为例，介绍其基本的数学原理，其网络可以被具象地表现，如图 11.6 所示。

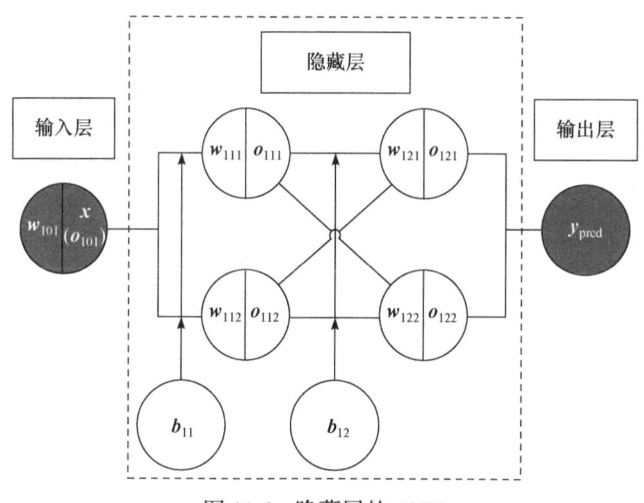

图 11.6　隐藏层的 ANN

基于图 11.6 的神经网络结构和多线性规划原理，每个未经数据处理的神经元输出(o'_{ijk})可以由以下公式计算得出：

$$o'_{ijk} = \sum_{k=1}^{k=n} w_{ij-1k} \cdot o_{ij-1k} + b_{ij-1} \tag{11.1}$$

式中，o'_{ijk} 为第 j 层中第 k 个神经元未经过激活函数处理的输出值；w_{ij-1k} 为第 j–1

层中第 k 个神经元所对应权重；o_{ij-1k} 为第 i 次训练第 $j-1$ 层中第 k 个神经元经过激活函数处理后的输出值；b_{ij-1} 为第 i 次训练中第 $j-1$ 层所对应偏置值，其中 i 对应迭代训练的次数，j 为对应神经网络的层数。

为提升机器学习模型在捕捉材料力学行为中非线性行为的能力，以及调控机器学习模型决策边界的需求，机器学习模型会引入激活函数处理隐藏层和输出层神经元的输出值 o'_{ijk}，分别得到处理后的隐藏层神经元的输出值(o_{ijk})和输出层神经元的输出值(y_{pred})。同时，由于激活函数有调整神经元激活状态的作用，激活函数的选择也会对机器学习模型的表现产生一定影响。机器学习在本构研究中常用的激活函数(图 11.7)如下[61]。

ReLU 函数：

$$f(x)=\begin{cases}x, & x>0\\ 0, & x\leqslant 0\end{cases} \tag{11.2}$$

Sigmod 函数：

$$f(x)=\frac{1}{1-\mathrm{e}^{-x}} \tag{11.3}$$

式中，x 为对应神经元未经过激活函数处理的输出值，$x=o'_{ijk}$。

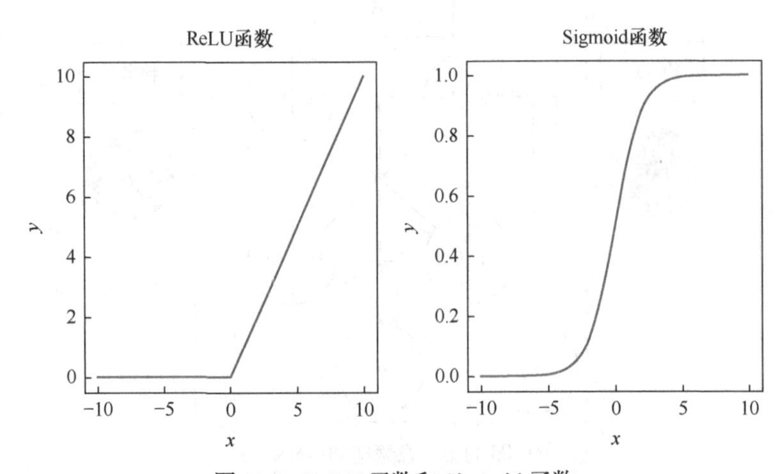

图 11.7　ReLU 函数和 Sigmoid 函数

由于激活函数的选择会对机器学习模型的表现产生较大影响，因此激活函数的选择应该基本满足以下要求：①激活函数值域与输出层参数值域应尽量保持一致；②结合力学参数研究的需求和机器学习模型的目标任务选择相应的激活函数；③由于梯度下降原理在 ANN 模型中的应用，因此在选择 Sigmoid 或 tanh 等以分类为目标的激活函数时应避免梯度下降过大或过小对机器学习模型表现产生影响。

当神经网络计算前向传导到输出层时，则记为一次训练结束。同时，通过计算每次训练的损失函数，以损失函数的结果衡量此次模型的训练结果(y_{pred})与真实值(y_{true})之间的差距，此过程中损失函数的选择由于 ANN 任务不同，会有不同的选择，如回归预测任务倾向选择均方误差(mean squared error，MSE)和平均绝对百分比误差(mean absolute percentage error，MAPE)，分类任务和图像识别任务则更倾向于使用多分类交叉熵(categorical cross entropy，CCE)和二进制交叉熵(binary cross entropy，BCE)。基于模型预测结果的误差分析，ANN 可以利用反向传播等思路进行优化。针对不同任务的损失函数选择见表 11.2。

表 11.2　针对不同任务的损失函数选择

任务类型	名称	损失函数
数值预测	均方误差	$\text{MSE}=\frac{1}{N}\sum_{i=1}^{N}\left(y_{i,\text{pred}}-y_{i,\text{true}}\right)^2$　(11.4)
	平均绝对百分比误差	$\text{MAPE}=\frac{1}{N}\sum_{i=1}^{N}\left\lvert\frac{y_{i,\text{pred}}-y_{i,\text{true}}}{y_{i,\text{true}}}\right\rvert\times 100\%$　(11.5)
分类和图像识别	多分类交叉熵	$\text{CCE}=-\frac{1}{N}\sum_{i=1}^{N}y_{i,\text{ture}}\cdot\log y_{i,\text{pred}}$　(11.6)
	二进制交叉熵	$\text{BCE}=-\frac{1}{N}\sum_{i=1}^{N}\left(y_{i,\text{ture}}\log y_{i,\text{pred}}+\left(1-y_{i,\text{ture}}\right)\log\left(1-y_{i,\text{pred}}\right)\right)$　(11.7)

反向传播(back-propagation，BP)作为提升 ANN 模型的思路，通过逆向利用梯度下降理论对各神经元的权重和各层偏置进行更新，因此在 ANN 正向传播的基础上引入了优化器(optimizer)和反向传播以进一步提高运算对权重和偏执的迭代效率。由于 ANN 的反向传播过程通过使用链式法则找出输出层损失函数关于各神经元权重的梯度，因此对损失函数的选择要求损失函数是可导的(表 11.2)，其链式计算法则具体的数学表达如式(11.8)所示：

$$\frac{\partial L_{\text{total}}}{\partial w_{ijk}}=\sum_{k=1}^{k=n}\frac{\partial L_{ijk}}{\partial o_{ijk}}\times\frac{\partial o_{ijk}}{\partial o'_{ijk}}\times\frac{\partial o'_{ijk}}{\partial w_{ijk}} \tag{11.8}$$

式中，L_{ijk} 为第 i 次训练第 j 层中第 k 个神经元预测误差的损失来源，即各神经元输出对应的损失函数。

基于梯度下降算法和输出层损失函数的分析，更新后的各神经元权重和各层偏置可以通过线性优化器(式(11.9))计算得出。然而，由于权重的更新与模型的收敛效果和泛用性相关，随着力学研究和机器学习算法研究的发展，有关优化器选择对机器学习模型预测表现的研究也在不断深入，结合近年来优化器在力学研究应用端和机器算法研究端的研究进展，自适应矩估计(adaptive moment estimation，

Adam)(式(11.10))因梯度下降速度快和容易在最优值附近振荡的优势得到了大量应用端和研究端的重视[62]。

线性优化器：

$$w_{i+1jk} = w_{ijk} - \eta \frac{\partial L_{\text{total}}}{\partial w_{ijk}} \tag{11.9}$$

自适应矩估计：

$$w_{i+1jk} = w_{ijk} - \frac{\eta}{\sqrt{\hat{v}_i + \epsilon}} \hat{m}_i \tag{11.10}$$

式中，η 为学习率，即单位梯度权重的下降率；$\hat{m}_i = \dfrac{m_i}{1-\beta_1^i}$，为偏差纠正后的一阶矩估计；$\hat{v}_i = \dfrac{v_i}{1-\beta_2^i}$，为偏差纠正后的二阶矩估计。其中，$m_i = \beta_1 m_{i-1} + (1-\beta_1) g_i$ 为第 i 次训练下，梯度在动量形式下的一阶矩估计；$v_i = \beta_2 v_{i-1} + (1-\beta_2) g_i^2$，为第 i 次训练下，梯度在动量形式下的二阶矩估计；$g_i = \dfrac{\partial L_{\text{total}}}{\partial w_{ijk}}$ 为输出层损失函数关于各神经元权重；β_1、β_2 和 ϵ 为修正动量偏差的超参数，大多数机器学习的算法子程序会将其默认值分别设定为 0.9、0.999 和 10^{-8}。

综上，ANN 作为一种以梯度下降理论为核心的机器学习算法，从数学原理角度出发，其模型表现和精度相较传统统计学方法有较大优势，目前有大量的利用机器学习方法预测材料力学性能的研究。

11.3.2　极限梯度提升树

作为一种典型的基于 CART 的机器学习算法，根据近年来 XGBoost 在材料力学性能预测领域中的应用，显示出其在执行分类和回归任务方面的优势[13]。同时，XGBoost 模型与 ANN 模型等其他回归预测模型的大量对比研究表明，XGBoost 模型在近似化处理参数间非线性关系时有较多优势。

从类决策树的机器学习算法的数学原理出发，其基本数学思路与 ANN 模型相同，两种算法都通过最小化损失函数的底层逻辑来实现对参数的优化[40]。然而，训练后的 XGBoost 模型并不像 ANN 模型那样得到最优化矩阵中的权重 $\boldsymbol{w}$ 和偏置 $\boldsymbol{b}$ 元素，而是构建了一系列 CART，并在训练过程中形成了 CART 森林(图 11.8)，利用二阶近似(second-order approximation)去逼近损失函数的最小值[40]。一旦 XGBoost 模型训练完成，最终预测结果是 CART 森林中每棵 CART 预测的总和，模型中任意一棵决策树的预测结果可由式(11.11)计算所得[40]：

$$\hat{y}_i^{(t)} = \hat{y}_i^{(t-1)} + \eta f_t(x_i), \quad 0 \leqslant \eta \leqslant 1 \tag{11.11}$$

式中，$\hat{y}_i^{(t)}$ 和 $\hat{y}_i^{(t-1)}$ 分别表示第 t 和 $t-1$ 棵决策树一起对样本 i 的预测值；$f_t(x_i)$ 表示第 t 棵决策树对样本 i 的预测值；η 为第 t 棵决策树的预测值的学习率，决定了将每棵 CART 的预测对 CART 森林进行预测中的权重，取值范围为 0～1。在 XGBoost 模型中，学习率 η 是一个重要的超参数，通过调整学习率，可以控制每棵 CART 在提升过程中的贡献，并实现机器学习算法模型复杂性和泛化性之间的平衡。较小的学习率需要更多的迭代才能获得良好的性能，但可能会产生更准确和稳健的模型。另外，较大的学习率允许更快地收敛，但会增加过拟合的风险。

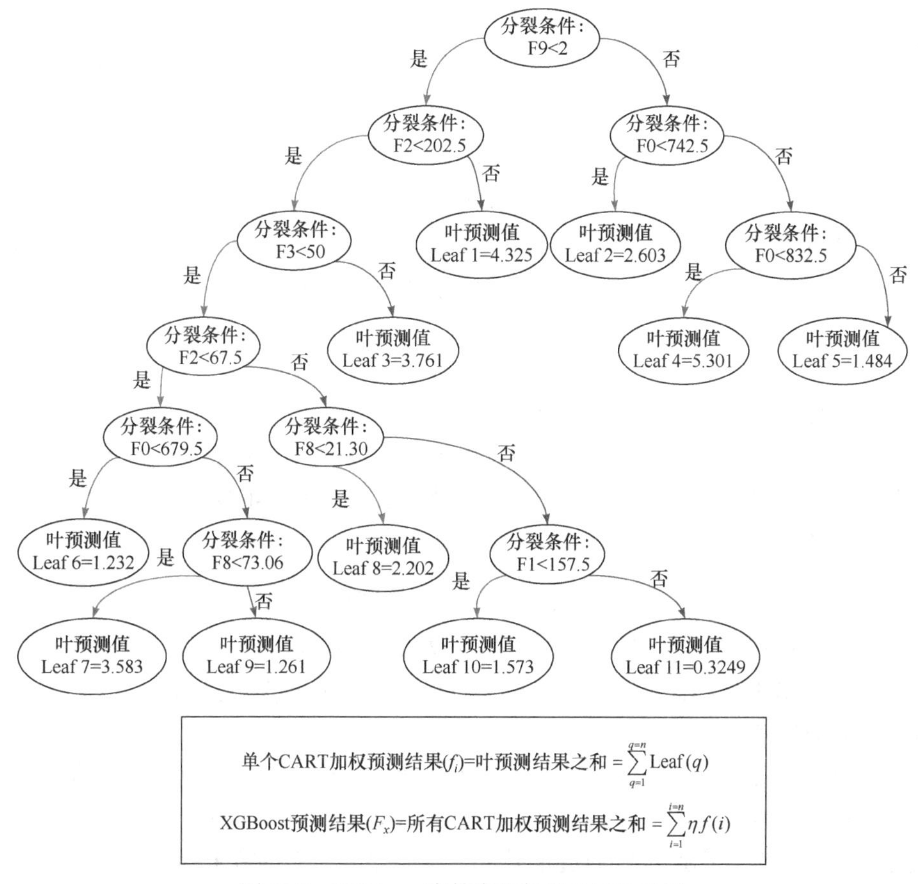

图 11.8　XGBoost 森林中的集成 CART 示例

作为一种特别适用于回归任务和分类任务的机器学习模型，虽然 XGBoost 和 ANN 有相同的底层优化逻辑(最小化损失函数)，然而由于 XGBoost 在优化过程中使用了二阶近似去逼近损失函数的最小值，因此在选择损失函数时应确保损失函数是二阶可导的。同时，为了减小回归拟合过程中的过拟合风险，XGBoost 在拟合过程中引入了正则项[40]：

$$\mathcal{L}^{(t)} = \min\sum_{i=1}^{n}\left[g_i f_t\left(x_i\right)+\frac{1}{2}h_i f_t^2\left(x_i\right)\right]+\Omega\left(f_t\right) \tag{11.12}$$

式中，$\mathcal{L}^{(t)}$ 表示正则化损失函数；g_i 和 h_i 分别为损失函数的一阶和二阶导数；$f_t\left(x_i\right)$ 为对应 CART 对样本 x_i 的预测值；$\Omega\left(f_t\right)$ 为损失函数 $\mathcal{L}^{(t)}$ 的正则项，定义为 $\Omega\left(f_t\right)=\gamma T+\frac{1}{2}\lambda\omega^2$，其中，$T$ 为决策树的深度，ω 为第 t 棵决策树的每个叶子的预测值的总和，γ 和 λ 为控制正则化程度的预定义参数。

由于 XGBoost 是一种基于 CART 的机器学习模型，不同于通常 CART 树的建立方法，XGBoost 在正则化损失函数和信息增益的基础上，引入特征性重要性排序函数来确定决策树每片叶子的特征，其重要性排序函数如式(11.13)所示[40]：

$$r_k\left(z\right)=\frac{1}{\sum_{(x,h)\in D_k}h}\sum_{(x,h)\in D_k,x<z}h \tag{11.13}$$

式中，D_k 是一个由数据对 $\left(x_i,h_i\right)$ 组成的集合，其中 x_i 为第 i 组数据的第 k 组特征，h_i 是对应于该数据的特征 x_i 计算出的损失函数二阶导数；$\sum_{(x,h)\in D_k}h$ 是对 D_k 中所有数据对应特征 k 的损失函数二阶导数 h 的求和；$\sum\limits_{(x,h)\in D_k,x<z}h$ 是对 D_k 中所有小于阈值 z 的数据特征 k 数据所对应的损失函数二阶导数 h 的求和。

由于 XGBoost 是由多个 CART 构成的集成化模型，CART 建立过程中决策树的分裂对 CART 表现起着决定性的作用，因此在 XGBoost 算法中每次 CART 叶子的分裂条件通过以下方法计算得出[40]：

$$\left|r_k\left(s_{k,j}\right)-r_k\left(s_{k,j+1}\right)\right|<\epsilon \tag{11.14}$$

式中，$s_{k,j}$ 为特征 k 对应的第 j 次分裂；ϵ 为预设的近似因子，决定了每次损失函数的计算对最小值的逼近幅度，因此当对同一特征的两次分裂小于 ϵ 时，针对特征 k 的分裂将继续。

此外，XGBoost 除了基于特征重要性排序函数做出了分裂决定，还将根据正则化损失函数确定每个叶子的值。由于 XGBoost 模型修正过的损失函数被设计为处理凸损失函数，因此可以通过推导进一步简化的损失函数来确定每个叶子值的损失函数的最小值，如下所示[40]：

$$\omega_j^*=-\frac{G_j}{H_j+\lambda} \tag{11.15}$$

$$G_j=\sum_{i\in I_j}g_i,\quad H_j=\sum_{i\in I_j}h_i \tag{11.16}$$

式中，集合 I_j 为该叶子所代表所有样本的集合；ω_j^* 为每片叶子对应的值。

同时，为衡量每次 CART 叶子节点分裂对损失函数最小值的逼近效果，即每次叶子节点分裂的性能，XGBoost 用信息增益衡量了其每个分裂后叶子结点的性能，当信息增益大于预设的阈值 γ 时，CART 的深度会增加，即该节点对损失函数最小值仍有逼近效果，且每次分裂会使目标信息熵减小，信息增益的计算公式如下[40]：

$$信息增益=\frac{1}{2}\left[\frac{G_{\mathrm{L}}^{2}}{H_{\mathrm{L}}+\lambda}+\frac{G_{\mathrm{R}}^{2}}{H_{\mathrm{R}}+\lambda}-\frac{\left(G_{\mathrm{L}}+G_{\mathrm{R}}\right)^{2}}{H_{\mathrm{L}}+H_{\mathrm{R}}+\lambda}\right]-\gamma \tag{11.17}$$

式中，下标 L 表示叶子节点分裂后左侧子叶片；下标 R 表示叶子节点分裂后右侧侧子叶片；γ 为信息增益的阈值。

综上，基于 XGBoost 的数学原理和训练过程，证明了训练好的 XGBoost 模型的四个参数对其性能有较大的影响，即学习率(η)、CART 的数量、每个 CART 的深度和信息增益的阈值(γ)。因此，上述四个参数都可以通过正交实验的思想，对模型性能和进行参数调优。通过近年来材料力学和本构研究中对 XGBoost 应用的反馈，XGBoost 在本构数据与参数的回归预测和分类中有较大潜力。

11.4　算例：混凝土抗压本构参数预测

本节通过人工神经网络对混凝土各项力学性能参数进行回归预测的算例，简要介绍机器学习模型建立的基本步骤和思路，同时通过与统计学模型预测结果的对比，验证机器学习模型在数值预测任务中的可行性。本算例中机器学习模型的编写将基于 Python 编程语言和 Python 语言环境下的相关机器学习算法库，其中机器学习的核心算法库为 Keras 和 Sklearn。

首先，由于机器学习模型的表现对数据的依赖性高，因此可靠的数据集是成功进行数据分析的首要条件。在组成数据集时应确保满足以下要求：①数据集样本数量充足，以避免样本数量较少造成的数值预测模型数据敏感性高的问题；②选取有意义的可靠正交实验数据，去除重复较多的数据；③针对数据特征的选取，应确保特征间的相关性，以避免噪声物理信息使回归预测模型对物理规律的描述能力变弱。

在选取合适的样本特征和样本数据后，应采取数据预处理(data preprocessing)措施以提高后续模型训练的效率，常用的预处理方法有数据清理、数据集成、数据变换。其中，结合物理和实验数据的特殊性，如实验数据噪声多、各样本特征量纲复杂，数据清理和数据变换作为重要的数据预处理手段，经常应用于物理参数引入的机器学习(physics-informed machine learning，PIML)模型中。

首先，材料物化实验和力学实验的数据噪声由于实验操作和环境因素不可避免地会引入误差，与理论值或真实值偏差较大，因此数据清理通过补全缺失值、标记离群数据及消除噪声数据的方法纠正数据异常，以提高模型对物理规律的学习的精度。数据清理作为一种改善数据质量的数据处理手段，在充分发挥机器学习模型在非线性物理规律归纳方面的优势中起着重要的作用。探索通过更符合物理规律的数据补全和除噪手段也是力学-人工智能交叉研究的重要研究方向[14]。

其次，数据变换作为一种常用的数据预处理手段，通过对样本数据进行规范化的方法，将数据转化成适用于机器学习的数据形式。其中，数据归一化作为一种常用的数据变换措施，将样本数据关于各样本特征的统计学特征进行归一化处理，以提高模型在应用梯度下降原理过程中的收敛速度，进而提高机器学习模型的计算效率，从而提高机器学习模型的精度。常用的数据归一化方法有 max-min 标准化(式(11.18))和 Z-score 标准化(式(11.19))，如下所示：

$$x_{i-\text{normalized}} = \frac{x_i - x_{\min}}{x_{\max} - x_{\min}} \tag{11.18}$$

$$x_{\text{std}} = \frac{x_i - \mu}{\sigma_{\text{std}}} \tag{11.19}$$

式中，x_i 为对应的样本原始数据；$x_{i-\text{normalized}}$ 为归一化后的对应样本数据；$x_{\min}$ 为对应样本特征在数据集中的最小值；$x_{\max}$ 为对应样本特征在数据集中的最大值；x_{std} 为对应样本的归一化分数；μ 为对应样本特征在数据集中的平均值；σ_{std} 为对应样本特征在数据集中的标准偏差。不同于 max-min 标准化，Z-score 标准化处理后的数据符合正态分布，均值为 0，标准差为 1。

通常，在训练和评估机器学习模型的过程中，数据集会被分为几个部分，即训练数据集(train set)、验证数据集(validation set)和测试数据集(testing set)。其中，训练数据集通常被用于训练过程，以进行训练权重参数；验证数据集作为训练过程中单独留出的样本集，常用于对模型进行初步评估，以调整模型中的超参数；测试数据集用来评估模型最终的泛化能力，但不能作为特征选择、参数调优和算法选择的相关依据。因此，交叉验证(cross-validation)技术常被使用以提高算法对数据的利用率，从而进一步提高机器学习的准确性和稳定性。通常，数据集和训练迭代次数间的关系会以图 11.9 所示形式呈现，并提交机器学习算法进行训练和评估。

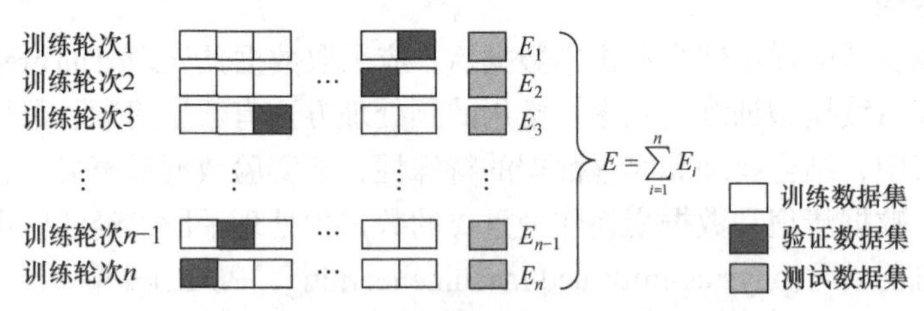

图 11.9 交叉验证数据集和训练迭代次数间的关系

综合上述机器学习算法对数据的要求，本算例中的数据引用了 Mosaberpanah 和 Eren[33]利用响应面法预测超高强混凝土(UHPC)抗压强度相关文章的数据，为确保两种预测方法结果的可比性，未对样本数据进行补全和除噪。

根据人工神经网络训练过程中遵循的数学原理可知，影响人工神经网络训练效率和模型表现的因素主要有：①训练过程中组成神经网络的网络结构；②形成网络结构中函数和参数的选择。其中，神经网络中各重要函数可以根据神经网络想要达成的目标确定，如损失函数、激活函数和优化器。基于人工神经网络拟合预测的数学原理，机器学习算法迭代训练次数和模型学习率作为可以直接影响模型表现的参数。因此，通过将训练后模型与数据相关性设为机器学习模型表现的衡量标准，可以通过正交优化的方式得到最优化的模型参数。

人工神经网络的网络结构作为影响工作性能的重要因素，基于相同的模型参数优化思路，也应通过正交优化的方式得到最符合材料性能的参数。其中，人工神经网络的隐藏层作为优化人工神经网络模型的重要部分，可以通过每个隐藏层的神经元数量和隐藏层层数利用正交优化的思路得出最适合当前预测任务的人工神经网络模型。人工神经网络结构的建立也可参考过往力学研究中人工神经网络结构变参优化结果，并在相关研究基础上建立对应力学问题的人工神经网络。例如，Ghafari 等[26]利用神经网络研究混凝土抗压强度时，通过变参分析得出适合混凝土抗压强度预测的人工神经网络结构。

本算例利用正交优化的思路对人工神经网络模型结构进行了设计和优化，其中主要优化的参数为隐藏层层数和每个隐藏层中神经元的个数。具体正交优化思路如下：在示例的针对人工神经网络模型结构的正交优化中，首先确定模型与数据相关性最佳的隐藏层层数，其中每个子模型中隐藏层层数分别为 2、5、10、15；在确定表现最佳的对应隐藏层层数的子模型后，以该子模型为基础建立有不同神经元个数的子模型，对应神经元个数分别为 3、5、10、15。最终，利用模型与数据相关性确定表现最佳的子模型,并以该子模型为输出的人工神经网络模型结构。上述子模型的决定系数均经过 10 次相互独立的训练取平均值得到，正交优化的参数如表 11.3 所示。

表 11.3 ANN 模型网络结构正交优化参数

正交优化参数		隐藏层层数			
		2	5	10	15
神经元个数	3			●	
	5			●	
	10			●	
	15	●	●	★	●

注：●表示子模型的网络结构；★表示输出模型的网络结构。

由于各实验材料输出参数的数量级差异极大，本算例中使用决定系数描述模型与数据间的关系。决定系数(R^2)作为描述模型拟合预测结果和真实数据间关系的系数，其运算的值域在–1～1。其中，R^2为–1 表示变量间完全负相关，为 0 表示无相关性，为 1 表示完全正相关。

$$R^2 = \frac{\text{ESS}}{\text{TSS}} = 1 - \frac{\text{RSS}}{\text{TSS}} = \frac{\sum_{i=1}^{n}\left(\hat{y}_i - \overline{y}\right)^2}{\sum_{i=1}^{n}\left(y_i - \overline{y}\right)^2} = 1 - \frac{\sum_{i=1}^{n}\left(y_i - \hat{y}_i\right)^2}{\sum_{i=1}^{n}\left(y_i - \overline{y}\right)^2} \tag{11.20}$$

式中，$\hat{y}_i$ 表示拟合预测模型的预测结果；y_i 表示预测结果对应输入数据的真实输出值；$\overline{y}$ 表示预测结果对应输入数据的真实输出值的平均值；ESS 表示回归平方和；TSS 表示总体平方和；RSS 为残差平方和。同时，残差平方和和决定系数都作为描述拟合预测模型表现的系数，R^2 越小，残差平方和越大，则拟合预测模型效果越差。因此，当 R^2 越接近于 1，表示拟合预测结果越好。

根据正交优化过程中各参数对子模型与数据相关性的影响程度，不同隐藏层层数和不同神经元个数对各子模型表现的影响程度如图 11.10 所示。

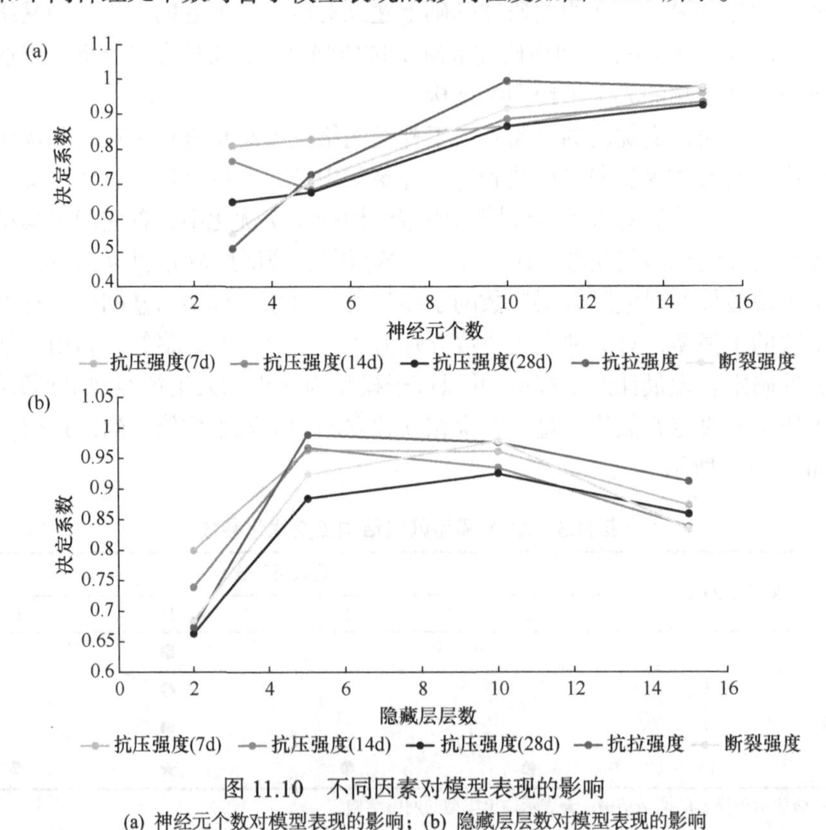

图 11.10　不同因素对模型表现的影响

(a) 神经元个数对模型表现的影响；(b) 隐藏层层数对模型表现的影响

由上述参数分析结果可知，在相同模型训练迭代次数和优化算法参数条件下，虽然有较少的隐藏层层数(2 或 5)和较少神经元个数(3 或 5)的子模型可以对数据中所含的非线性关系进行回归预测，但是相较有较多隐藏层层数(10 或 15)和较多神经元个数(10 或 15)的子模型在预测相关性和多次模型训练稳定性与数值预测相关性方面有一定差距。同时，15 层隐藏层的子模型相较 10 层隐藏层的子模型预测相关性下降，其原因是较多隐藏层增加了模型复杂度的同时，增强了模型对训练数据的数据敏感性，导致人工神经网络出现了过拟合的情况，即在增加模型复杂度的同时也降低了模型的预测精度。

结合上述参数优化过程，算例中的人工神经网络可以优化得到如图 11.11 所示的人工神经网络网络结构和参数，即一个有 10 层隐藏层的数值预测神经网络模型，单层隐藏层神经元个数为 15。

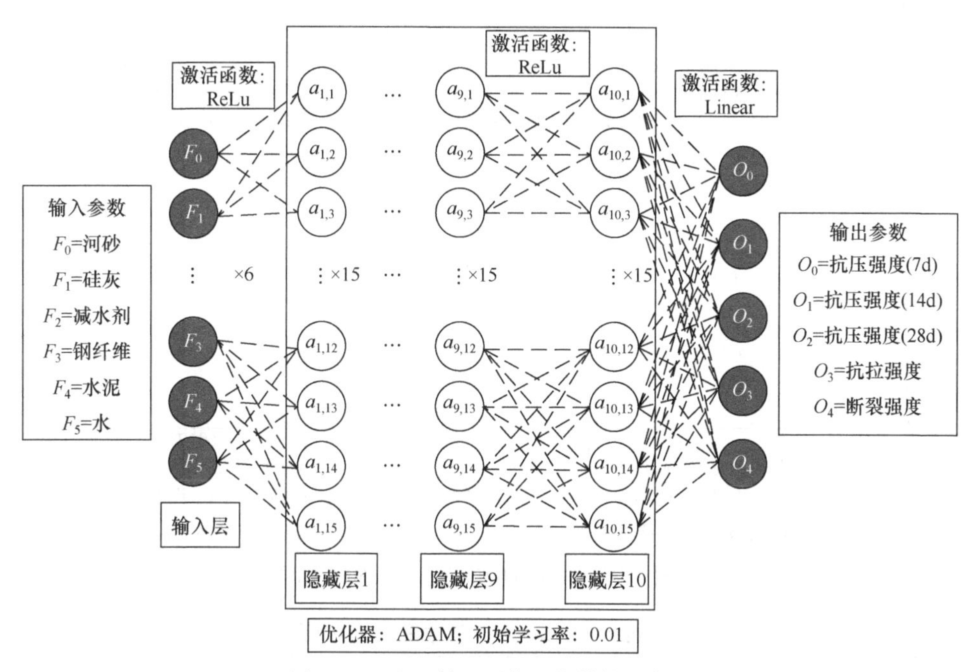

图 11.11　人工神经网络网络结构和参数

算例中数值预测神经网络损失函数为均方误差(MSE)，优化器为 Adam，其学习率为 0.01。

对比人工神经网络(ANN)模型和统计学模型对于混凝土力学性能的预测结果，从预测模型相关性和预测稳定性的角度来衡量两种数值预测方法，可以得出以下结论：①通过对比两种模型预测结果与实际数据的相关性，可以看出人工神经网络模型的预测结果相较统计学模型的预测结果在预测相关性上有较大优势；②虽然两种数值预测方法对应预测结果都分布于 10%误差范围内，但由于算例中采用了 R^2 衡量预测结果和真实数据间的关系，R^2 的计算过程中同时考虑了两种模型预测结果与实际数据间的相关程度，因此人工神经网络模型的 R^2 越接近于 1，意味着预测结果越集中。基于 Mosaberpanah 和 Eren[33]利用响应面法对超高强混凝土(UHPC)抗压强度的预测结果和人工神经网络模型预测结果的对比，人工神经网络模型在预测相关性方面优势明显，相关结果及对比如图 11.12 和表 11.4 所示。

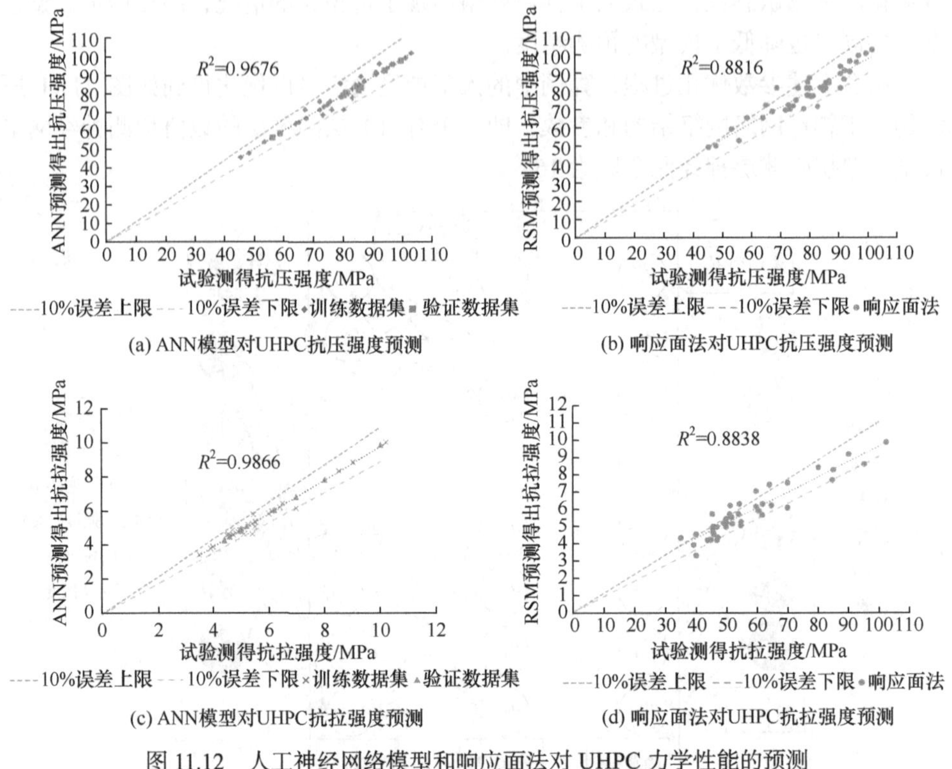

图 11.12　人工神经网络模型和响应面法对 UHPC 力学性能的预测

11.4　人工神经网络模型和统计学模型预测结果的对比

项目	决定系数	
	统计学模型预测结果	人工神经网络模型预测结果
抗压强度(7d)	0.87	0.960
抗压强度(14d)	0.88	0.934
抗压强度(28d)	0.88	0.925
抗拉强度	0.88	0.975
断裂强度	0.83	0.978

11.5 本章小结

综上所述，人工智能作为正在进行的一次工业和产业革命的核心技术，在多学科交叉研究中发挥着重要的作用。通过与人工智能相结合，传统行业能够从多个角度获得赋能，实现提质增效。在传统行业中，材料性能提升是关键的升级方式，而材料的研发和制备常常以材料本构关系的研究为核心。然而，随着本构研究的深入，传统的统计学方法已经难以满足处理复杂参数体系和拟合精度的需求。幸运的是，人工智能在模式识别和复杂非线性超参数优化方面具有优势，通过加速迭代拟合材料力学参数并得到材料力学规律的过程，可以提高本构模型的计算效率。虽然人工智能辅助的材料性能研究相对缺乏突破性进展，但随着人工智能算法和计算机计算能力的提升，越来越多的科研人员将人工智能应用于材料性能研究和制备领域。机器学习方法在数据驱动的材料本构研究、混合本构模型、模型选择和评估以及自适应建模等方面发挥着重要作用。总之，机器学习在本构研究中的应用对不同场景下的本构研究产生了显著影响。随着人工智能的不断发展，期待未来在材料科学领域看到更多创新和突破。

参考文献

[1] LU J X, SHEN P, ALI H A, et al. Mix design and performance of lightweight ultra high-performance concrete[J]. Materials & Design, 2022, 216: 110553.

[2] TYAGI L, BUTOLA R, KEM L, et al. Comparative analysis of response surface methodology and artificial neural network on the wear properties of surface composite fabricated by friction stir processing[J]. Journal of Bio- and Tribo-Corrosion, 2021, 7: 1-14.

[3] GHAFARI E, BANDARABADI M, COSTA H, et al. Prediction of fresh and hardened state properties of UHPC: Comparative study of statistical mixture design and an artificial neural network model[J]. Journal of Materials in Civil Engineering, 2015, 27(11): 04015017.

[4] CHITHRA S, KUMAR S R R S, CHINNARAJU K, et al. A comparative study on the compressive strength prediction models for high performance concrete containing nano silica and copper slag using regression analysis and artificial neural networks[J]. Construction and Building Materials, 2016, 114: 528-535.

[5] ARMAGHANI D J, ASTERIS P G. A comparative study of ANN and ANFIS models for the prediction of cement-based mortar materials compressive strength[J]. Neural Computing and Applications, 2020, 33(9): 4501-4532.

[6] FAROOQ F, AHMED W, AKBAR A, et al. Predictive modeling for sustainable high-performance concrete from industrial wastes: A comparison and optimization of models using ensemble learners[J]. Journal of Cleaner Production, 2021, 292: 126032.

[7] SUN X, LIU Z, WANG X, et al. Determination of ductile fracture properties of 16MND5 steels

under varying constraint levels using machine learning methods[J]. International Journal of Mechanical Sciences, 2022, 224: 107331.
[8] SUN X, ZHOU K, SHI S, et al. A new cyclical generative adversarial network based data augmentation method for multiaxial fatigue life prediction[J]. International Journal of Fatigue, 2022, 162: 106996.
[9] SUN X, ZHOU T, SONG K, et al. An image recognition based multiaxial low-cycle fatigue life prediction method with CNN model[J]. International Journal of Fatigue, 2023, 167: 107324.
[10] YAO Y, GUO H, TAN K. An elastoplastic damage constitutive model of concrete considering the effects of dehydration and pore pressure at high temperatures[J]. Materials and Structures, 2020, 53: 1-18.
[11] NASER M Z, SEITLLARI A. Concrete under fire: An assessment through intelligent pattern recognition[J]. Engineering with Computers, 2019, 36(4): 1915-1928.
[12] WEN C, ZHANG Y, WANG C, et al. Machine learning assisted design of high entropy alloys with desired property[J]. Acta Materialia, 2019, 170: 109-117.
[13] LI Y, LI H, JIN C, et al. The study of effect of carbon nanotubes on the compressive strength of cement-based materials based on machine learning[J]. Construction and Building Materials, 2022, 358: 129435.
[14] LYNGDOH G A, ZAKI M, KRISHNAN N A, et al. Prediction of concrete strengths enabled by missing data imputation and interpretable machine learning[J]. Cement and Concrete Composites, 2022, 128: 104414.
[15] LASHARI N, GANAT T, OTCHERE D, et al. Navigating viscosity of GO-SiO_2/HPAM composite using response surface methodology and supervised machine learning models[J]. Journal of Petroleum Science and Engineering, 2021, 205: 108800.
[16] LIANG M, CHANG Z, WAN Z, et al. Interpretable ensemble-machine-learning models for predicting creep behavior of concrete[J]. Cement and Concrete Composites, 2022, 125: 104295.
[17] AMIN M N, KHAN K, AHMAD W, et al. Compressive strength estimation of geopolymer composites through novel computational approaches[J]. Polymers (Basel), 2022, 14(10): 2128.
[18] FENG D C, LIU Z T, WANG X D, et al. Failure mode classification and bearing capacity prediction for reinforced concrete columns based on ensemble machine learning algorithm[J]. Advanced Engineering Informatics, 2020, 45: 101126.
[19] LORENZONI R, CUROSU I, PACIORNIK S, et al. Semantic segmentation of the micro-structure of strain-hardening cement-based composites (SHCC) by applying deep learning on micro-computed tomography scans[J]. Cement and Concrete Composites, 2020, 108: 103551.
[20] GAO Y, BERGER M, DUDDU R. CNN-based surrogate for the phase field damage model: Generalization across microstructure parameters for composite materials[J]. Journal of Engineering Mechanics, 2023, 149(6): 04023025.
[21] BARTOŠáK M. Using machine learning to predict lifetime under isothermal low-cycle fatigue and thermo-mechanical fatigue loading[J]. International Journal of Fatigue, 2022, 163: 107067.
[22] RAISSI M, PERDIKARIS P, KARNIADAKIS G E. Physics-informed neural networks: A deep learning framework for solving forward and inverse problems involving nonlinear partial

differential equations[J]. Journal of Computational Physics, 2019, 378: 686-707.

[23] ZHANG T, WANG D, LU Y. RheologyNet: A physics-informed neural network solution to evaluate the thixotropic properties of cementitious materials[J]. Cement and Concrete Research, 2023, 168: 107157.

[24] ZHANG F, WANG C, LIU J, et al. Prediction of FRP-concrete interfacial bond strength based on machine learning[J]. Engineering Structures, 2023, 274: 115156.

[25] YAO Y, FANG H, GUO H. Unified damage constitutive model for fiber-reinforced concrete at high temperature[J]. Journal of Engineering Mechanics, 2022, 148(1): 04021132.

[26] GHAFARI E, COSTA H, JÚLIO E. Statistical mixture design approach for eco-efficient UHPC[J]. Cement and Concrete Composites, 2015, 55: 17-25.

[27] ZHANG Y, SUN X, ZHU X, et al. Multi-criteria optimization of concrete mixes incorporating cenosphere waste and multi-minerals[J]. Journal of Cleaner Production, 2022, 367: 133102.

[28] GORR W L, NAGIN D, SZCZYPULA J. Comparative study of artificial neural network and statistical models for predicting student grade point averages[J]. International Journal of Forecasting, 1994, 10(1): 17-34.

[29] YOUNG B A, HALL A, PILON L, et al. Can the compressive strength of concrete be estimated from knowledge of the mixture proportions? New insights from statistical analysis and machine learning methods[J]. Cement and Concrete Research, 2019, 115: 379-388.

[30] BEHLER J, PARRINELLO M. Generalized neural-network representation of high-dimensional potential-energy surfaces[J]. Physical Review Letters, 2007, 98(14): 146401.

[31] RAHMAN S K, AL-AMERI R. Experimental investigation and artificial neural network based prediction of bond strength in self-compacting geopolymer concrete reinforced with basalt FRP bars[J]. Applied Sciences, 2021, 11(11): 4889.

[32] HAGHIGHAT E, ABOUALI S, VAZIRI R. Constitutive model characterization and discovery using physics-informed deep learning[J]. Engineering Applications of Artificial Intelligence, 2023, 120: 105828.

[33] MOSABERPANAH M A, EREN O. Statistical models for mechanical properties of UHPC using response surface methodology[J]. Computers and Concrete 2017, 19(6): 667-675.

[34] DILER E A, IPEK R. Main and interaction effects of matrix particle size, reinforcement particle size and volume fraction on wear characteristics of Al-SiCp composites using central composite design[J]. Composites Part B: Engineering, 2013, 50: 371-380.

[35] KUMAR S, PRIYADARSHAN, GHOSH S K. Statistical and computational analysis of an environment-friendly MWCNT/NiSO4 composite materials[J]. Journal of Manufacturing Processes, 2021, 66: 11-26.

[36] WU B, LI Z. Mechanical properties of compound concrete containing demolished concrete lumps after freeze-thaw cycles[J]. Construction and Building Materials, 2017, 155: 187-199.

[37] YANG A, HAN Y, PAN Y, et al. Optimum surface roughness prediction for titanium alloy by adopting response surface methodology[J]. Results in Physics, 2017, 7: 1046-1050.

[38] WANG X, LIU Y, XIN H. Bond strength prediction of concrete-encased steel structures using hybrid machine learning method[J]. Structures, 2021, 32: 2279-2292.

[39] ZHANG X C, GONG J G, XUAN F Z. A deep learning based life prediction method for components under creep, fatigue and creep-fatigue conditions[J]. International Journal of Fatigue, 2021, 148: 106236.

[40] CHEN T, GUESTRIN C. XGboost: A scalable tree boosting system[C]. Proceedings of the 22nd acm sigkdd international conference on knowledge discovery and data mining, San Francisco, DA, 2016: 785-794.

[41] GAO M Y, ZHANG N, SHEN S L, et al. Real-time dynamic earth-pressure regulation model for shield tunneling by integrating GRU deep learning method with GA optimization[J]. IEEE Access, 2020, 8: 64310-64323.

[42] ZHANG X, WU X, HUANG X. Smart real-time forecast of transient tunnel fires by a dual-agent deep learning model[J]. Tunnelling and Underground Space Technology, 2022, 129: 104631.

[43] SUN C, GU D, LU X. Three-dimensional structural displacement measurement using monocular vision and deep learning based pose estimation[J]. Mechanical Systems and Signal Processing, 2023, 190: 110141.

[44] GUO H, WANG J, YAO Y. Entropy based model for the creep behavior of reactive powder concrete at high temperature[J]. Construction and Building Materials, 2022, 324: 126705.

[45] YAO Y, WANG K, HU X. Thermodynamic-based elastoplasticity multiaxial constitutive model for concrete at elevated temperatures[J]. Journal of Engineering Mechanics, 2017, 143(7): 04017039.

[46] MARCHAND B, CHAMOIN L, REY C. Real-time updating of structural mechanics models using Kalman filtering, modified constitutive relation error, and proper generalized decomposition[J]. International Journal for Numerical Methods in Engineering, 2016, 107(9): 786-810.

[47] LI N, LIU S, LIU Y, et al. Neural speech synthesis with transformer network[C]. Proceedings of the AAAI Conference on Artificial Intelligence, Honolulu, Hawaii, 2019: 6706-6713.

[48] WANG J J, WANG C, FAN J S, et al. A deep learning framework for constitutive modeling based on temporal convolutional network[J]. Journal of Computational Physics, 2022, 449: 110784.

[49] WANG C, XU L Y, FAN J, et al. A general deep learning framework for history-dependent response prediction based on UA-Seq2Seq model[J]. Computer Methods in Applied Mechanics and Engineering, 2020, 372: 113357.

[50] GHAFOORI N, NAJIMI M, SOBHANI J, et al. Predicting rapid chloride permeability of self-consolidating concrete: A comparative study on statistical and neural network models[J]. Construction and Building Materials, 2013, 44: 381-390.

[51] ANDRUSHIA A D, ANAND N, NEEBHA T M, et al. Autonomous detection of concrete damage under fire conditions[J]. Automation in Construction, 2022, 140: 104364.

[52] LI G, LUO M, HUANG J, et al. Early-age concrete strength monitoring using smart aggregate based on electromechanical impedance and machine learning[J]. Mechanical Systems and Signal Processing, 2023, 186: 109865.

[53] ALMASAEID H H, SULEIMAN A, ALAWNEH R. Assessment of high-temperature damaged concrete using non-destructive tests and artificial neural network modelling[J]. Case Studies in Construction Materials, 2022, 16: e01080.

[54] LIU L, YAO Y, ZENG T, et al. A micromechanical model considering dislocation density based intra-granular backstress under cyclic loading[J]. Mechanics of Materials, 2019, 129: 41-49.
[55] IBRAGIMOVA O, BRAHME A, MUHAMMAD W, et al. A convolutional neural network based crystal plasticity finite element framework to predict localised deformation in metals[J]. International Journal of Plasticity, 2022, 157: 103374.
[56] COHN R, ANDERSON I, PROST T, et al. Instance segmentation for direct measurements of satellites in metal powders and automated microstructural characterization from image data[J]. Jom, 2021, 73(7): 2159-2172.
[57] CHEN X, YUAN Z, LI Q, et al. A computational method for the load spectra of large-scale structures with a data-driven learning algorithm[J]. Science China Technological Sciences, 2022, 66(1): 141-154.
[58] KALOGERIS I, PYRIALAKOS S, KOKKINOS O, et al. Stochastic optimization of carbon nanotube reinforced concrete for enhanced structural performance[J]. Engineering with Computers, 2022, 39(4): 2927-2943.
[59] LYNGDOH G A, DAS S J M, DESIGN. Integrating multiscale numerical simulations with machine learning to predict the strain sensing efficiency of nano-engineered smart cementitious composites[J]. Materials & Design, 2021, 209: 109995.
[60] JIANG H, WAN C, YANG K, et al. Continuous missing data imputation with incomplete dataset by generative adversarial networks-based unsupervised learning for long-term bridge health monitoring[J]. Structural Health Monitoring, 2021, 21(3): 1093-1109.
[61] JAIN A K, MAO J, MOHIUDDIN K M. Artificial neural networks: A tutorial[J]. Computer, 1996, 29(3): 31-44.
[62] KINGMA D P, BA J. Adam: A method for stochastic optimization[J]. arXiv Preprint arXiv, 2014: 1412.6980.